结构时变可靠性理论及分析方法

陈建桥　李俊祥　张晓生　著

科学出版社

北　京

内 容 简 介

在荷载、服役环境和材料内部因素的共同作用下，结构的可靠度会随着时间的推移逐渐降低。为了保证结构在服役期间的安全性，需要进行结构的时变可靠性分析和计算。本书前5章介绍常规的结构可靠性分析方法，其内容包括可靠性与可靠性工程、结构可靠性基本原理、结构可靠性分析计算方法、计算可靠度的数值模拟方法、结构系统可靠性。第6章～第9章介绍结构时变可靠性分析方法，其内容包括时变可靠度与随机过程模型、时变可靠性分析的数值方法、损伤累积模型与时变可靠性、可靠性优化建模与求解方法。本书部分内容基于作者近年来的工作，这些工作得到了国家自然科学基金的资助。

本书可作为力学、航空航天、船海、土木、机械等理工科专业研究生或本科生的教学用书，也可作为相关领域科研人员的参考用书。

图书在版编目(CIP)数据

结构时变可靠性理论及分析方法/陈建桥，李俊祥，张晓生著．—北京：科学出版社，2021.11

ISBN 978-7-03-070260-9

Ⅰ. ①结… Ⅱ. ①陈… ②李… ③张… Ⅲ. ①工程结构-可靠性估计 Ⅳ. ①TU311.2

中国版本图书馆CIP数据核字（2021）第215216号

责任编辑：戴 薇 杨 昕 / 责任校对：赵丽杰
责任印制：吕春珉 / 封面设计：东方人华平面设计部

科学出版社出版
北京东黄城根北街16号
邮政编码：100717
http://www.sciencep.com
北京中科印刷有限公司印刷
科学出版社发行 各地新华书店经销
*
2021年11月第 一 版 开本：787×1092 1/16
2021年11月第一次印刷 印张：14 1/4
字数：337 800

定价：59.00元

（如有印装质量问题，我社负责调换〈中科〉）
销售部电话 010-62136230 编辑部电话 010-62135397-2032

前　言

结构可靠性研究的目的是保障结构的安全性和可靠性，并达到良好的技术、社会和经济效果。对结构进行可靠性分析和设计，可计入各种不确定性因素的影响，使得关于结构未来状态的预测更加客观和全面，其结果可用来比较不同的结构设计方案或维修策略，帮助人们做出合适的选择。

在荷载、服役环境和材料内部因素的共同作用下，结构的可靠性会随着时间的推移逐渐降低。为了保证结构在服役期间的安全性，需要进行结构的时变可靠性分析和计算。本书重点讲述结构时变可靠性的基本理论和分析计算方法，兼顾结构可靠性的经典内容和基于可靠性的优化设计方法。

本书第 1 章介绍系统可靠性工程的内容，便于读者了解可靠性学科的起源及与随后发展起来的结构可靠性理论的关联。第 2 章介绍结构可靠性的基本概念、原理及其影响因素，结构的功能函数及可靠性分析建模方法。第 3 章重点介绍计算结构可靠度的一次二阶矩方法，以及处理非正态变量和相关变量问题的方法。第 4 章讲述计算可靠性的数值模拟方法，其内容包括直接抽样方法、重要抽样法、子集模拟法、代理模型方法等。第 5 章是关于结构系统可靠性建模和计算的内容。第 6 章首先对结构时变可靠性的基本原理和分析方法进行概述，之后给出若干种求解方法，其内容包括随机变量转换方法、时间离散方法、随机过程模型及基于超越率的计算方法等，介绍基本的荷载模型以及抗力分析模型。第 7 章介绍时变可靠性分析的数值模拟方法、准静态方法、极值方法及结合代理模型的分析方法。第 8 章考虑结构的渐进损伤和冲击损伤，构建不同条件下结构的损伤累积模型，导出相应的时变可靠度计算公式。第 9 章讨论结构可靠性优化问题，其内容包括常规的可靠性设计优化建模和求解、混合不确定信息下的可靠性优化设计、时变问题的可靠性优化方法，以及结构维护方案的优化设计。

本书的部分内容基于作者研究团队近年来的相关工作，这些工作得到了国家自然科学基金（项目批准号：10772070、11572134）的资助。在工作进程中，多名在读或已经毕业的学生都做出了一定的贡献。本书的出版还得到了华中科技大学研究生教材建设立项的资助，在此致谢。

陈建桥

2021 年 3 月 19 日

目　录

第1章 可靠性与可靠性工程

在规定的时间区间内，系统无故障运行，完成规定功能的性质，定义为系统可靠性。这里所指的系统可以是电子系统、结构、软件系统，或其他类别的系统。本章简述可靠性及可靠性工程的基本概念和基础知识，第2章～第9章围绕结构可靠性展开论述。

1.1 系统状态与可靠性

一般的系统分为可修复系统和不可修复系统两大类。某一系统的状态或者处于正常工作状态，或者处于故障状态，即系统不能发挥其预定功能的状态。对于不可修复系统，故障即意味着失效。工程结构一般具有复杂的结构形式及集成化的功能，这样的结构例子如飞机、卫星、船舶、海洋建筑、核电站、房屋建筑、桥梁等。这些结构一旦出现故障，不仅会造成经济损失和环境破坏，有时还会危害人的生命安全。因此，保证结构达到其相应的功能，避免故障的发生，是人们关切的重点。

与可靠性相关联的安全性是指不发生危害人的生命的故障的性质。风险一词用来描述故障造成的后果，即财物或人命损失的危险程度。系统可靠性的影响因素包括系统规模、时间区间、环境条件、所要求达到的功能等。一般的系统包含多个构成元件，随着服役时间变长，系统构成元件的性质一般会发生退化，使得故障更易于发生。对于机械或工程结构，荷载效应和强度的相对大小，决定了是否会发生故障或破损。因此，准确评价系统的可靠性，需要对强度和荷载效应的分散性及其规律进行分析，并在此基础上发展相应的定量评价和计算方法。

结构在设计、制造及使用过程中，会伴随各种不确定性因素的影响。根据不确定性因素的性质，不确定性可分为3类，即物理不确定性、统计不确定性、模型不确定性（贡金鑫，2003）。通常，物理不确定性又称为固有不确定性，后两种统称为主观不确定性。物理不确定性是客观存在的，多数情况下是无法完全消除的。物理不确定性的来源包括荷载及环境条件的变动、材料特性的分散性、加工制造误差等。根据试验数据的统计分析，可以得到材料性能的统计特性（均值、方差等参数），但所得结果与数据样本的大小有关。由于时间和经济性制约，数据样本不可能无限大，因此，分布参数自身也具有不确定性。这种因数据样本的局限而产生的不确定性称为统计不确定性。此外，当借用合适的物理模型，对结构响应进行预测时，不可避免地会出现偏差，此类不确定性称为模型不确定性。

可靠度是可靠性的定量化指标，其定义是系统在规定条件和时间区间上，完成规定功能的概率。可靠度的分析计算理论和方法称为可靠性理论。对于可修复系统的可靠性，相关联的性能指标定义如下，相关参数如图 1-1 所示。

1）平均寿命或平均无故障时间（mean time to failure，MTTF），即系统无故障运行的平均时间。如图 1-1 所示，设检修的总次数为 N，系统从开始正常运行到发生故障之间的时间记为 T_1，取其平均值，有

$$\mathrm{MTTF}=\frac{1}{N}\sum_{i=1}^{N}T_{1i} \tag{1-1}$$

2）平均故障时间间隔或平均失效间隔（mean time between failure，MTBF），是指系统两次故障之间的时间段的平均值，即

$$\mathrm{MTBF}=\frac{1}{N}\sum_{i=1}^{N}\left(T_{2i}+T_{3i}+T_{1i}\right) \tag{1-2}$$

3）平均修复时间（mean time to repair，MTTR），是指系统从故障发生到维修结束之间的时间段的平均值，即

$$\mathrm{MTTR}=\frac{1}{N}\sum_{i=1}^{N}\left(T_{2i}+T_{3i}\right) \tag{1-3}$$

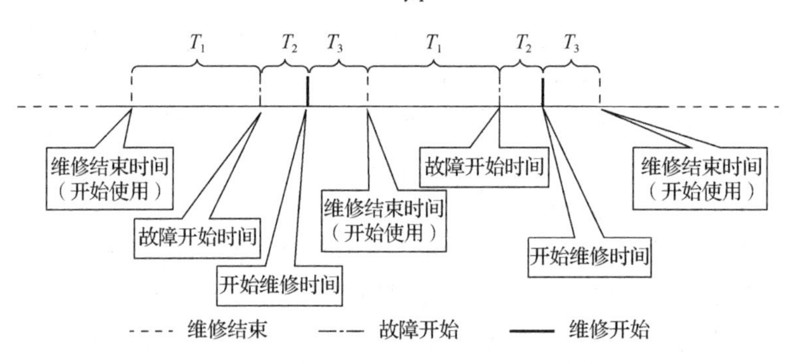

图 1-1 可修复系统的性能指标相关参数

图 1-1 中显示了上述各指标的含义。此外，系统的维修性（maintainability）是指发生故障的系统在规定时间内可修复的概率；系统的可用度（availability）是指在规定条件下，在特定时间段完成规定功能的概率，这一指标综合了可靠性与维修性，其定义如下：

$$A=\mathrm{MTBF}/(\mathrm{MTBF}+\mathrm{MTTR}) \tag{1-4}$$

对于不可修复系统，相关联的性能指标有可靠度、可靠寿命、故障率和平均寿命。

系统的经济性与系统的可靠度和可修复度之间有相互依存的关系。系统的可靠度高，意味着相应的投入也高；对于可靠度较低的系统，其前期投入较少，但维持其正常运行所需的检修费用会增大。因此，需要折中考虑以确定一个合适的可靠度水平，即需要关注系统的全寿命费用。可靠性工程（reliability engineering）是综合考虑系统的经济性与可靠性，使其全寿命费用最小化，或服役系统的效率最大化，对系统进行设计、制造、运行和管理的一门综合学科（王金武，2013）。

可靠性工程始于第二次世界大战时期。当时的战略轰炸机搭载的电子装置（使用大量真空管）经常出现故障，严重影响到驾驶员执行任务的信心。为保障产品质量，人们认识到，需要对产品从设计制造到服役维修进行全过程的有效管理。这是可靠性工程的萌芽阶段。第二次世界大战后，针对电子产品的可靠性，美国军事部门和其他有关部门

联合成立了电子设备可靠性咨询组（Advisory Group on Reliability of Electronic Equipment，AGREE），该研究机构于 1957 年提出了《电子设备可靠性报告》，首次较完整地阐述了可靠性的理论和研究方向，奠定了可靠性工程的基础。20 世纪 60 年代是成功运用可靠性工程的一个鼎盛时期，代表性的事件有半导体集成电路取代真空管、电子控制装置集成化和实用化、成功实施阿波罗计划等。

在机械和工程结构领域，20 世纪 40 年代，哥伦比亚大学的 Freudenthal 教授提出了基于失效概率的可靠性理论（Freudenthal，1947），由此开启了结构可靠性的理论和应用研究。结构可靠性研究的目的是保障结构的安全性和可靠性，并达到良好的技术、社会和经济效果。在应用研究方面，机械、建筑结构、电气、管道、交通等与民生相关的大型复杂结构是人们关注的重点。

1.2　可靠性函数

设有 n 个同一类系统或产品在相同使用条件下服役，将时间区间划分为多个微小时间间隔 Δt，在经历 m 个时间间隔后的时刻记为 t_m，在时刻 $t=t_m=m\Delta t$，假设发生故障的系统或产品有 r 个，则可靠性函数（reliability function）$R(t)$和故障概率（probability of failure）$F(t)$分别定义为

$$R(t)=\lim_{n\to\infty,\Delta t\to 0}\frac{n-r(t_m)}{n}，\ F(t)=\lim_{n\to\infty,\Delta t\to 0}\frac{r(t_m)}{n} \tag{1-5}$$

式中，$R(t)$是时间的非增函数，$R(0)=1$，$R(+\infty)=0$，即系统终究会发生故障。$R(t)$与 $F(t)$之间存在互补的关系：$R(t)+F(t)=1$。故障时间的概率密度函数定义如下：

$$f(t)=\lim_{n\to\infty,\Delta t\to 0}\frac{\Delta r(t_{m+1})}{n\cdot\Delta t} \tag{1-6}$$

式中，$\Delta r(t_{m+1})$ 表示 $(t_m,t_m+\Delta t)$ 期间发生故障的数目。因此，式（1-6）表示单位时间内发生故障的数目比例。故障数的直方图与故障时间的概率密度函数如图 1-2 所示，以上各函数之间存在如下关系：

$$F_{n,\Delta t}(t_m)=\frac{r(t_m)}{n}=\sum_{i=1}^{m}\frac{\Delta r(t_i)}{n}=\sum_{i=0}^{m-1}f_{n,\Delta t}(t_i)\Delta t \tag{1-7}$$

$$F(t)=\lim_{n\to\infty,\Delta t\to 0}\frac{r(t_m)}{n}=\int_0^t f(\tau)\mathrm{d}\tau \tag{1-8}$$

$$\frac{\mathrm{d}F(t)}{\mathrm{d}t}=\frac{\mathrm{d}\left[-R(t)\right]}{\mathrm{d}t}=f(t) \tag{1-9}$$

故障率 $\lambda(t)$的定义是单位时间内发生故障数目与此时完好数目的比。根据定义，并利用式（1-9），有

$$\begin{cases}\lambda(t)=\dfrac{f(t)}{R(t)}=\dfrac{f(t)}{1-F(t)}=\dfrac{\mathrm{d}[-R(t)]/\mathrm{d}t}{R(t)}\\ R(t)=\exp\left[-\int_0^t\lambda(\tau)\mathrm{d}\tau\right]\end{cases} \tag{1-10}$$

故障率或失效率的单位是%/10^3h，对于高可靠度产品，常用单位是 $10^{-6}/10^3$h。描述汽车或轴类产品的失效率时，用里程或转数来代替时间。

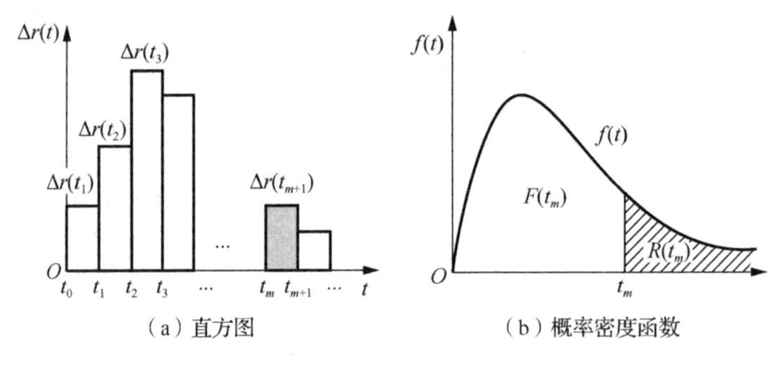

（a）直方图　　（b）概率密度函数

图 1-2　故障数的直方图与故障时间的概率密度函数

1.3　维修率和可用度

系统维修率的定义是：单位时间内维修完成的系统个数与此时未完成维修的系统个数的比值。类比故障率式（1-10），写出维修率的表达式如下（室津義定等，1996）：

$$\mu(t)=\frac{g(t)}{1-G(t)} \tag{1-11}$$

式中，$g(t)$和 $G(t)$分别是维修时间的概率密度函数和分布函数（注：在第 2 章及之后的各章中，符号 $g(\ )$或 $G(\ )$用来表示功能函数）。若维修时间服从指数分布，即 $g(t)=\mu\exp(-\mu t)$，则得到平均维修时间为

$$\mathrm{MTTR}=\int_0^{\infty} tg(t)\mathrm{d}t=1/\mu \tag{1-12}$$

设在微小时间间隔内，发生故障概率及维修概率分别是 $\lambda\Delta t$ 和 $\mu\Delta t$，且不随时间变化，两者互不影响，则故障时间和维修时间均为指数分布。处于正常状态和故障状态的概率分别记为 $P_0(t)$和 $P_1(t)$，有如下关系：

$$\begin{cases}P_0(t+\Delta t)=P_0(t)(1-\lambda\Delta t)+P_1(t)(\mu\Delta t)\\P_1(t+\Delta t)=P_1(t)(1-\mu\Delta t)+P_0(t)(\lambda\Delta t)\end{cases} \tag{1-13}$$

$$\begin{cases}\dfrac{\mathrm{d}P_0(t)}{\mathrm{d}t}=-\lambda P_0(t)+\mu P_1(t)\\[2mm]\dfrac{\mathrm{d}P_1(t)}{\mathrm{d}t}=-\mu P_1(t)+\lambda P_0(t)\end{cases} \tag{1-14}$$

设系统在 t=0 时刻正常，$P_0(0)=1$，$P_1(0)=0$，解上述微分方程组，得到如下结果：

$$\begin{cases}P_0(t)=\dfrac{\mu}{\lambda+\mu}+\dfrac{\lambda}{\lambda+\mu}\exp\left[-(\lambda+\mu)t\right]\\[2mm]P_1(t)=\dfrac{\lambda}{\lambda+\mu}-\dfrac{\lambda}{\lambda+\mu}\exp\left[-(\lambda+\mu)t\right]\end{cases} \tag{1-15}$$

式中，$P_0(t)$也称为 t 时刻的瞬时可用度。当时间趋于无穷时，得到定常可用度为

$$A = P_0(\infty) = \frac{\mu}{\lambda + \mu} = \frac{1/\lambda}{(1/\lambda) + (1/\mu)} \tag{1-16}$$

式（1-16）可以写为式（1-4）的形式，即 $A = \text{MTBF}/(\text{MTBF} + \text{MTTR})$。这个关系式具有一般性，只要知道平均故障时间间隔和平均维修时间，就可以计算系统的可用度，与概率分布形式无关。

例 1-1　分析某品牌汽车的可用度，已知平均故障时间间隔为 500h，调度零部件平均所需时间为 5h，发生故障后的平均修理时间为 48h，平均事故处理时间为 2h。

解　根据上述数据，有 A=500/[500+(5+48+2)]≈0.90。

1.4　故障时间的概率分布模型

图 1-3 所示是故障率随时间变化的一般情形，称为浴槽曲线。浴槽曲线分为三段。

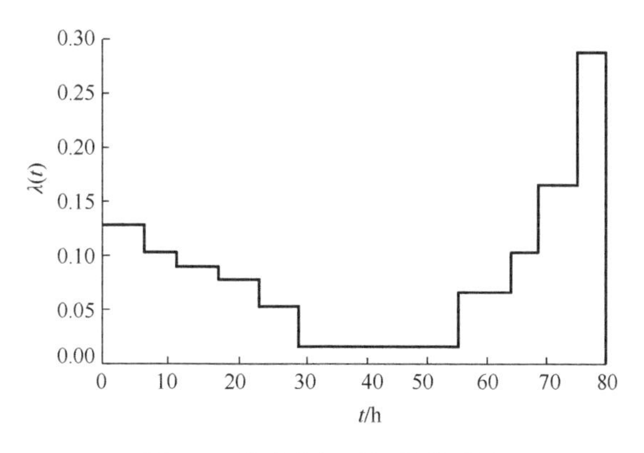

图 1-3　故障率与时间的关系图

1）前期，故障率随时间降低，称为减速故障率（decreasing failure rate，DFR），又称为初期故障率。由于设计上的问题，或加工制造、运输过程中导入的缺陷等原因，产品部件刚开始使用时，故障率较大，随后逐步下降。

2）中期，故障率与时间没有关系，称为恒定故障率（constant failure rate，CFR），又称为偶发故障率。这个阶段的故障率较低，但原因不明，何时发生故障也不可预测。这一区间的长短是产品重要的寿命指标。

3）后期，故障率随时间增大，称为加速故障率（increasing failure rate，IFR）。当偶发故障率持续到一定时间后，产品部件进入磨损和老化阶段，故障率急速增大。为延长系统的寿命，需要对进入老化阶段的部件进行维护或替换，即实施预防性维护（preventive maintenance，PM）。

利用故障时间的密度函数，定义部件的平均寿命如下：

$$E\{t\} = \int_0^\infty t f(t)\mathrm{d}t = \int_0^\infty R(t)\mathrm{d}t \tag{1-17}$$

将被积函数中的 t 替换为 $t = \int_0^t \mathrm{d}s$，交换积分次序后，可以得到上式中最右端的结果。对于可修复系统，平均寿命也就是平均故障时间间隔 MTBF。对不可修复系统，平均寿命等同于平均无故障时间 MTTF。特别地，在故障率 λ 为常数时，得到部件平均寿命 $E\{t\}=1/\lambda$。以下介绍关于故障时间的概率分布模型。

1.4.1 连续分布模型

关于故障时间的概率分布，有各种理论模型，常用的几种连续型概率分布模型如下。

1. 正态分布

设故障时间服从正态分布，则其概率密度函数为

$$f(t)=\frac{1}{\sigma\sqrt{2\pi}}\exp\left[-\frac{(t-\mu)^2}{2\sigma^2}\right] \tag{1-18}$$

正态分布对应的故障率如图 1-4 所示，属于加速故障，适于描述因磨损或老化而导致故障频发的现象。

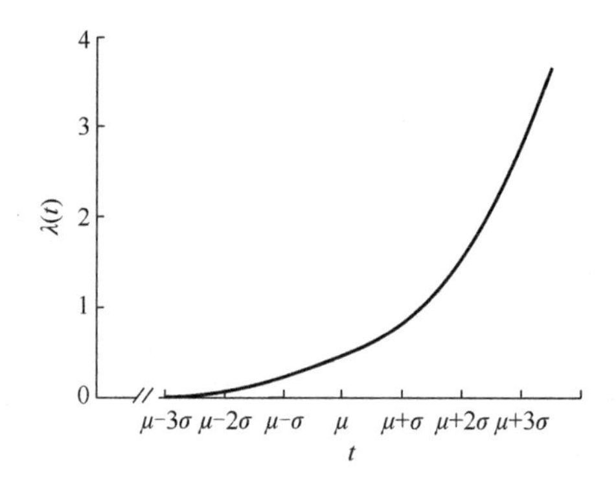

图 1-4 正态分布对应的故障率

2. 指数分布

若故障率为常数，则寿命服从指数分布，即

$$f(t)=\lambda\exp(-\lambda t)=\frac{1}{t_c}\exp\left(-\frac{t}{t_c}\right),\quad t_c=\frac{1}{\lambda} \tag{1-19}$$

寿命的均值及方差分别为

$$\mu_t=E\{t\}=\int_0^{\infty}tf(t)\mathrm{d}t=\frac{1}{\lambda}=t_c \tag{1-20}$$

$$\sigma_t^2=E\left\{\left[t-E(t)\right]^2\right\}=\frac{1}{\lambda^2}=t_c^2 \tag{1-21}$$

可靠性函数（可靠度）为

$$R(t)=\exp(-\lambda t)=\exp\left(-\frac{t}{t_c}\right) \tag{1-22}$$

平均寿命 $t=t_c$ 对应的可靠度 $R=0.368$。即在 $t=t_c$ 时，同类型系统或产品发生故障的数目占 63.2%，而完好的数目占 36.8%。

3. 韦布尔（Weibull）分布

若故障时间服从韦布尔分布，则对应的可靠性函数及概率密度函数分别为

$$R(t)=\exp\left(-\frac{t^m}{t_c}\right)=\exp\left[-\left(\frac{t}{\eta}\right)^m\right]\quad\left(\eta=t_c^{1/m},\ t\geqslant 0,\ t_c\geqslant 0,\ m>0\right)\tag{1-23}$$

$$f(t)=m\frac{t^{m-1}}{\eta^m}\exp\left[-\left(\frac{t}{\eta}\right)^m\right]\tag{1-24}$$

平均寿命和方差分别为

$$\mu_t=E\{t\}=\eta\Gamma\left(1+\frac{1}{m}\right)\tag{1-25}$$

$$\sigma_t^2=E\left\{\left[t-E(t)\right]^2\right\}=\eta^2\left\{\Gamma\left(1+\frac{2}{m}\right)-\Gamma\left(1+\frac{1}{m}\right)^2\right\}\tag{1-26}$$

$$\Gamma(a)=\int_0^\infty x^{a-1}\exp(-x)\mathrm{d}x\tag{1-27}$$

当参数 $m<1$，$m=1$ 和 $m>1$ 时，对应的故障率类型分别为 DFR、CFR 和 IFR。

4. 对数正态分布

若故障时间的对数服从正态分布，则称故障时间服从对数正态分布。对应的概率密度函数及可靠性函数如下：

$$f(t)=\frac{1}{\sigma t\sqrt{2\pi}}\exp\left[-\frac{(\ln t-\mu)^2}{2\sigma^2}\right]\tag{1-28}$$

$$R(t)=1-\int_0^t f(x)\mathrm{d}x\tag{1-29}$$

平均寿命和方差分别为

$$\mu_t=E\{t\}=\exp\left\{\mu+\frac{\sigma^2}{2}\right\}\tag{1-30}$$

$$\sigma_t^2=E\left\{\left[t-E(t)\right]^2\right\}=\exp\left(2\mu+\sigma^2\right)\left[\exp\left(\sigma^2\right)-1\right]\tag{1-31}$$

5. 伽马（Gamma）分布

设故障时间服从伽马分布，其概率密度函数为

$$f(t)=\frac{1}{\eta\Gamma(m)}\left(\frac{t}{\eta}\right)^{m-1}\exp\left(-\frac{t}{\eta}\right)\tag{1-32}$$

平均寿命和方差分别为

$$\mu_t=E\{t\}=\eta m\tag{1-33a}$$

$$\sigma_t^2=E\left\{\left[t-E(t)\right]^2\right\}=\eta^2 m\tag{1-33b}$$

当参数 $m<1$，$m=1$ 和 $m>1$ 时，对应的故障率类型分别为 DFR、CFR 和 IFR。

6. 极值I型分布［耿贝尔（Gumbel）分布］

设故障时间服从极值I型分布，其概率密度函数及分布函数分别为

$$f(t)=\frac{1}{\sigma}\exp\left\{-\frac{t-\mu}{\sigma}-\exp\left(-\frac{t-\mu}{\sigma}\right)\right\} \tag{1-34}$$

$$F(t)=\exp\left\{-\exp\left(-\frac{t-\mu}{\sigma}\right)\right\} \tag{1-35}$$

平均寿命和方差分别为

$$\begin{cases}\mu_t=E\{t\}=\mu+\gamma\sigma\approx\mu+0.5772\sigma\\ \sigma_t^2=E\left\{\left[t-E(t)\right]^2\right\}=\dfrac{\pi^2}{6}\sigma^2\approx 1.645\sigma^2\end{cases} \tag{1-36}$$

1.4.2 离散分布模型

1. 两点分布

两点分布又称为0-1分布或伯努利分布。如果随机变量X只取0和1两个值，并且相应的概率分布函数分别为

$$\Pr\{X=1\}=p,\quad \Pr\{X=0\}=q\equiv 1-p \tag{1-37}$$

则称随机变量X服从两点分布。X的概率分布函数可写为

$$f\left(x|p\right)\equiv\Pr\left\{X=x|p\right\}=\begin{cases}p^x q^{1-x}, x=0,1\\ 0, \qquad x\neq 0,1\end{cases} \tag{1-38}$$

若X服从参数为p的两点分布，则其期望和方差分别为

$$E\{X\}=p,\quad \mathrm{Var}\{X\}=pq \tag{1-39}$$

2. 二项分布

在n个相互独立的是/非试验中，成功总次数X的概率分布即为二项分布。其中，每次试验成功的概率是p，失败的概率是q=1−p，则在n次试验中成功k次的概率分布函数为

$$\Pr\{X=k\}=\mathrm{C}_n^k p^k(1-p)^{n-k} \tag{1-40}$$

若随机变量X服从二项分布，记为$X\sim B(n,p)$，则其期望和方差分别为

$$E\{X\}=np,\quad \mathrm{Var}\{X\}=npq \tag{1-41}$$

当n=1时，二项分布就是伯努利分布。

3. 泊松分布

若随机变量X服从参数为λ的泊松分布，记为$P(\lambda)$，则其概率分布函数为

$$\Pr\{X=k\}=\frac{\lambda^k}{k!}\exp(-\lambda)\quad (k=0,1,\cdots) \tag{1-42}$$

其期望和方差分别为

$$E\{X\}=\lambda,\ \mathrm{Var}\{X\}=\lambda \tag{1-43}$$

泊松分布适于描述单位时间（或空间）内随机事件发生的次数，参数 λ 的物理意义是单位时间内随机事件的平均发生次数。泊松分布可由二项分布的极限得到。若 $X\sim B(n, p)$，其中 n 很大，p 很小，当 $np=\lambda$ 不太大时，X 的分布接近泊松分布 $P(\lambda)$。依据此事实，有时可将较难计算的二项分布转化为泊松分布来计算。

4. 负二项分布（帕斯卡分布）与几何分布

负二项分布是统计学上的一种离散型概率分布。若随机变量 X 的概率分布函数为

$$\Pr\left\{X=k\middle|r,p\right\}=\mathrm{C}_{k+r-1}^{r-1}\cdot p^{r}\cdot(1-p)^{k} \tag{1-44}$$

则称 X 服从参数为 (r, p) 的"失败"负二项分布。已知某事件在伯努利试验中每次出现（成功）的概率为 p，式（1-44）表示的含义是，在一连串伯努利试验中，该事件第 r 次出现时的总失败次数 X 的概率分布。其期望和方差分别为

$$E\{X\}=\frac{r(1-p)}{p},\ \mathrm{Var}\{X\}=\frac{r(1-p)}{p^{2}} \tag{1-45}$$

若令 $Y=X+r$，则 Y 表示该事件第 r 次出现时的总试验次数，其分布称为经典负二项分布。随机变量 Y 的概率分布函数、期望和方差分别为

$$\Pr\left\{Y=k\middle|r,p\right\}=\mathrm{C}_{k-1}^{r-1}\cdot p^{r}\cdot(1-p)^{k-r},$$

$$E\{Y\}=\frac{r}{p},\ \mathrm{Var}\{Y\}=\frac{r(1-p)}{p^{2}} \tag{1-46}$$

特别地，当 $r=1$ 时，经典负二项分布又称为几何分布。其概率分布函数 $\Pr\{Y=k\}=p(1-p)^{k-1}$。

5. 超几何分布

假设 N 件产品中有 M 件不合格品，则不合格率 $p=M/N$。在产品中随机抽 n 个进行检查，发现 k 件不合格品的概率分布函数为

$$\Pr\{X=k\}=\frac{\mathrm{C}_{M}^{k}\mathrm{C}_{N-M}^{n-k}}{\mathrm{C}_{N}^{n}} \tag{1-47}$$

此时，称随机变量 X 服从超几何分布。对应的期望和方差分别为

$$E\{X\}=\frac{nM}{N},\ \mathrm{Var}\{X\}=\frac{nM(N-M)(N-n)}{N^{2}(N-1)} \tag{1-48}$$

特别地，当 $N\to+\infty$ 时，超几何分布近似为二项分布。其中，$\dfrac{M}{N}\to p$（二项分布中的 p）。

1.5　数据的统计处理方法

故障时间或材料强度用随机变量 X 来描述，其分布特征和参数可以通过实测数据进行分析和估算。实测数据具有分散性，同一物理量的实测值称为样本，实测值的数目称

为样本大小。表 1-1 所示是通过适当的区间划分对 319 个寿命数据（单位：h）进行整理的记录。其中 n=319，是数据总数，x_i 是各寿命区间的中位值，f_i 是该区间数据的个数，$\sum f_j$ 是按照数据大小顺序累积的个数（室津義定等，1996）。图 1-5 所示分别是寿命的数据频率直方图及累积频率直方图。当数据无穷多，且区间划分无穷小时，分别对应该随机变量的概率密度函数和累积分布函数。实际上这是无法真正达到或完全实现的，因为物理量的观测或实测终究是有限的。针对有限的样本集，定义和计算相应的样本均值和样本标准差，即

$$\bar{X}=\frac{1}{n}\sum_{i=1}^{m}x_i f_i,\quad n=\sum_{i=1}^{m}f_i \tag{1-49}$$

$$s=\left[\frac{1}{n}\sum_{i=1}^{m}(x_i-\bar{X})^2 f_i\right]^{1/2} \tag{1-50}$$

式中，m 表示划分的区间数目。表征样本集分散程度的另一指标是变异系数，即

$$\gamma=s/\bar{X} \tag{1-51}$$

关于均值的对称性（左右偏移程度），用偏度（skewness）指标来衡量，该值为正（负）时，均值偏向左（右）边，即

$$\gamma_1=\frac{1}{s^3}\cdot\left[\frac{1}{n}\sum_{i=1}^{m}(x_i-\bar{X})^3 f_i\right] \tag{1-52}$$

峰度（kurtosis）定义为

$$\gamma_2=\frac{1}{s^4}\cdot\left[\frac{1}{n}\sum_{i=1}^{m}(x_i-\bar{X})^4 f_i\right]-3 \tag{1-53}$$

表 1-1　故障时间的数目分布表

级 i	时间区间	区间中位值 x_i	数据个数 f_i	累积个数 $\sum f_j$	相对个数 f_i/n	累积相对个数 $\sum f_j/n$
1	0～4.5	3	5	5	0.0157	0.0157
2	4.5～7.5	6	45	50	0.1411	0.1567
3	7.5～10.5	9	111	161	0.3480	0.5047
4	10.5～13.5	12	78	239	0.2445	0.7492
5	13.5～16.5	15	38	277	0.1191	0.8683
6	16.5～19.5	18	22	299	0.0690	0.9373
7	19.5～22.5	21	9	308	0.0282	0.9655
8	22.5～25.5	24	3	311	0.0094	0.9749
9	25.5～28.5	27	2	313	0.0063	0.9812
10	28.5～31.5	30	4	317	0.0125	0.9937
11	31.5～34.5	33	1	318	0.00313	0.9969
12	34.5～37.5	36	1	319	0.00313	1.0000

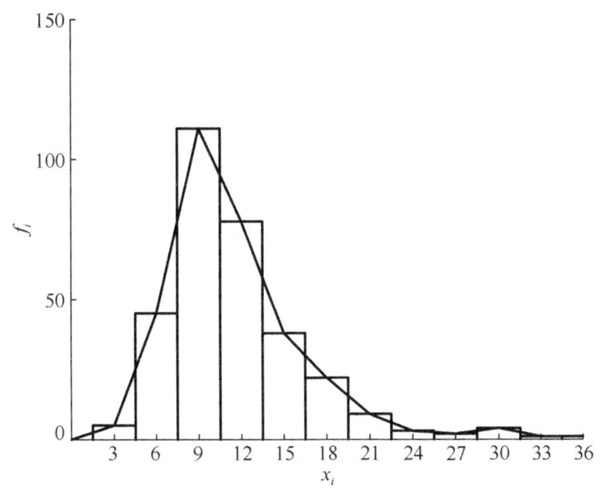

（a）数据频率直方图

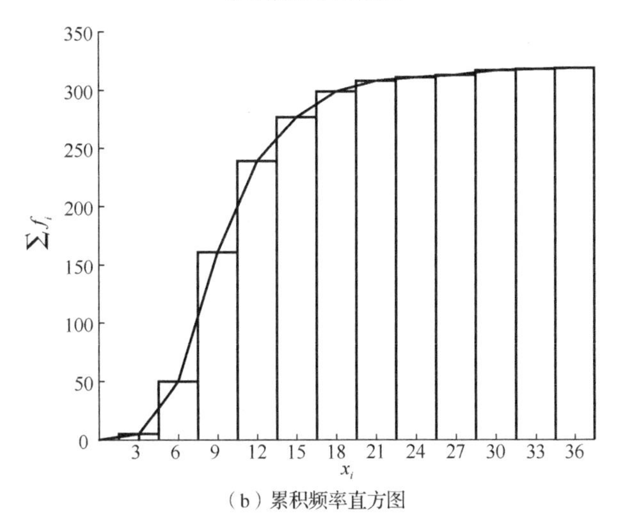

（b）累积频率直方图

图 1-5　寿命分布

根据表 1-1 中的数据，通过计算分别得到如下样本均值、标准差、变异系数、偏度及峰度：

$$\bar{X}=\frac{1}{319}\sum_{i=1}^{12}x_i f_i\approx 11.567,\ s=\left[\frac{1}{319}\sum_{i=1}^{12}(x_i-\bar{X})^2 f_i\right]^{1/2}\approx 5.015,\ \gamma=\frac{s}{\bar{X}}\approx 0.434$$

$$\gamma_1=\frac{1}{319}\sum_{i=1}^{12}\left(\frac{x_i-\bar{X}}{s}\right)^3 f_i\approx 1.610,\ \gamma_2=\frac{1}{319}\sum_{i=1}^{12}\left(\frac{x_i-\bar{X}}{s}\right)^4 f_i-3\approx 3.956$$

1.5.1　抽样分布

利用统计数据对随机变量的分布做出评估，并进行相应的假设检验，常用到以下抽样分布。

1. χ^2分布

若有 n 个相互独立的随机变量 $\xi_1,\xi_2,\cdots\xi_n$ 均服从标准正态分布（也称独立同分布于标准正态分布），则其平方和 $X=\sum_{i=1}^{n}\xi_i^2$ 构成一个新的随机变量，其分布规律称为自由度为 n 的卡方分布（χ^2分布）。当自由度 n 很大时，χ^2 分布近似为正态分布。若随机变量 X 服从 χ^2 分布，则其概率密度函数、期望和方差分别为

$$f_X(x;n)=\begin{cases}\dfrac{1}{2^{n/2}\Gamma(n/2)}x^{(n/2-1)}\exp\left(-\dfrac{x}{2}\right), & x\geqslant 0\\ 0, & x<0\end{cases} \tag{1-54}$$

$$\Gamma(a)=\int_0^{\infty}x^{a-1}\exp(-x)\mathrm{d}x \tag{1-55}$$

$$E\{X\}=n\text{，}\quad \mathrm{Var}\{X\}=2n \tag{1-56}$$

2. t分布

假设随机变量 X 服从标准正态分布 $X\sim N(0,1)$，Y 服从自由度为 n 的 χ^2 分布，定义 T 为一随机变量，$T=X\big/\sqrt{Y/n}$，服从自由度为 n 的 t 分布，其概率密度函数为

$$t(x;n)=\frac{\Gamma\{(n+1)/2\}}{\sqrt{n\pi}\Gamma(n/2)}\left(1+\frac{x^2}{n}\right)^{-\frac{n+1}{2}} \tag{1-57}$$

均值为 0，方差（$n>2$ 时）为 $n/(n-2)$。当自由度 n 很大时，t 分布趋近于标准正态分布。

3. F分布

若总体 $X\sim N(0,1)$，$X_1,X_2,\cdots,X_{n_1}$ 与 $Y_1,Y_2,\cdots,Y_{n_2}$ 为来自总体 X 的两组独立样本，定义统计量如下：

$$F=\frac{\dfrac{\sum_{i=1}^{n_1}X_i^2}{n_1}}{\dfrac{\sum_{i=1}^{n_2}Y_i^2}{n_2}} \tag{1-58}$$

则统计量 F 服从自由度为 n_1 和 n_2 的 F 分布，记为 $F\sim F(n_1,n_2)$，其概率密度函数为

$$f(x;n_1,n_2)=\begin{cases}\dfrac{\Gamma\left(\dfrac{n_1+n_2}{2}\right)}{\Gamma\left(\dfrac{n_1}{2}\right)\Gamma\left(\dfrac{n_2}{2}\right)}\left(\dfrac{n_1}{n_2}\right)\left(\dfrac{n_1}{n_2}x\right)^{\frac{n_1}{2}-1}\left(1+\dfrac{n_1}{n_2}x\right)^{-\frac{n_1+n_2}{2}}, & x>0\\ 0, & x\leqslant 0\end{cases} \tag{1-59}$$

1.5.2 参数估计

对于一组可靠性数据，合理确定其分布形式及对应的分布参数，对系统的可靠性评

定十分关键。由样本数据来估计母体（理论上）样本的分布参数，有矩法、极大似然法、概率纸检验法等方法。

1. 矩法

矩法是根据样本统计值与母体参数之间的理论关系，由样本的统计值来评估母体参数的方法，即用样本矩作为总体矩的估计量，以样本矩的连续函数作为相应总体矩的连续函数的估计量。例如，对于正态分布，母体参数的估计值是：

$$\mu \approx \bar{X}=\sum_{i=1}^{n}\frac{x_i}{n},\quad \sigma^2 \approx s^2=\frac{1}{n}\sum_{i=1}^{n}(x_i-\bar{X})^2 \tag{1-60}$$

式中，$x_1,x_2,\cdots,x_n$ 表示 n 个样本值。对于韦布尔分布或对数正态分布，样本统计值与母体分布参数之间存在复杂的联立关系，需要迭代求解，以获得母体参数的估计值。

2. 极大似然估计法

在随机试验中，很多随机事件都有可能发生，概率大的事件发生的可能性也相对大一些。若在一次试验中，事件 A 发生了，则有理由相信事件 A 比其他事件发生的概率大，这就是极大似然原理。基于这一原理而确立的参数估计方法称为极大似然估计法。

将母体分布参数为 $\theta_1,\theta_2,\cdots,\theta_m$ 的概率密度函数记为

$$f\left(x|\theta_1,\theta_2,\cdots,\theta_m\right) \tag{1-61}$$

设有 n 个样本值 $x_1,x_2,\cdots,x_n$，定义似然函数及对数似然函数如下：

$$l\left(\theta_1,\theta_2,\cdots,\theta_m\right)=\prod_{i=1}^{n}f\left(x_i|\theta_1,\theta_2,\cdots,\theta_m\right) \tag{1-62}$$

$$L\left(\theta_1,\theta_2,\cdots,\theta_m\right)=\ln\left\{l\left(\theta_1,\theta_2,\cdots,\theta_m\right)\right\}=\sum_{i=1}^{n}\ln f\left(x_i|\theta_1,\theta_2,\cdots,\theta_m\right) \tag{1-63}$$

基于似然函数最大化准则得到的分布参数，将使样本实现值处的密度函数值最大，即最有可能实现该组样本值。例如，对于正态分布，有：

$$l(\mu,\sigma^2)=\prod_{i=1}^{n}\frac{1}{\sigma\sqrt{2\pi}}\exp\left[-\frac{(x_i-\mu)^2}{2\sigma^2}\right]=\frac{1}{\left(\sigma\sqrt{2\pi}\right)^n}\exp\left[-\frac{\sum_{i=1}^{n}(x_i-\mu)^2}{2\sigma^2}\right] \tag{1-64}$$

$$L(\mu,\sigma^2)=-n\ln\sqrt{2\pi}-\frac{\sum_{i=1}^{n}(x_i-\mu)^2}{2\sigma^2}-\frac{n}{2}\ln\sigma^2 \tag{1-65}$$

由极值条件

$$\frac{\partial L}{\partial\mu}=\frac{1}{\sigma^2}\sum_{i=1}^{n}(x_i-\mu)=0,\quad \frac{\partial L}{\partial(\sigma^2)}=-\frac{n}{2\sigma^2}+\frac{\sum_{i=1}^{n}(x_i-\mu)^2}{2(\sigma^2)^2}=0 \tag{1-66}$$

得到

$$\mu=\bar{X},\quad \sigma^2=\frac{1}{n}\sum_{i=1}^{n}(x_i-\bar{X})^2 \tag{1-67}$$

3. 概率纸检验法

通过分析具体物理现象的发生机理，可以大致确定随机变量最合适的分布函数形式。例如，众多因素影响下的误差结果可用正态分布描述；源于偶发事件的故障时间分布可用指数分布模型描述；基于最弱链模型的金属材料疲劳寿命服从韦布尔分布；随机冲击会造成构件的累积损伤，其寿命服从伽马分布。在实际问题中，对于样本数有限、物理机制不明朗的情形，可以利用典型的概率纸对观测数据进行分析整理，以确定合适的分布形式及相应的分布参数。例如，正态随机变量 X 的累积分布函数为

$$F(x)=\frac{1}{\sigma\sqrt{2\pi}}\int_{-\infty}^{x}\exp\left[-\frac{(X-\mu)^2}{2\sigma^2}\right]\mathrm{d}X=\frac{1}{\sqrt{2\pi}}\int_{-\infty}^{(x-\mu)/\sigma}\exp\left(-\frac{U^2}{2}\right)\mathrm{d}U \tag{1-68}$$

$$U=(X-\mu)/\sigma \tag{1-69}$$

式（1-69）表明 U 和 X 成线性关系。在横坐标上等间隔标示 x，由式（1-68）计算 $F(x)$，在纵坐标上 U 的相应位置标示出 $100F(x)$的值，由此形成正态概率纸。若样本数据是源于某正态分布的母样本集，那么在正态概率纸上，数据应落在一条斜直线上。若将横坐标取为 x 的对数，纵坐标不变，则可以得到对数正态概率纸。

将样本数据按照由小到大的顺序排列，即 $x_1<x_2<\cdots<x_i<\cdots<x_n$，当 n 足够大时，近似地有

$$F(x_i)=\Pr\{X\leqslant x_i\}\approx\frac{i}{n}\quad(i=1,2,\cdots,n) \tag{1-70}$$

理论上，更合理的近似估计值为

$$F(x_i)\approx\frac{i}{n+1} \tag{1-71}$$

在正态概率纸上，若样本点 $(x_i,100F(x_i))$ 大致落在一条斜直线上，说明该组数据服从正态分布。从概率纸上还可以直接读出 X 的均值和方差。

对于如下韦布尔分布：

$$R(x)=1-F(x)=\exp\left[-\left(\frac{x}{\eta}\right)^m\right] \tag{1-72}$$

两次取对数，得到以下关系：

$$\ln\ln\left[\frac{1}{1-F(x)}\right]=m\ln x-m\ln\eta \tag{1-73}$$

以 $\ln x$ 为横坐标，$\ln\ln[1/\{1-F(x)\}]$为纵坐标，描上刻度，即得到韦布尔概率纸。在计算机还未普及的年代，各类型的概率纸在市面上都有售，供相关专业的师生或技术人员使用。现在计算机普及，个人都能简单地制作概率纸了。

例 1-2 系统寿命数据如表 1-2 所示（经过排序整理，单位：h），假定其服从正态分布，估计其均值和方差。

解 采用矩法，求得样本均值和方差分别为 23.9,10.6，此结果即为总体均值和方差的估计值。将表 1-2 中的数据描在正态概率纸上，可见这些数据近似落在一斜直线上

（图 1-6），说明正态分布的假设是合理的。纵坐标处 50%对应的 x 值为 24.5，即为均值的估计值。纵坐标 15.9%处和 84.1%处对应的 x 值分别为 12.0 和 37.0，由此求得方差的估计值为 24.5−12.0=12.5 或 37.0−24.5=12.5。对于此例，由概率纸方法得到的结果与矩法的估算结果存在一定的差别。

表 1-2　故障时间的累积相对个数

级 i	故障时间 x_i	累积相对个数 $\frac{100i}{n+1}$	级 i	故障时间 x_i	累积相对个数 $\frac{100i}{n+1}$
1	3	6	9	28	56
2	10	13	10	29	63
3	13	19	11	30	69
4	16	25	12	31	75
5	19	31	13	33	81
6	20	38	14	37	88
7	23	44	15	42	94
8	25	50			

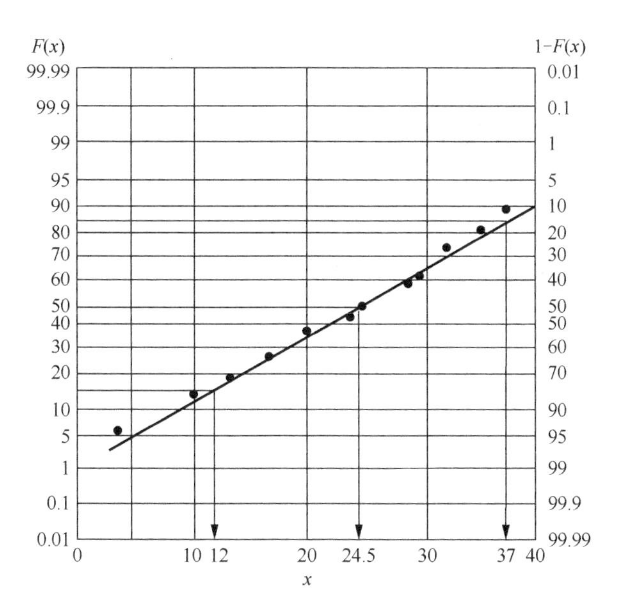

图 1-6　利用正态概率纸进行参数估计

1.5.3　假设检验

在参数确定过程中，还有一类重要的统计推断，即假设检验问题。假设检验分为两类：一类是总体分布类型已知，对总体的分布参数中的一个或者多个进行检验，称为参数假设检验；另一类是对总体的分布函数类型的假设检验，称为非参数假设检验。

假设检验的过程采用了反证法的思想。为了检验原假设 H_0 是否正确，首先假定原假设 H_0 正确，然后根据抽样对原假设 H_0 做出接受或拒绝的判定。若样本观察值导致发生不合理现象，就拒绝原假设 H_0，否则接受原假设 H_0。对于未知参数的假设形式有如下几种。

1）$H_0:\theta=\theta_0$；$H_1:\theta\neq\theta_0$。

2）$H_0:\theta\leqslant\theta_0$；$H_1:\theta>\theta_0$。

3）$H_0:\theta\geqslant\theta_0$；$H_1:\theta<\theta_0$。

形如 1）的假设检验称为双侧（或双边）假设检验；形如 2）、3）的假设检验称为单侧（或单边）假设检验（刘嘉焜等，2010）。

用样本判断原假设 H_0 是否成立，首先要基于样本 $X_1,X_2,\cdots,X_n$ 构造一个适于检验原假设的统计量，称为检验统计量。在实际问题中，常常有理由假定总体服从正态分布。在检验时，若检验统计量服从 $N(\mu,\sigma^2)$，则称为 u 检验法；若检验统计量服从 t 分布、F 分布或 χ^2 分布，则分别称为 t 检验法、F 检验法或 χ^2 检验法。

1. *方差 σ^2 已知条件下的 u 检验法*

提出如下假设检验：

$$H_0:\mu=\mu_0,\quad H_1:\mu\neq\mu_0 \tag{1-74}$$

式中，μ_0 是一个已知数。取如下检验统计量：

$$U=\frac{\overline{X}-\mu_0}{\sigma/\sqrt{n}} \tag{1-75}$$

在原假设 H_0 成立时，U 服从标准正态分布，即 $U\sim N(0,1)$，其取值应集中在 0 的周围，否则是不合理的结果。对于给定的显著性水平 α，有

$$\Pr\{|U|>u_{\alpha/2}\}=\alpha \tag{1-76}$$

即 $\Phi(u_{\alpha/2})=1-\alpha/2$，查标准正态分布表得 $u_{\alpha/2}$，由此得到拒绝域为

$$W=\{|u|>u_{\alpha/2}\} \tag{1-77}$$

根据样本数据，计算出检验统计量 U 的值 u。若 $|u|=\left|(\overline{x}-\mu_0)\big/(\sigma/\sqrt{n})\right|>u_{\alpha/2}$，落在拒绝域 W 内，则拒绝 H_0，否则接受 H_0。

2. *方差 σ^2 未知条件下的 t 检验法*

提出如下假设检验：

$$H_0:\mu=\mu_0,\quad H_1:\mu\neq\mu_0 \tag{1-78}$$

选择 T 作为检验统计量，当 H_0 为真时，有

$$T=\frac{\overline{X}-\mu_0}{S/\sqrt{n}}\sim t(n-1) \tag{1-79}$$

式中，$\overline{X}$ 是 μ 的无偏估计量；S^2 是 σ^2 的无偏估计量。在 H_0 不真时，T 的观测值（绝对值）有偏大的趋势，对于给定显著性水平 α，根据 $\Pr\{|T|>t_{\alpha/2}(n-1)\}=\alpha$，查表得到 $t_{\alpha/2}(n-1)$，由此得到拒绝域为

$$W=\{|t|>t_{\alpha/2}(n-1)\} \tag{1-80}$$

根据样本数据，计算出检验统计量 T 的值 t。若 $|t|=\left|(\bar{x}-\mu_0)/(s/\sqrt{n})\right|>t_{\alpha/2}(n-1)$，则拒绝原假设 H_0，即认为总体均值与 μ_0 有显著差异；反之则接受原假设 H_0，即认为总体均值与 μ_0 无显著差异。

例 1-3　用某种钢生产的钢筋的强度 X 服从正态分布，且 $E(X)$=50.00kg/mm^2。后改变炼钢的配方新炼了 9 炉钢，相应地生产了 9 组钢筋，从中各抽取一根，测得其强度分别为 56.01, 52.45, 51.53, 48.52, 49.04, 53.38, 54.02, 52.13, 52.15（单位：kg/mm^2）。问：相比以往的钢筋强度，新炼钢方法生产的钢筋强度的均值是否有明显提高（α=0.05）？

解　建立如下单侧检验假设：

$$H_0:\mu=50.00\text{，}\quad H_1:\mu>50.00$$

选择检验统计量 T，在 H_0 为真时，有

$$T=\frac{\overline{X}-\mu_0}{S/\sqrt{n}}\sim t(n-1)$$

对于给定的显著性水平 α=0.05，n=9，查表得 $t_\alpha(n-1)=t_{0.05}(8)=1.86$，由此得到拒绝域 $W=\{t>1.86\}$。由样本观测值计算得到

$$\bar{x}=52.14,\quad s=2.346$$

$$t=\frac{\bar{x}-50.00}{s}\sqrt{n}\approx 2.74>1.86$$

故拒绝原假设 H_0，认为新炼钢方法生产的钢筋强度的均值有明显提高。

3. 对总体方差 σ^2 的 χ^2 检验法

提出如下假设检验：

$$H_0:\sigma^2=\sigma_0^2;\ H_1:\sigma^2\neq\sigma_0^2\quad（其中\ \sigma_0^2\ 为已知数）\tag{1-81}$$

当 H_0 为真，总体均值 μ 未知时，选择 χ^2 作为检验统计量，有

$$\chi^2=\frac{n-1}{\sigma_0^2}S^2\sim\chi^2(n-1)\tag{1-82}$$

对于给定显著性水平 α，查表可得 $\chi^2_{1-\alpha/2}(n-1)$ 和 $\chi^2_{\alpha/2}(n-1)$，即

$$\Pr\{\chi^2<\chi^2_{1-\alpha/2}(n-1)\}=\alpha/2\text{，}\quad \Pr\{\chi^2>\chi^2_{\alpha/2}(n-1)\}=\alpha/2\tag{1-83}$$

由此得到拒绝域为

$$\chi^2<\chi^2_{1-\alpha/2}(n-1)\ 或\ \chi^2>\chi^2_{\alpha/2}(n-1)\tag{1-84}$$

若均值 μ 已知，则采用如下检验统计量，其他检验步骤类似：

$$\chi^2=\frac{1}{\sigma^2}\sum_{i=1}^{n}(X_i-\mu)^2\sim\chi^2(n)\tag{1-85}$$

4. 对两个总体方差比值 σ_1^2/σ_2^2 的 F 检验法

提出如下假设检验：

$$H_0:\sigma^2=\sigma_0^2\text{，}\quad H_1:\sigma^2\neq\sigma_0^2\tag{1-86}$$

选取检验统计量

$$F=\frac{S_1^2/\sigma_1^2}{S_2^2/\sigma_2^2}=\frac{S_1^2}{S_2^2}\cdot\frac{\sigma_2^2}{\sigma_1^2} \tag{1-87}$$

当 H_0 为真时，有

$$F=\frac{S_1^2}{S_2^2}\sim F(n_1-1,n_2-1) \tag{1-88}$$

对于给定显著性水平 α，查 F 分布表，有

$$\begin{cases}\Pr\{F<F_{1-\alpha/2}(n_1-1,n_2-1)\}=\alpha/2\\ \Pr\{F>F_{\alpha/2}(n_1-1,n_2-1)\}=\alpha/2\end{cases} \tag{1-89}$$

由此得到拒绝域为

$$W=(0,F_{1-\alpha/2}(n_1-1,n_2-1))\cup(F_{\alpha/2}(n_1-1,n_2-1),+\infty) \tag{1-90}$$

根据样本的取值，计算出检验统计量 F 取值为 f，若 $f\in W$，则拒绝原假设 H_0；否则接受原假设 H_0。

1.6 结构系统的可靠性

1.6.1 串联系统和并联系统

系统构成形式有串联、并联及其组合形式。根据系统各元件的可靠度，可计算系统的可靠度（室津義定等，1996；Melchers 和 Beck，2018）。

串联系统的可靠度模型如图 1-7 所示，系统中任一元件的失效都会导致系统的失效。假定系统中有 n 个元件，各元件发生故障的事件相互独立，则系统的可靠度按照下式计算：

$$R_{\mathrm{S}.n}(t)=\prod_{i=1}^{n}R_i(t)=\prod_{i=1}^{n}\exp\left[-\int_0^t\lambda_i(\tau)\mathrm{d}\tau\right] \tag{1-91}$$

式中，$R_i(t)$，$\lambda_i(t)$分别是元件 i 的可靠性函数和故障率。特别地，当各元件的故障时间服从指数分布，即故障率不随时间变化时，有 $\lambda_i(t)=\lambda_i$，系统的可靠度变为

$$R_{\mathrm{S}.n}(t)=\exp\left\{-\left(\sum_{i=1}^{n}\lambda_i\right)t\right\}=\exp(-\lambda_{\mathrm{S},n}t) \tag{1-92}$$

$$\lambda_{\mathrm{S},n}=\sum_{i=1}^{n}\lambda_i \tag{1-93}$$

此时，系统的平均寿命为 $1/\lambda_{\mathrm{S},n}$。

$R_1(t)$ — $R_2(t)$ — ⋯ — $R_n(t)$

图 1-7 串联系统的可靠度模型

由此可知，串联系统的可靠度小于任一元件的可靠度。对于大规模的串联系统，很难保障其有较高的可靠度。

并联系统的可靠度模型如图 1-8 所示，只有当所有元件失效之后，才会导致系统失效。假定系统中有 n 个元件，各元件发生故障的事件相互独立，则系统的可靠度按照下式计算：

$$R_{\mathrm{P}.n}(t)=1-\prod_{i=1}^{n}\left[1-R_i(t)\right]=1-\prod_{i=1}^{n}\left\{1-\exp\left[-\int_0^t \lambda_i(\tau)\mathrm{d}\tau\right]\right\} \tag{1-94}$$

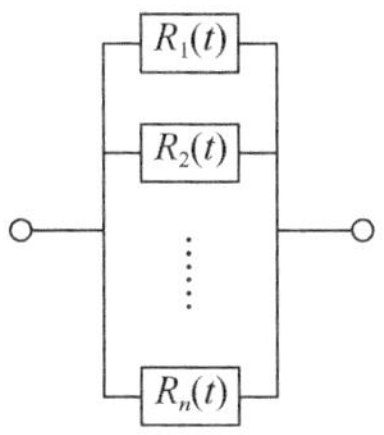

图 1-8　并联系统的可靠度模型

对于两个元件构成的并联系统，假设各元件的故障时间服从指数分布，则有

$$R_{\mathrm{P}.2}(t)=\exp(-\lambda_1 t)+\exp(-\lambda_2 t)-\exp\left[-(\lambda_1+\lambda_2)t\right] \tag{1-95}$$

此时，平均寿命$=1/\lambda_1+1/\lambda_2-1/(\lambda_1+\lambda_2)$。特别地，若两个元件的故障率相等，则系统的平均寿命是单个元件寿命的 1.5 倍。

1.6.2　一般系统的分解

通常，实际的系统不会是单纯的串联系统或并联系统，在计算系统的可靠度时，需要用到更一般的方法，即将系统分解为串联子系统或并联子系统，然后考虑其内在联系进行分析。

1. 条件概率方法

将系统分解为串联子系统或并联子系统时，对不便归类的个别元件，采用条件概率公式加以分析，再根据全概率公式可得系统的可靠度。考虑图 1-9 所示的 3 个系统，图 1-9（a）和（b）可简单地分解为串联子系统或并联子系统。对于图 1-9（c）而言，该系统不能进行简单的分解，分解时，E_5 作为条件元素考虑，剩余的元件归为串联子系统或并联子系统，如图 1-10 所示。在元件 E_5 处于正常 R_{SN} 和失效 R_{SF} 条件下，分别有

$$R_{\mathrm{SN}}=[1-(1-R_1)(1-R_2)]\times[1-(1-R_3)(1-R_4)] \tag{1-96}$$

$$R_{\mathrm{SF}}=1-(1-R_1R_3)(1-R_2R_4) \tag{1-97}$$

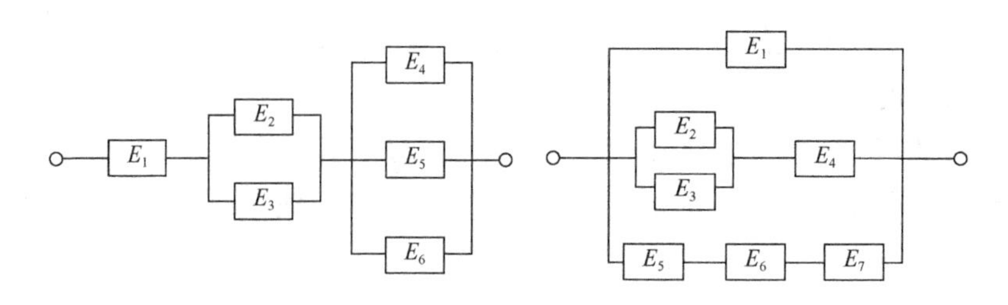

（a）由并联子系统串联而成的系统　　（b）由串联子系统并联而成的系统

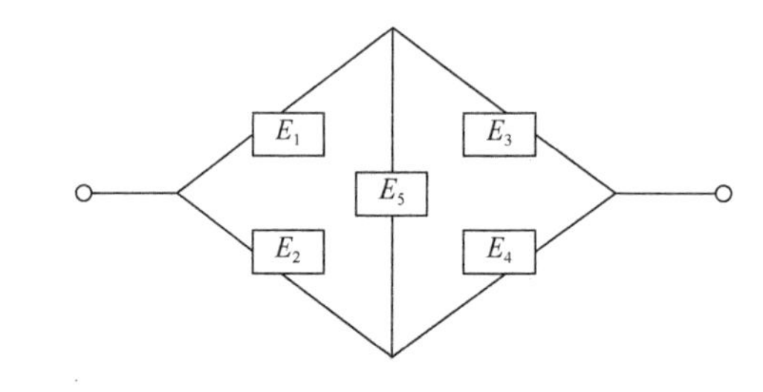

（c）不能直接分解为串联或并联子系统的系统

图 1-9　一般系统构成示例

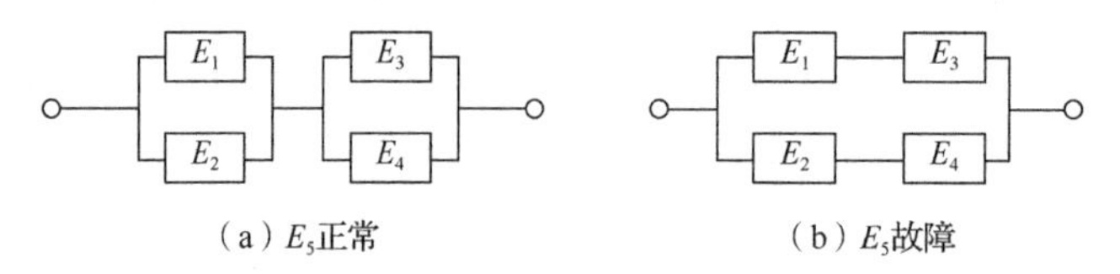

（a）E_5正常　　（b）E_5故障

图 1-10　串并混联系统

系统的可靠度为

$$R_S = R_5 \times R_{SN} + (1 - R_5) \times R_{SF} \tag{1-98}$$

对于复杂系统和大规模系统，采用条件概率的方法进行计算时会存在较大困难。因为分解方式不唯一，所以不便于利用计算机进行分析。从应用方便的角度，以下介绍的方法更具一般性。

2. 路集（path set）方法

考虑由 n 个元件构成的系统 $E_1, E_2, \cdots, E_n$，利用布尔代数的指标变量表述各元件的状态，即 $a_i = 1$（正常），$a_i = 0$（故障）。记 $\boldsymbol{a} = (a_1, a_2, \cdots, a_n)^{\mathrm{T}}$，称为元件状态向量。系统的状态也是由其指标变量来描述的，正常则 $a_S = 1$，故障则 $a_S = 0$。系统的状态依赖各元件的状态，其指标变量是元件状态向量的函数，即 $a_S = \varphi(\boldsymbol{a})$，其中 $\varphi(\boldsymbol{a})$ 称为系统的结构函数。

对于串联系统，有

$$a_S = \varphi(\boldsymbol{a}) = \prod_{i=1}^{n} a_i \tag{1-99}$$

或者

$$a_S = \varphi(\boldsymbol{a}) = \min\{a_1, a_2, \cdots, a_n\} \tag{1-100}$$

对于并联系统，有

$$a_S = \varphi(\boldsymbol{a}) = 1 - \prod_{i=1}^{n}(1 - a_i) \tag{1-101}$$

或者

$$a_S = \varphi(\boldsymbol{a}) = \max\{a_1, a_2, \cdots, a_n\} \tag{1-102}$$

将元件 i 的状态指标作为随机变量来处理，记为 A_i，则有

$$R_i = \Pr\{A_i = 1\} = 1 \times \Pr\{A_i = 1\} + 0 \times \Pr\{A_i = 0\} = E(A_i) \tag{1-103}$$

记 $\boldsymbol{A} = (A_1, A_2, \cdots, A_n)^{\mathrm{T}}$，系统的状态指标随机变量记为 A_S，$A_S=\varphi(\boldsymbol{A})$，则系统的可靠度表示为

$$R_S = \Pr\{A_S = 1\} = E[A_S] = E[\varphi(\boldsymbol{A})] \tag{1-104}$$

考虑全集 $T = \{1, 2, \cdots, n\}$，满足以下条件的子集 I 称为路集：当且仅当 I 的元件都处于正常状态时，有

$$a_S = \varphi(\boldsymbol{a}) = 1 \tag{1-105}$$

当路集的任何子集均不是路集时，称该路集为最小路集。如图 1-9（a）所示的系统，存在以下路集：

$$S_1 = \{E_1, E_2, E_4\}，S_2 = \{E_1, E_2, E_5\}，S_3 = \{E_1, E_2, E_6\}，S_4 = \{E_1, E_3, E_4\}，$$
$$S_5 = \{E_1, E_3, E_5\}，S_6 = \{E_1, E_3, E_6\}，S_7 = \{E_1, E_2, E_4, E_5\} \tag{1-106}$$

式中，S_1～S_6 是最小路集；S_7 不是最小路集，因为其包含了 S_1 和 S_2。设系统含有 m 个最小路集 $I_i(i = 1, 2, \cdots, m)$，则系统的结构函数表示为

$$a_S = \varphi(\boldsymbol{a}) = 1 - \prod_{i=1}^{m}(1 - a_{Si})，\ a_{Si} = \prod_{j \in I_i} a_j \quad (i, j = 1, 2, \cdots, m) \tag{1-107}$$

式中，a_{Si} 是最小路集 I_i 的状态指标变量。图 1-11 所示是由图 1-9（a）转换而来的最小路集分解图。值得注意的是，在图中，元件 E_1 进入所有路集，因此，各路集不独立，不能简单地按照串联公式或并联公式计算系统的可靠度。在分析计算时，可应用概率的和积公式，考虑相关性对系统可靠度的影响。

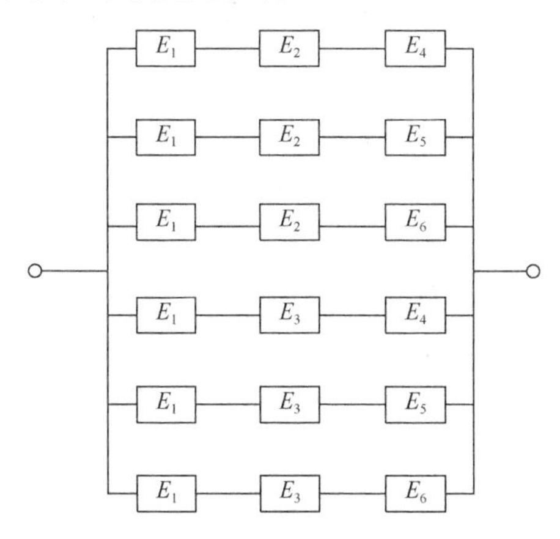

图 1-11　图 1-9（a）的最小路集分解图

3. 割集（cut set）方法

考虑全集$T=\{1,2,\cdots,n\}$，满足以下条件的子集I称为割集：当且仅当I的元件都处于故障状态时，有

$$a_S=\varphi(\boldsymbol{a})=0 \tag{1-108}$$

当割集的任何子集均不是割集时，称该割集为最小割集。图1-9（c）所示的系统，存在以下割集：

$$S_1=\{E_1,E_2\},\ S_2=\{E_3,E_4\},\ S_3=\{E_1,E_4,E_5\},$$
$$S_4=\{E_2,E_3,E_5\},\ S_5=\{E_1,E_2,E_4,E_5\} \tag{1-109}$$

式中，S_1～S_4是最小割集；S_5不是最小割集，因为其包含了S_1和S_3。设系统含有m个最小割集$I_i(i=1,2,\cdots,m)$，则系统的结构函数表示为

$$a_S=\varphi(\boldsymbol{a})=\prod_{i=1}^{m}a_{Si},\ a_{Si}=1-\prod_{j\in I_i}(1-a_j)\quad (j=1,2,\cdots,m) \tag{1-110}$$

式中，a_{Si}是最小割集I_i的状态指标变量。

利用割集方法，图1-9（c）转换为图1-12，系统可靠度表示为

$$\begin{aligned}a_S=&[1-(1-a_1)(1-a_2)]\times[1-(1-a_3)(1-a_4)]\\&\times[1-(1-a_1)(1-a_4)(1-a_5)]\times[1-(1-a_2)(1-a_3)(1-a_5)]\end{aligned} \tag{1-111}$$

式（1-111）两端对状态变量取期望，所得结果与条件概率法相同。机械或结构的失效与系统的割集相对应，因此，割集方法比路集方法用得多一些。

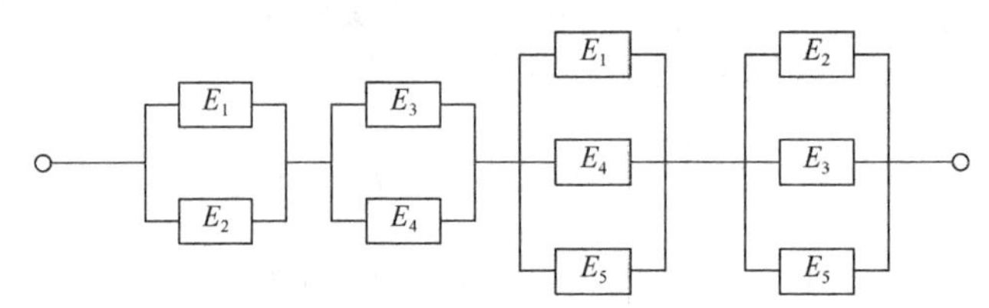

图1-12　图1-9（c）的最小割集分解图

1.7　系统可靠性设计

系统可靠性设计的目的是，在满足规定的可靠性要求和寿命要求的前提下，使得该系统的技术性能、质量指标、制造成本等取得协调并达到最优的结果；或者在满足性能、成本、寿命等要求的条件下，设计出具有高可靠性的系统。

可靠性预计和可靠性分配是系统可靠性设计中两个相辅相成的重要环节。根据产品最基本的元器件或零部件的可靠性数据，推测产品或系统的可靠性，称为可靠性预计。可靠性分配则是根据产品或系统的可靠性指标要求，“自上而下”地分配到每一个元器件或零部件，通过控制元器件或零部件的数目及可靠性指标，达到整体可靠性指标要求。

在设计阶段，将具有同一功能的多个元件一并纳入系统，以保障或提高系统的可靠度，这一方法称为冗余设计。并联冗余系统（parallel redundant system）是典型的冗余设

计，若有 n 个元件并联，则系统具有 $n-1$ 的冗余度。有一种 k/n 系统是介于串联和并联之间的系统。该系统由 n 个具有同一功能的元件构成，其中至少 k 个有效，系统才能正常工作。元件的可靠度记为 $R_e(t)$，则系统可靠度由下式表示：

$$R_{k/n}(t)=\sum_{i=k}^{n}\mathrm{C}_n^i\left[R_e(t)\right]^i\left[1-R_e(t)\right]^{(n-i)} \tag{1-112}$$

式中，C_n^i 表示由 n 取 i 的组合数。例如，在火灾报警器中，利用 2/3 传感系统，即当 3 个传感元件中的 2 个检出有火灾发生时就报警。因此，k/n 也称为多数决策系统。特别地，$1/n$ 对应并联系统，n/n 对应串联系统。

另一个例子是待机冗余系统（stand-by redundant system）。系统功能可以由两个子系统独自完成，当第一个子系统出现故障时，检测器检出后，即转向第二个子系统。在图 1-13 所示的例子中，FDS 表示故障检测切换装置（fault detection and switching，FDS）。一旦系统 1 出现故障，并被检测出，则系统 2 开始工作。该系统的可靠度表示为

$$R_S(t)=1-\left[1-R_1(t)\right]\left[1-R_F(t)R_2(t)\right] \tag{1-113}$$

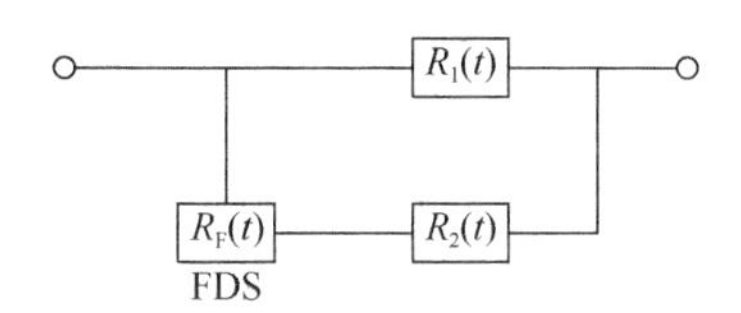

图 1-13　待机冗余系统

若两个子系统及检测器系统的故障发生规律均服从指数分布，则有

$$R_S(t)=\exp(-\lambda_1 t)+\exp\left[-(\lambda_2+\lambda_F)t\right]-\exp\left[-(\lambda_1+\lambda_2+\lambda_F)t\right] \tag{1-114}$$

装置 FDS 自身具有一定的故障率，因此，该系统的可靠度与两元件并联系统相比有所降低。

若单个元件的可靠度不足，通过构造并联冗余系统，可以提高系统的可靠度，但系统造价也会随之升高，以下考察两者之间的联系。考虑由 n 个元件构成的并联系统，元件的可靠度记为 R_b，则系统可靠度表示为

$$R_S=1-(1-R_b)^n \tag{1-115}$$

由式（1-115）得到

$$n=\frac{\ln(1-R_S)}{\ln(1-R_b)} \tag{1-116}$$

单个元件成本记为 C_b，则系统的成本为

$$C_S=nC_b \tag{1-117}$$

因此，为使系统的可靠度由 R_b 提升至 R_S，成本的增加比例为

$$\frac{C_S}{C_b}=\frac{\ln(1-R_S)}{\ln(1-R_b)} \tag{1-118}$$

考虑由 n 个元件构成的串联系统，各元件的可靠度为 $R_i(i=1,2,\cdots,n)$，各元件的成本为 $C_i(i=1,2,\cdots,n)$，则系统的可靠度和系统成本分别为

$$R_b=\prod_{i=1}^{n}R_i\,,\quad C_b=\sum_{i=1}^{n}C_i \tag{1-119}$$

为提升系统的可靠度，将 m_i 个相同的元件 $i(i=1,2,\cdots,n)$ 并联，作为改进后的串联系统中的第 i 个元件，可靠度由 R_i 提升至 $R_{S,i}$，参照式（1-115）～式（1-118），有

$$R_{S,i}=1-(1-R_i)^{m_i}\ ,\quad m_i=\frac{C_{S,i}}{C_i}=\frac{\ln(1-R_{S,i})}{\ln(1-R_i)} \tag{1-120}$$

改进后的串联系统的可靠度为

$$R_S=\prod_{i=1}^{n}R_{S,i} \tag{1-121}$$

系统成本的增加率为

$$\frac{C_S}{C_b}=\frac{\sum_{i=1}^{n}C_{S,i}}{C_b}=\frac{\sum_{i=1}^{n}C_i\frac{\ln(1-R_{S,i})}{\ln(1-R_i)}}{\sum_{i=1}^{n}C_i} \tag{1-122}$$

对于该问题，系统可靠度设计和可靠度分配的目标是，在满足系统可靠度 R_S 不小于某指定值的条件下，选取合适的 m_i、$R_{S,i}$，使得成本增加率最小。

例 1-4 因系统可靠度不足，需要通过并联化方法，将图 1-14 所示中各元件的可靠度提升至 0.9，求所需并联元件 1 和并联元件 2 的个数，以及系统的成本增加率。

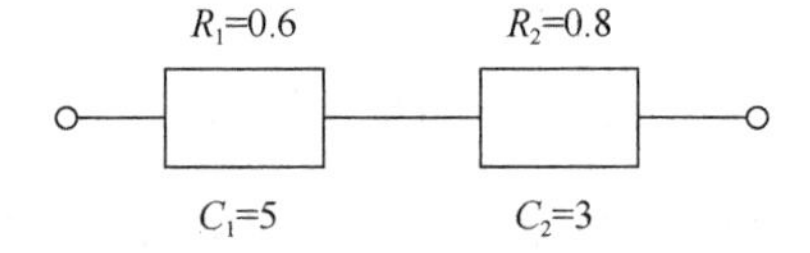

图 1-14 基本元件性能及成本

解 对于元件 1，有

$$m_1=\frac{\ln(1-R_{S,1})}{\ln(1-R_1)}=\frac{\ln(1-0.9)}{\ln(1-0.6)}\approx 2.5$$

对于元件 2，有

$$m_2=\frac{\ln(1-R_{S,2})}{\ln(1-R_2)}=\frac{\ln(1-0.9)}{\ln(1-0.8)}\approx 1.4$$

并联元件个数分别取 3 和 2，改善之后的系统可靠度为

$$R_S=R_{S,1}\cdot R_{S,2}=\left[1-(1-0.6)^3\right]\cdot\left[1-(1-0.8)^2\right]\approx 0.8986$$

系统的成本增加率为

$$\frac{C_S}{C_b}=\frac{3\times C_1+2\times C_2}{C_1+C_2}=\frac{21}{8}=2.625$$

例 1-5 对于例 1-4，假设所要求的系统可靠度为不小于 0.95，试确定并联元件 1 和并联元件 2 的个数，使得系统成本的增加率最小。

解 此例为一可靠度分配问题，数学上归结为一个带约束的优化问题，即

$$
\begin{cases}
\text{求}: X_1, X_2 \\
\min: \{X_1 \times c_1 + X_2 \times c_2\} \\
\text{s.t. } R_{S,1} \times R_{S,2} \geqslant 0.95 \\
\quad R_{S,1} = \{1-(1-R_1)^{X_1}\} \\
\quad R_{S,2} = \{1-(1-R_2)^{X_2}\} \\
\quad 1 \leqslant X_1, X_2 \leqslant 10
\end{cases}
$$

求得结果为 X_1=3.451，X_2=3.000，即并联 4 个元件 1，并联 3 个元件 2。成本增加率=29/8=3.625，系统可靠度为

$$
R_S = \left[1-(1-0.6)^4\right] \cdot \left[1-(1-0.8)^3\right] \approx 0.9666
$$

参 考 文 献

贡金鑫，2003．工程结构可靠度计算方法[M]．大连：大连理工大学出版社．

刘嘉焜，王家生，张玉环，等，2010．应用概率统计[M]．2 版．北京：科学出版社．

室津義定，米澤政昭，邵晓文，1996．システム信頼性工学[M]．东京：共立出版株式会社．

王金武，2013．可靠性工程基础[M]．北京：科学出版社．

FREUDENTHAL A M, 1947. The safety of structures[J]. Transactions, ASCE, 112:125-180.

MELCHERS R E, BECK A T, 2018. Structural reliability analysis and prediction[M]. 3rd ed. West Sussex: John Wiley & Sons Inc.

习 题

1.1 设某装置故障时间服从指数分布，在运行 50h 后，要求其可靠度和可用度分别为 0.8 和 0.98，为满足此要求，该装置的故障率和维修率应为多少？

1.2 某设备每月的平均运行时间为 180h，每月发生 4 次故障，修理共需要 12h，求该设备的故障率、维修率及可用度。

1.3 当 $R(t)=\exp(kt^2/2-t)$ $(0<t<1/k)$时，求故障率函数及故障时间的概率密度函数。

1.4 某型号飞机运行时间设定为 20 年，其间故障率为常数，要求 R=0.99999，求其平均寿命。

1.5 某机械的故障率 $\lambda=2\times10^{-6}$ (1/h)，则在 1000h 运行期间的可靠度为多少？

1.6 某工厂生产的某型号电池，其寿命（单位：h）长期以来服从方差为$\sigma_0^2=5000$的正态分布，现有一批这种电池，从它的生产情况来看，寿命的波动性有所改变。现随机取 26 个电池，测出其寿命的样本方差为$s^2=9200$。问：根据这一数据能否推断这批电池的寿命波动比以往有显著性的变化（α=0.02）？

1.7 求图 1-9（b）所示系统的结构函数及图 1-9（c）所示系统的最小路集。

1.8 求图 1-15 所示系统的最小割集及系统的结构函数。已知各元件 R_i=0.95，求系统 R_S。

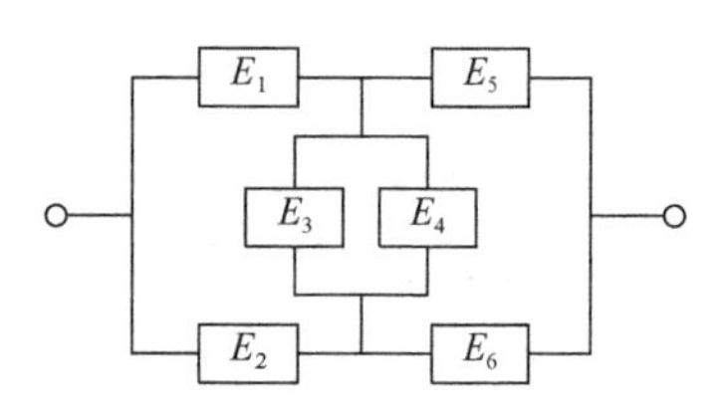

图 1-15 由 6 元件构成的系统

1.9 由 10 个元件构成一个串联系统，各元件的故障时间服从指数分布，MTTF=2000h，当 t=0 时开始运行，求 50h 后系统的可靠度。

1.10 三引擎飞机，有一个引擎工作飞机就可正常飞行。各引擎故障率 λ=0.001(1/h)，且相互独立，求飞机的平均故障时间。

1.11 四引擎飞机，有两个引擎工作飞机就可正常飞行。各引擎故障率 λ=0.005(1/h)，且相互独立，求飞机飞行 10h 后的可靠度。

1.12 对于例 1-4（图 1-14），要求系统可靠度不小于 0.8，考虑两种方案：①将子系统 1 和子系统 2 的可靠度分别提高至 0.85 和 0.95；②将两个子系统的可靠度分别提高至 0.95 和 0.85。比较两种方案下的系统费用。

第 2 章 结构可靠性基本原理

本章介绍结构可靠性的基本概念、原理及其影响因素。结构要么处在能正常使用或安全的状态，要么处在不能正常使用或失效（破损）的状态，从前者到后者的转换边界称为结构的极限状态。利用合适的变量，对影响结构状态的各种确定性因素或不确定性因素的影响加以描述，建立结构的极限状态方程，可以对结构的可靠性进行定量分析和计算。

2.1 结构可靠性的三要素

结构在规定的使用年限或规定的时间内和规定的条件下，完成预定功能的能力，定义为结构的可靠性。结构可靠性的重点研究内容之一，是如何计算或预测结构在寿命期内达到或超出某个极限状态的概率。从安全角度考虑，也就是关注结构发生失效的概率。

超出某个极限状态用事件 E 来表示。事件 E 发生的概率是一种数学度量，用来描述该事件发生的可能性。若存在类似结构的统计数据，则该事件发生的频率是该事件发生概率的一种近似估计。实际上，长期大量的观测数据是很难得到的，对于结构失效（破坏）概率的估计，体现的是对该事件发生的可能性的一种主观信任程度，而不能简单地解释为事件的发生频率。结构可靠性分析中较通常的做法是，根据部分结构构件/材料的观测数据，结合物理推理和若干假设，构建可靠性分析模型，从而进行可靠度或失效概率的计算。

工程结构可分为拟建结构（structures in design）和既有结构（existing structures）两类。目前对结构可靠性概念的定义和理解主要是针对拟建结构而言的。相对于拟建结构，既有结构已转化为现实的空间实体，结构可靠性分析和评定的对象发生了一些变化，但是基本的分析方法是相通的（方永锋，2016）。在结构可靠性定义中包含三要素，即时间、条件和功能，以下分别予以叙述。

1. 时间

结构可靠性定义中“规定的使用年限”或“规定的时间”，代表了对结构使用时间的要求。结构可靠性分析的目的是预测结构在未来时间里满足预定功能的能力，因此，无论是对拟建结构还是既有结构，设定的时间区域或要求的使用时间均是指未来的时间。工程结构在设计使用年限内，所施加的荷载会随时间而变化，受环境等因素的影响，构件的强度一般也会随时间而逐渐降低。因此，在对结构进行设计时，需要明确在哪个时段，在何种条件下，期望结构达到什么样的状态，结构系统完成什么样的功能。

在拟建结构的可靠性设计中，设计标准中规定的设计使用年限（design working life），是指结构或结构构件不需要进行大修即可按预定目的使用的年数，如表 2-1 所示。在设计标准中，设计基准期（reference period）是为确定可变作用以及材料性能的取值（概率特性）而选用的另一个时间参数，结构可靠度的计算仍应以设计使用年限作为时间区域，以确定结构在该时间区域内的可靠度。

表 2-1 设计使用年限示例

类别	设计使用年限/年	示例
1	1～5	临时性结构
2	25	易于替换的结构构件，如吊车梁、支撑构件
3	50	一般建筑物和其他公共结构
4	⩾100	大型桥梁、纪念性建筑和其他特殊结构

2. 条件

在可靠性定义中，“规定的条件”是指对所要考虑的未来场景做出一定的限定。对未来场景考虑得越周全，结构在危机情况下完成其预定功能的能力就越强。但是，在分析计算过程中包括所有因素，既不现实也不经济。一般标准中，仅考虑已知或可预见的各类作用，并设定结构能够得到正常的设计、施工、使用和维护。设计失误、施工缺陷、使用不当、维护不周等不在考虑之列。实际上，结构一旦发生失效，必有非寻常的原因，如人为过错或疏忽，意料之外的荷载环境条件等。上述对未来场景的限定不仅是结构可靠性分析、设计的前提和条件，也体现出对设计、施工、使用、维护等活动的要求。

3. 功能

结构可靠性的核心是结构完成预定功能的能力。结构响应是否符合要求，取决于不同的安全性标准。这些标准包括：①结构不会发生整体坍塌失效（如断开、疲劳失效、失稳、腐蚀断裂、连续坍塌失效）；②结构损伤（如出现裂纹或非弹性变形）在一定限度之内；③结构的功能性影响（如位移过大、振动过大、局部裂纹）不超过指定的范围。其中第一项是对结构承载能力的要求，关系到结构的安全性，即要求结构能承受施工和使用期间可能出现的各种作用。如果不满足安全性要求，就会发生结构断开以致整体倒塌的严重失效事件，造成人民生命财产的重大损失。对结构功能最基本的要求，就是保障结构的安全性，这也是结构设计中最重要的内容。

结构状态处在是否满足要求的分界线上，称为结构的极限状态。结构的极限状态大致分为两类，即上述①所描述的最终极限状态（也称承载能力极限状态），以及②、③描述的正常使用极限状态。对于实际结构，完全坍塌或需要彻底维修的失效事件是极为罕见的，更常见的情况是，考虑结构功能是否满足要求，是否达到相应于②、③的极限状态。结构可靠性的核心内容是判定结构何时达到极限状态，以及达到极限状态有多大的可能性等。分析结构可靠性的主流方法是概率计算方法。通常，荷载、环境、结构构件或材料性能等都存在一些不确定性因素。将不确定性因素通过基本随机变量加以描述，基于结构分析的物理模型计算结构响应的不确定性，从而判定某个特定的极限状态是否会达到，将以多大概率达到。

工程结构多为超静定结构，如图 2-1 所示。对于 n 次超静定结构，存在多个导致结构整体坍塌失效的机制，每个失效机制对应若干个构件的同时失效。在设计阶段，不可能断定或准确预测会发生何种机制的失效，但可以分析何种机制最容易发生，由此施行合理的设计，以尽量避免此类失效的发生。结构可靠性分析的目的就是确立这样一种合理设计的理论与方法。

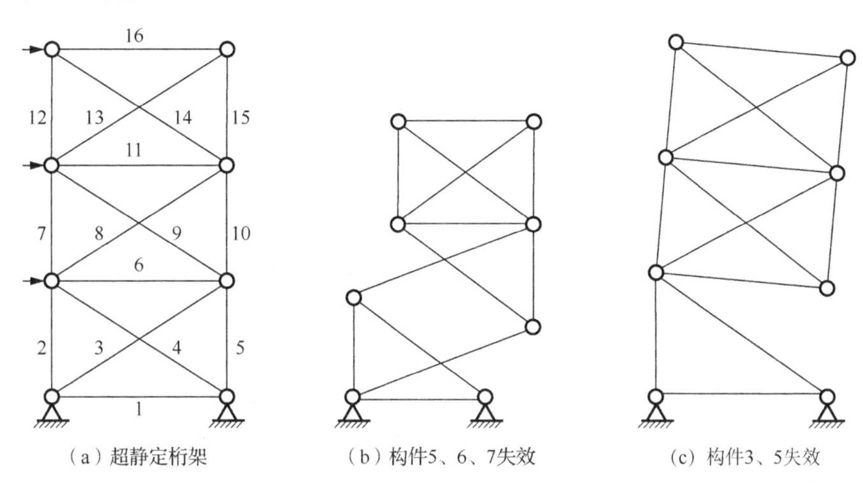

图 2-1　超静定结构的失效机制

结构破坏（失效）是稀有事件，长时间的观测数据也很难得到。因此，失效概率的计算，绝大多数情形下采用的是一种基于物理模型的主观估计方法，辅之以构件或材料性能的频率观测结果。通过分析计算得到的失效概率 p_f 到底表示什么样的物理意义？与实际结构的失效频率相关吗？对于设计更加安全合理的结构有何帮助？能够由此推测出其他结构的失效概率吗？关于这些基本问题，目前并没有完全统一的解释或看法。

主观概率是对于概率的另一解释，表示对于某事件发生与否的一种信任程度，是一种主观的或个人的概率观点，与某事件发生的相对频率并不直接相关联。在结构可靠性领域，这一解释更为普遍与合理。信任程度甚至可以不依赖任何已有数据或经验。主观概率又称为贝叶斯概率，反映对于所考虑事件的信息缺乏（无知）的程度。当出现进一步的观测结果时，可以对主观概率进行修正，使其更加符合事件发生的频率解释。

2.2　可靠性分析中的不确定性因素

事件的不确定性的性质是指，不能准确预测该事件是否出现及事件发生后会导致什么样的结果，对此给不出一个明确的结论。对于复杂的结构系统，很难准确完整地找出其包含的不确定性因素。在分析计算结构的可靠度和进行结构设计时，需要正确把握规范内容，合理考虑和描述可预见条件下的各种不确定性。不确定性因素通常由概率密度函数加以描述，有些情况可通过点估计来描述。

不确定性分为主观不确定性和客观不确定性。前者起因于知识的不完备，随着对基本现象认识的深入，可以减少这类不确定性。后者是指系统构成元素内在的不确定性，是一种无法消除的客观存在。若增添数据信息或提高建模分析技术，则可以降低这类不确定性的程度。不确定性按其产生的原因和条件，又可分为随机性、模糊性和知识的不完善性（姚继涛，2011）。目前，对随机性的研究比较充分，概率论、数理统计和随机过程理论是描述和研究这种不确定性的有力工具。

1. 随机性

随机性是指因事件发生条件的不充分性而导致的结果的不确定性。例如，当结构建造完成后，对混凝土强度进行实际检测得到的结果与设计所要求的值往往并不一致。这其中包含多方面的原因，包括选材、配合比设计、制作、运输、浇注、振捣及养护等。混凝土的实际强度与设计强度之间的偏差，具体是由哪一个或哪几个环节造成的，是很难确定的。此时，强度的随机性起源于偏差（事件）发生条件的不充分性。需要说明的是，尽管这种偏差具有随机性，但是在概率意义上它仍是可控的。在结构可靠性理论及国际结构安全联合委员会（Joint Committee on Structural Safety，JCSS）颁布的《JCSS概率模式规范（2001）》（JCSS，2001）中，随机性又可分为物理不确定性、统计不确定性和模型不确定性（贡金鑫，2003），在 1.1 节中对此已做了叙述。其中，物理不确定性是一种客观不确定性，后两者属于主观不确定性。

基本随机变量，如屈服强度、风荷载、洪水、构件尺寸等，其内涵的随机性即为物理不确定性。通过提高技术手段或进行质量控制，可在一定程度上降低物理不确定性。例如，混凝土的变异性可通过严格配制程序、准确控制拌和料称重等技术手段而减小。但是在有些情况下，物理不确定性不能人为降低，如风载、雪载、地震荷载等。通常，基本随机变量的随机特性事先并不知晓，只能通过观测数据来评估，或进行主观评价。

概率论中涉及的随机变量，其概率分布和统计参数（如平均值、标准差、形态参数、尺度参数等）都是已知的、确定的。但在实际工程中，随机变量的参数需要依据样本数据，利用数理统计方法进行估计才能得到。理论上只有当样本的容量为无穷时，估计的参数才是准确的、确定的。由于样本量的不足，统计参数本身也具有不确定性，称为统计不确定性。降低统计不确定性的手段有增大样本容量或采用合适的估计方法。在进行结构可靠性分析和设计时，有时需要同时考虑物理不确定性和统计不确定性。相关的贝叶斯方法等分析设计方法在用于工程实际时仍显得很复杂，有关理论及应用还有待进一步研究。

在结构设计和分析中，需要借助物理模型计算结构的响应特征。物理模型及相关的计算公式在一定的假设条件下才成立，而假设条件与实际情况总会有所差别。这种由于计算公式不精确或模型简化而产生的不确定性称为模型不确定性。降低模型不确定性的途径有，使计算假定尽量与实际情况相符，或采用更先进的计算手段。对于许多复杂的工程结构问题，建立精准的理论模型不太实际，进行更精确的分析则需要巨大的计算成本。

2. 模糊性

模糊性是指事物属性的不明确所带来的不确定性，如“青年人和中年人”，划分的标准是不明确的，从一种属性到另一种属性，具有中间过渡性。对于结构可靠性问题，在判定是否超出极限状态、是否可靠时，亦带有模糊性。例如，当钢筋混凝土结构的裂缝宽度稍许超过规范的规定值时，并不会导致结构完全不适用；而在有些情形中，即使裂缝宽度小于规范的规定值，也有可能导致结构不再适用。模糊性可通过指标函数法（完整性的一种度量指标）进行处理，也可以由关于准则的密度函数来描述。模糊性也称为决策不确定性。

3. 知识的不完善性

因客观信息的不完备或主观认识的局限性而产生的不确定性，称为知识的不完善性。例如，知道某事物变化的趋势，但是没有相应数据确定这种未来变化的程度。在设计铁路桥梁时，需要考虑未来高速列车荷载的变化，但是未来车速的具体数值难以确定，只能根据经验和判断，给荷载加上一个提高系数。

2.3 结构时域可靠性和时变可靠性

判定结构可靠与否的3个要素是时间、条件和功能。通常将时间和条件限定，通过比较结构功能与其预定功能来判定结构是否可靠。若限定条件和功能，则通过比较结构能正常使用的时间与规定的时间要求，同样可以判定结构是否可靠。上述两种判定方法是等效的（姚继涛等，2006）。

在规定的条件及能够完成预定功能的前提下，结构满足时间要求的能力，称为结构时域可靠性（structural time-domain reliability）。相比通常定义的结构可靠性，结构时域可靠性是从不同角度对同一内容的描述，两者没有实质差别。结构时域可靠性不同于结构时变可靠性（time-dependent reliability）（Melchers 和 Beck，2018），后者是根据结构可靠性随时间变化的性质提出的。无论结构的可靠性是否随时间变化，时域可靠性的概念及描述方法都是成立的。

在某一时刻，荷载 Q（风载、其他建筑物上的活载等）的不确定性可以由随机变量来描述。随着时间的推移，荷载是变化的，通过结构分析得到的荷载效应 S 也是随时间变化的；同样地，构件或材料的抗力 R 也具有不确定性和时间相关性，如图2-2所示（注：R 在此处用来表示构件或材料的抗力，而在有的章节中 R 用来表示可靠度。根据具体内容和上下文，一般不会导致误解）。

在时刻 t，结构的失效事件表示为 $R(t)-S(t)<0$，失效概率 $p_f(t)=\Pr\{R(t)-S(t)<0\}$ 随时间而改变，这便是结构的时变可靠性问题。若考虑荷载仅作用一次的情形，则只需计算事件 $\{R-S<0\}$ 发生的概率即可。在时间区间 $[0,T]$ 上，考虑荷载作用多次，而抗力 R 不随时间变化的情形。此时，利用极值I型（耿贝尔，EV-I）分布理论合理描述该时间间隔内

的最大荷载效应，即考虑其中最大荷载效应导致结构失效的可能性，这样就可以忽略时间的影响，将该问题转换为与时间无关的概率计算问题。对于更一般的时变可靠性问题，其分析计算比较复杂，相关理论和方法将在第 6 章～第 9 章论述。

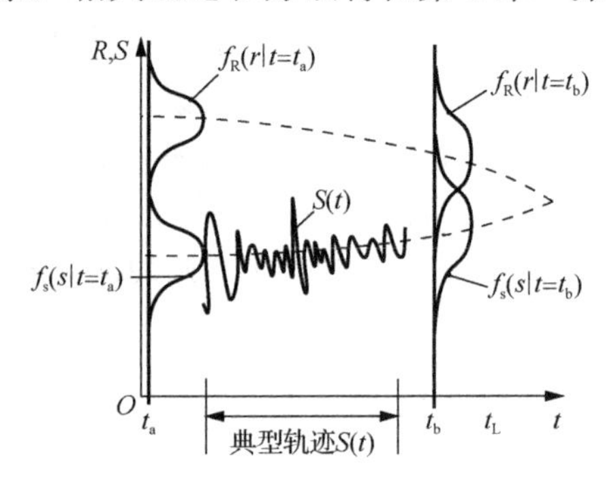

图 2-2 随时间变化的抗力及荷载效应

2.4 结构可靠性的基本影响因素和变量

2.4.1 结构性能与作用效应

结构或构件的性能分为 4 类：①几何性能，包括构件的截面面积、惯性矩、长细比等；②力学性能，如结构的抗力、刚度、固有频率等；③物理性能，包括热膨胀系数、电阻率等；④化学性能，如结构材料的耐酸性能等。结构的几何性能、力学性能对结构可靠性产生显著和直接影响。若结构承受较大的温差作用或者长期遭受较严重的化学侵蚀，则还应考虑结构的物理性能、化学性能对结构可靠性的影响。

引起结构状态变化的原因称为“作用（action）”，如各种荷载、约束、地震波、热辐射、腐蚀介质对结构材料的侵蚀等。作用效应指作用所引起的结构状态的变化，包括几何、力学、物理、化学状态的变化，如结构构件的内力、变形、应力、应变、裂缝、内部温度、钢筋钝化膜等（贡金鑫和魏巍巍，2007）。结构状态的变化决定于外因的作用和结构自身的性能。作用和结构性能是结构可靠性的基本影响因素。

2.4.2 基本变量与综合变量

在可靠性设计计算中直接使用的变量称为基本变量，如荷载、材料强度、弹性模量、构件尺寸等。这些基本变量为随机变量时，称为基本随机变量。实际上，这些变量一般可表示为更低层次的各种因素的函数。例如，影响钢筋屈服强度的因素有钢材中各元素的含量、制造工艺、环境条件、试验时的加载速度等。也就是说，屈服强度的随机性是由上述多种低层次的随机性所引起的，但是直接考虑这些因素过于烦琐和复杂，分析设计时的通常做法是直接将强度作为基本随机变量。如果没有特别指明其物理含义，基本随机变量可用 X 表示。

综合变量是指由若干个基本变量构成的函数或另一个物理量。如果综合变量是随机变量，则称为综合随机变量。例如，图 2-3 所示为受自重 g 和均布活荷载 q 作用的钢筋混凝土矩形截面简支梁，梁的跨度为 l，截面高度为 h（有效高度为 h_0），宽度为 b，混凝土的轴心抗压强度为 f_c，钢筋的屈服强度为 f_y，钢筋截面面积为 A_s。根据钢筋混凝土结构的基本原理，梁的极限受弯承载力可按下式计算：

$$R = A_s f_y \left(h_0 - \frac{A_s f_y}{2\alpha_1 b f_c} \right) \tag{2-1}$$

式中，α_1 为与混凝土强度等级有关的系数。

荷载 q 和 g 在梁跨中产生的弯矩为

$$S = M = \frac{1}{8}(q+g)l^2 \tag{2-2}$$

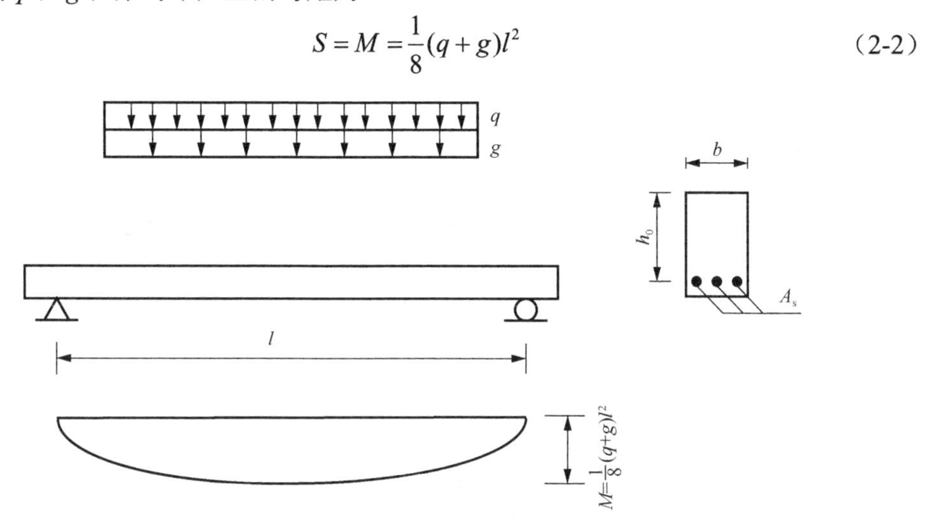

图 2-3　受自重和均布荷载作用的钢筋混凝土梁

在式（2-1）和式（2-2）中，$g, q, l, b, h_0, f_c, f_y, A_s$ 均为基本变量，R 和 S 为综合变量。直接用基本变量进行可靠度分析计算比较复杂，特别是在进行迭代计算时，基本变量过多可能会出现多个收敛点，造成判断困难。使用综合变量 S 和 R 进行分析，计算会大大简化。

基本随机变量的分布特征可以参照类似结构的已有信息和数据给出。通常，这样的数据信息是不完整的，在多数情况下，需要依赖经验和主观假定，或根据贝叶斯理论，联合确定一个最合适的分布形式。其概率分布参数可以采用最大似然法或顺序统计法对数据进行拟合而得到。在缺乏数据信息时，基本随机变量可以暂时假定为正态分布，其均值和方差可利用点估计法来确定。

2.5　结构的极限状态与功能函数

结构的极限状态分为两类：承载能力极限状态（ultimate limit state）和正常使用极限状态（serviceability limit state）。前者对应结构的安全功能，如对于钢筋混凝土梁，当不满足受弯承载能力要求时，会发生结构倒塌失效，产生灾难性后果。所以，设计中对承载能力极限状态的要求较高。后者对应结构的使用功能，当裂缝、变形或振动达到一定的限度时，会影响结构的正常使用（张明，2009）。

极限状态的分类没有固定的规则，国际标准《结构可靠性一般原则》[ISO 2394: 2015（E）]（ISO/TC 98，2015）规定，结构承载能力极限状态包括：①结构或结构的一部分作为刚体失去平衡（如倾覆等）；②因屈服、破损或过度变形而导致截面、构件或连接达到最大承载能力；③因断裂、疲劳或其他累积损伤而导致构件或连接发生破坏；④结构或结构的一部分转变为机动体系；⑤结构体系突然转变为新的体系；⑥发生基础破坏。

正常使用极限状态是指结构或结构构件达到正常使用或耐久性能的某项规定限值。正常使用极限状态的标志包括：①影响正常使用或外观的过大变形；②导致人们感觉难受或影响设备功能的过大振动；③影响正常使用或外观的局部损伤；④影响耐久性能的局部损伤（包括裂缝）。

结构耐久性是结构可靠性或结构安全性、适用性中涉及材料损伤的特殊内容，包括结构材料的腐蚀、混凝土的冻融循环损伤、结构表层的磨损等。耐久性问题通常被限定在适用性问题的范围。研究耐久性问题的目的是通过对这些损伤现象的分析和控制，保证结构在足够长的时间内保持良好的性能（赵国藩，1996）。

结构是否达到了特定的极限状态，可以通过极限状态方程来进行描述，即

$$Z=G(\boldsymbol{X})=0 \tag{2-3}$$

式中，$G(\boldsymbol{X})$称为功能函数；$\boldsymbol{X}$是基本变量。$Z=G(\boldsymbol{X})>0$表示结构处在安全可靠的区域；$Z=G(\boldsymbol{X})<0$表示结构处在失效状态，$Z=G(\boldsymbol{X})=0$表示结构处在临界状态。功能函数有时也用符号$g(\,)$来表示。下面通过例子来说明如何建立结构的功能函数。

例 2-1 两端简支对称复合梁受均布荷载p_0作用（图 2-4），其最大容许挠度为w_0，确定其功能函数。

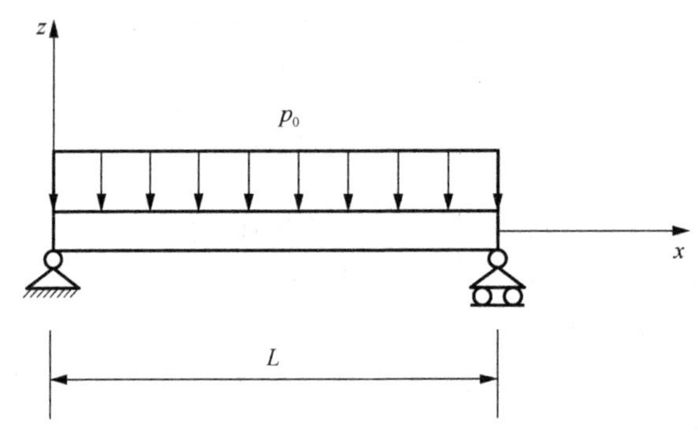

图 2-4 受均布荷载作用的简支复合梁

解 复合梁的中间截面挠度绝对值最大，根据材料力学可以得到以下结果：

$$\left|w_{\max}\right|=\frac{5p_0L^4}{384\mathrm{EI}}$$

式中，EI 为复合梁的等效弯曲刚度。设p_0和等效弯曲刚度为随机变量，则梁的功能函数可以写为

$$Z = w_0 - |w_{\max}| = w_0 - \frac{5 p_0 L^4}{384\mathrm{EI}}$$

例 2-2　建立受疲劳荷载作用的某钢构件的功能函数。已知该构件中有一疲劳裂纹，裂纹扩展速率满足帕里斯（Paris）方程，即

$$\frac{\mathrm{d}l}{\mathrm{d}N} = C(\Delta K)^m, \quad \Delta K = \alpha \Delta\sigma \sqrt{\pi l}$$

式中，l 是裂纹尺寸；N 是荷载循环次数；$\Delta\sigma$ 和 ΔK 分别是交变应力幅值和应力强度因子幅值；α 是形状修正因子；C 和 m 是材料常数，为随机变量。所要求达到的寿命记为 N_{R}，裂纹扩展寿命记为 N_{f}。

解　设初始裂纹尺寸为 l_0，裂纹扩展至构件断裂的临界尺寸为 l_{f}，对帕里斯方程积分（m>2），得到

$$N_{\mathrm{f}} = \frac{2}{m-2} \times \frac{1}{C\pi^{m/2}\alpha^m \Delta\sigma^m}(l_0^{1-m/2} - l_{\mathrm{f}}^{1-m/2}) = \frac{2}{m-2} \times \frac{1}{C\pi(\alpha\Delta\sigma)^2} \times \frac{1}{\Delta K_0^{m-2}}$$

上面的第二个等式用到关系式 $l_0 << l_{\mathrm{f}}$，$\Delta K_0 = \alpha\Delta\sigma\sqrt{\pi l_0}$，则构件的功能函数表示为

$$Z = N_{\mathrm{f}} - N_{\mathrm{R}} = \frac{2}{m-2} \times \frac{1}{C\pi(\alpha\Delta\sigma)^2} \times \frac{1}{\Delta K_0^{m-2}} - N_{\mathrm{R}}$$

2.6　结构可靠性建模及分析方法

2.6.1　描述极限状态的半概率方法

由自然现象引发的荷载，如风载、波浪荷载、暴风、洪水、地震等，在时间维度和空间维度都具有不确定性。其中，在时间尺度上的不确定性可以通过再归时间来刻画。再归时间（也称为重现期）的定义是，两个相邻的统计独立事件发生的平均时间间隔（Melchers 和 Beck，2018；张新培，2001）。在大多数工程应用中，荷载在某一门槛之上才认为事件发生，由此定义设计荷载，并按确定性方法进行结构设计。结合再归时间和设计荷载的分析计算方法，称为半概率方法。

考虑源自同一母体的独立样本——伯努利序列。已知某事件在伯努利试验中每次出现的概率为 p，事件第一次出现所需时间（或试验次数）为一随机变量，服从几何分布，即

$$\Pr\{T = t\} = p(1-p)^{t-1} \quad (t = 1, 2, \cdots) \tag{2-4}$$

该事件的再归时间为

$$E\{T\} = \bar{T} = \sum_{t=1}^{\infty} tp(1-p)^{t-1} = \frac{1}{p} \tag{2-5}$$

对于大多数工程问题，基准时间间隔取为 1 年，则 p 表示 1 年内某事件 $\{X > x\}$ 发生的概率。$E\{T\}$ 表示相邻事件发生的平均时间间隔，即再归时间。值得指出的是：①再归时间依赖基准时间间隔的选择；②在基准时间间隔内，一次以上的事件发生等同

于发生一次，因此，再归时间的概念和方法适用稀有事件，不适用频繁发生的事件；③该方法仅考虑时间尺度的不确定性，对于 X，只关注 $\{X > x\}$ 是否成立。

例 2-3 已知设计风速 v=60km/h 的风为结构 50 年一遇，首次发生大于设计风速的事件的年数记为 T，有如下结果：

1）v=60km/h 的风，其再归时间为

$$E(T) = 50\text{年}$$

2）在 1 年内，发生大于设计风速的事件概率为

$$p = 1/50 = 0.02$$

3）在 4 年内，首次发生大于设计风速的事件概率为

$$\Pr\{T = 4\} = 0.02 \times 0.98^3 \approx 0.0188$$

4）在 4 年内，在其中某一年内发生大于设计风速的事件 $\{X=1\}$ 的概率为

$$\Pr\{X = 1\} = \mathrm{C}_4^1 0.02 \times 0.98^3 \approx 0.0753$$

5）在 4 年内，发生大于设计风速的事件概率为

$$\Pr\{T \leqslant 4\} = \sum_{t=1}^{4} 0.02 \times 0.98^{t-1} \approx 0.0776$$

将 4 年扩展解释为设计寿命 t_{L}，则在设计寿命内，发生大于设计风速的事件概率为

$$\Pr\{T \leqslant t_{\mathrm{L}}\} = 1 - (1-p)^{t_{\mathrm{L}}}$$

6）在再归时间内，发生大于设计风速的事件概率为

$$\Pr\{T \leqslant E(T)\} = 1 - (1-p)^{E(T)} \approx 1 - \exp[-p \cdot E(T)] \approx 0.6321$$

2.6.2 可靠性分析的应力-强度干涉模型

考虑洪水等动荷载的大小分布时，根据观察数据作出的直方图可作为荷载的近似密度函数。荷载效应 S 的分布也可通过类似的方法给出。随着时间的推移，荷载效应 S 有增大的趋势，而结构抗力 R 有减小的趋势。另外，两者的不确定性程度随时间有变大的可能，即荷载效应的分布密度函数及抗力的分布密度函数随着时间的推移均变得越来越扁平。在任意时刻 t，若下列不等式成立，则表明发生不安全事件：

$$R(t) - S(t) < 0 \text{ 或 } R(t)/S(t) < 1 \tag{2-6}$$

该事件发生的概率就表示结构在 t 时刻的瞬时失效概率 $p_{\mathrm{f}}(t)$，为时间的函数。

以下暂时不考虑随时间变化的因素，以线性极限状态方程 $Z = R - S = 0$ 为例，介绍计算可靠度的应力-强度干涉模型（室津義定等，1996；于杰和刘混举，2009）。假设荷载效应和抗力相互独立，在同一个坐标系内，分别绘制荷载效应 S 和结构抗力 R 的概率密度函数曲线（图 2-5），可见，图中存在一个干涉区，即阴影区域。在干涉区外，S 小于 R，结构可靠。因此，只有在干涉区内，才会出现 $R < S$ 的情况。以下从荷载效应的角度进行分析［图 2-5（a）］。

荷载效应 S 落在区间 $[s, s+\mathrm{d}s]$ 上的概率表示为

$$\Pr\left\{s - \frac{\mathrm{d}s}{2} \leqslant S \leqslant s + \frac{\mathrm{d}s}{2}\right\} = f_S(s)\mathrm{d}s \tag{2-7}$$

而抗力 R 小于荷载效应 s 的概率为

$$\Pr\{R<s\}=F_R(s)=\int_{-\infty}^{s}f_R(r)\mathrm{d}r \tag{2-8}$$

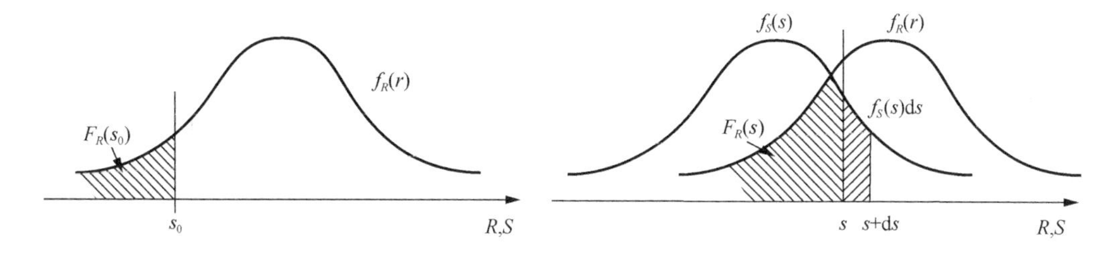

（a）以荷载效应为基准的分析

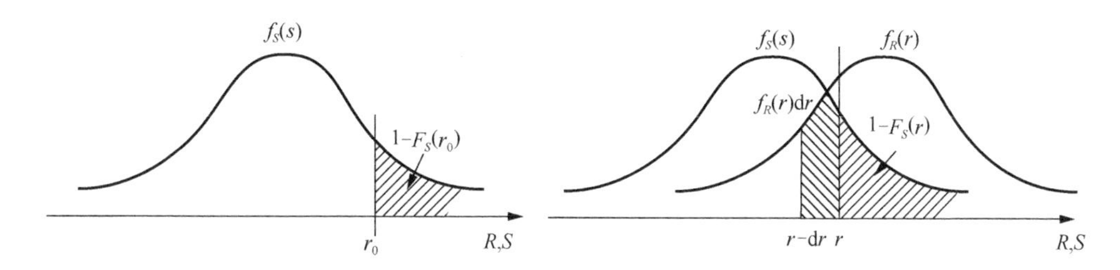

（b）以抗力为基准的分析

图 2-5　应力-强度干涉模型

由于荷载效应和抗力相互独立，故 S 落在区间$[s, s+\mathrm{d}s]$上且 $\{R<S\}$ 的概率为

$$f_S(s)\mathrm{d}s\int_{-\infty}^{s}f_R(r)\mathrm{d}r \tag{2-9}$$

对 s 在全区间 $(-\infty,+\infty)$ 内进行积分，得到结构的失效概率为

$$p_{\mathrm{f}}=\int_{-\infty}^{+\infty}f_S(s)\left[\int_{-\infty}^{s}f_R(r)\mathrm{d}r\right]\mathrm{d}s \tag{2-10}$$

结构可靠度与失效概率是互补的，两者之间满足关系 $p_{\mathrm{r}}+p_{\mathrm{f}}=1$。知道了失效概率，也就得到了可靠度。将式（2-10）进行变形后，得到结构的失效概率为

$$p_{\mathrm{f}}=\int_{-\infty}^{+\infty}F_R\left(s\right)f_S(s)\mathrm{d}s \tag{2-11}$$

下面从抗力的角度考虑该问题［图 2-5（b）］。抗力 R 落在 $\mathrm{d}r$ 区间内的概率表达式为

$$\Pr\left\{r-\frac{\mathrm{d}r}{2}\leqslant R\leqslant r+\frac{\mathrm{d}r}{2}\right\}=f_R(r)\mathrm{d}r \tag{2-12}$$

而荷载效应 S 大于抗力 r 的概率为

$$\Pr\{S>r\}=\int_{r}^{+\infty}f_S(s)\mathrm{d}s \tag{2-13}$$

由于荷载效应和抗力相互独立，故上述两个事件同时发生的概率为

$$f_R(r)\mathrm{d}r\int_{r}^{+\infty}f_S(s)\mathrm{d}s \tag{2-14}$$

对 r 在全区间 $(-\infty,+\infty)$ 内进行积分，得到如下结构失效概率的另一个表达式：

$$p_{\mathrm{f}}=\int_{-\infty}^{+\infty} f_R(r)\left[\int_{r}^{+\infty} f_S(s)\mathrm{d}s\right]\mathrm{d}r \tag{2-15}$$

利用密度函数的归一化条件，将式（2-15）进行变形后，得到结构的失效概率为

$$p_{\mathrm{f}}=\int_{-\infty}^{+\infty}\left[1-F_S(r)\right]f_R(r)\mathrm{d}r \tag{2-16}$$

计算结构失效概率的卷积公式（2-11）和式（2-16）是完全等效的。

考虑 R 和 S 均为正态分布的特殊情形，并且已知其均值和标准差分别为 μ_R、σ_R 和 μ_S、σ_S。根据正态随机变量和的分布性质可知，其差值 $Z=R-S$ 也是正态分布随机变量，其均值和标准差分别为 $\mu_Z=\mu_R-\mu_S$，$\sigma_Z=\sqrt{(\sigma_R^2+\sigma_S^2)}$。因此，$Z$ 的概率密度函数为

$$f_Z(z)=\frac{1}{\sqrt{2\pi}\sigma_Z}\exp\left[-\frac{1}{2}\left(\frac{z-\mu_Z}{\sigma_Z}\right)^2\right] \tag{2-17}$$

失效概率 p_{f} 可表示为

$$\begin{aligned}p_{\mathrm{f}}&=\Pr\{Z<0\}=\int_{-\infty}^{0} f_Z(z)\mathrm{d}z\\&=\int_{-\infty}^{0}\frac{1}{\sqrt{2\pi}\sigma_Z}\exp\left[-\frac{1}{2}\left(\frac{z-\mu_Z}{\sigma_Z}\right)^2\right]\mathrm{d}z\end{aligned} \tag{2-18}$$

令 $u=\dfrac{z-\mu_Z}{\sigma_Z}$，$\beta=\dfrac{\mu_Z}{\sigma_Z}=\dfrac{\mu_R-\mu_S}{\sqrt{\sigma_R^2+\sigma_S^2}}$，则式（2-18）可改写为

$$p_{\mathrm{f}}=\int_{-\infty}^{-\beta}\frac{1}{\sqrt{2\pi}}\exp\left(-\frac{1}{2}u^2\right)\mathrm{d}u=\Phi(-\beta) \tag{2-19}$$

式中，$\Phi(\cdot)$ 表示标准正态累积分布函数；β 称为可靠度指标。可靠度指标 β 越大，失效概率 p_{f} 越小（即图 2-5 中阴影部分面积越小），可靠性越高。结构或构件的强度与应力之差（$Z=R-S$）又称为安全裕度。Z 的均值变小或标准差增大，则失效概率会增大。

例 2-4 已知一简支木梁，长 L=5m，中间截面作用集中力 Q，其均值为 3kN，方差为 1kN。梁的弯曲强度均值为 10kN·m，变异系数为 0.15。计算该木梁的失效概率。

解 梁的尺寸、荷载作用位置等认为是确定的。各物理量在未指明其分布类型的情形下，梁的失效概率按正态分布和可靠度指标法进行近似估算。中间截面上的最大弯矩（荷载效应）的特征值为

$$\mu_S=\frac{1}{4}\mu_Q L=3.75(\mathrm{kN\cdot m}),\quad \sigma_S^2=\left(\frac{5}{4}\right)^2\sigma_Q^2\approx 1.56(\mathrm{kN\cdot m})^2$$

强度分布参数为

$$\mu_R=10\,\mathrm{kN\cdot m},\quad \sigma_R^2=(0.15\times 10)^2=2.25(\mathrm{kN\cdot m})^2$$

令功能函数 $Z=R-S$，则有

$$\mu_Z=\mu_R-\mu_S=6.25(\mathrm{kN\cdot m})$$

$$\sigma_Z^2=\sigma_R^2+\sigma_S^2=3.81(\mathrm{kN\cdot m})^2$$

求得该木梁的可靠度指标及失效概率分别为

$$\beta = \frac{\mu_Z}{\sigma_Z} = \frac{6.25}{\sqrt{3.81}} \approx 3.20，\ p_{\mathrm{f}} = \Phi(-3.20) = 7.0\times 10^{-4}$$

通常，强度 R 依赖材料及构件尺寸，而荷载效应 S 受荷载条件、材料密度、结构尺寸等因素的影响。从严格意义上来说，强度与荷载效应并不是相互独立的，因此，卷积公式（2-10）或式（2-15）并不严格成立。当存在多种荷载效应或强度有多个关联因子时，卷积公式也不适用，因此，需要考虑更一般的建模和分析方法。

替代前述的 $Z=R-S$，将极限状态方程表示为

$$Z = G(\boldsymbol{X}) = G(X_1, X_2, \cdots, X_n) = 0 \tag{2-20}$$

$G>0$ 表示安全域，而 $G<0$ 表示失效域。失效概率按下式计算：

$$p_{\mathrm{f}} = \Pr\{Z \leqslant 0\} = \int_{G(\boldsymbol{x})\leqslant 0} f_{\boldsymbol{X}}(\boldsymbol{x})\mathrm{d}\boldsymbol{x} \tag{2-21}$$

除了少数特殊情形，上述积分很难进行理论计算。通常采用的方法是：①一次二阶矩方法（见第 3 章）；②数值模拟方法（见第 4 章）。

2.6.3　失效概率的综合预测方法

若给定基本随机变量的分布，则基于概率理论，可对结构进行可靠性分析。对于信息不完整、不充分的问题（如仅有矩信息），就不能直接应用概率的方法，而需要进行近似分析和计算。在同时存在分布信息和矩信息，且两者独立时，有如下结果（CIRIA，1977；Melchers，1978）：

$$\begin{cases} p_{\mathrm{f}} = p_{\mathrm{E}} p_1 + (1-p_{\mathrm{E}})p_0 = p_{\mathrm{fu}} + p_{\mathrm{fv}} \\ p_{\mathrm{fu}} = p_{\mathrm{E}} p_1,\ p_{\mathrm{fv}} = (1-p_{\mathrm{E}})p_0 \end{cases} \tag{2-22}$$

式中，p_{E} 是发生人为过错的概率；$p_1(p_0)$ 表示存在（不存在）人为过错条件下的结构失效概率；p_{fu} 是由矩信息得到的失效概率；p_{fv} 是由基本随机变量的密度函数得到的失效概率。

假设导致事件发生的各路径 N_i 相互独立，对 p_{fv} 项运用全概率理论，得到

$$p_{\mathrm{fv}} = \sum_{i=1}^{n} p_{\mathrm{f}i} p_i = \sum_{i=1}^{n} \Pr\left(F \middle| N_i\right)\Pr(N_i),\ \sum_{i=1}^{n} p_i = 1 \tag{2-23}$$

式中，p_i 是第 i 种路径出现的概率；$p_{\mathrm{f}i}$ 是条件失效概率。路径的含义包括条件、质量、假设和认知水平。

例 2-5　某桥梁发生交通过载 N_1 的概率是 0.01，在过载条件下，桥梁失效的概率是 0.1。在正常荷载 N_2 下，失效概率是 0.002。此外，独立发生洪水灾害并导致桥梁失效的概率是 0.005。以上均为 50 年内的估计。设过载与洪水不会同时发生，求总的失效概率。

解　总的失效概率计算如下：

$$\Pr(N_1) = 0.01，\Pr\left(F \middle| N_1\right) = 0.1$$

$$\Pr(N_2) = 0.99，\Pr\left(F \middle| N_2\right) = 0.002$$

$$p_{\mathrm{fu}} = 0.005$$

$$p_{\mathrm{f}} = 0.005 + 0.01\times 0.1 + 0.99\times 0.002 \approx 0.008$$

当极限状态方程和基本随机变量的分布已知时，可以对结构的失效概率进行计算。

一般地，参数甚至分布类别会随时间而改变，预测建成后的结构行为，含有非常大的不确定性。结构失效概率的预测值是一种主观判断，与结构失效事件的发生频率没有直接联系。对于结构而言，同一条件下同一种结构的数据几乎是不存在的。例如，在设定 500 年一遇的地震水平时，需要比 500 年长很多的实验观测数据，显然这是不可能做到的。对于长寿命结构，由于维护修理的原因，还会引入额外的不确定性。因此，结构可靠度的分析计算方法在本质上是一种工程技术，其合理性在于提供一种可信和相容的实际问题的解决方案。结构失效概率的计算值 p_{f} 是一种名义值，其用途在于为不同结构之间的比较提供参考，并不直接用来对某一实际结构进行失效概率的准确描述。

2.7 安全系数与可靠度指标的关系

强度和应力均具有分散性，将强度和应力的名义值分别取为

$$r_{\mathrm{n}} = \mu_R - k_R\sigma_R = \mu_R(1-\gamma_R),\quad \gamma_R = k_R V_R \tag{2-24a}$$

$$s_{\mathrm{n}} = \mu_S + k_S\sigma_S = \mu_S(1+\gamma_S),\quad \gamma_S = k_S V_S \tag{2-24b}$$

式中，V_R 和 V_S 分别表示强度和应力的变异系数；γ_R 和 γ_S 分别表示强度的折减系数和应力的增加系数（图 2-6）。名义安全系数和中心安全系数分别定义为

$$\mathrm{SF}_{\mathrm{n}} = \frac{r_{\mathrm{n}}}{s_{\mathrm{n}}} = \frac{\mu_R}{\mu_S}\cdot\frac{1-\gamma_R}{1+\gamma_S},\quad \mathrm{SF}_{\mathrm{c}} = \frac{\mu_R}{\mu_S} \tag{2-25}$$

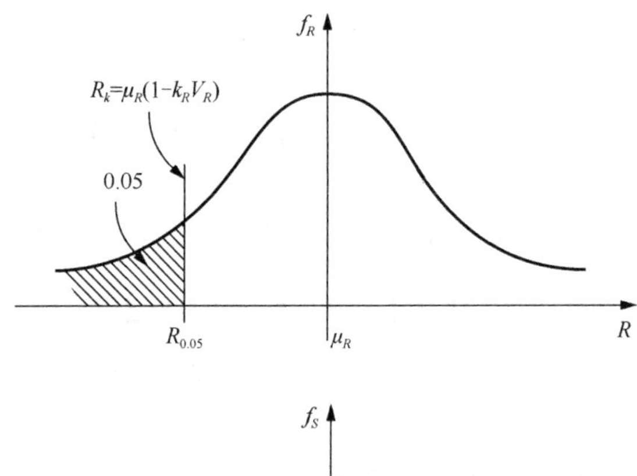

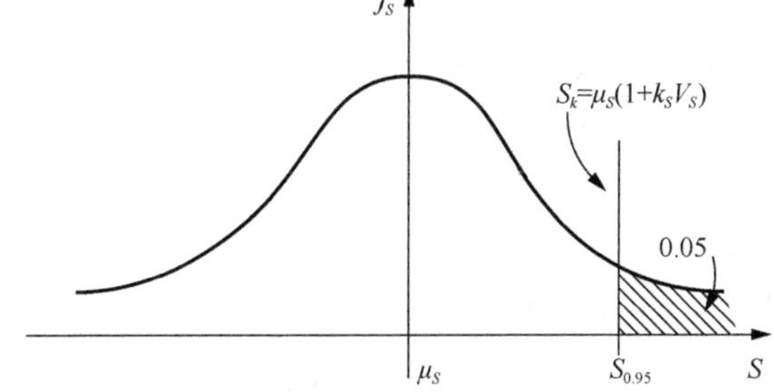

图 2-6 特征抗力与特征荷载

代入可靠度指标的计算公式中，有

$$\beta = \frac{\mu_R - \mu_S}{\sqrt{\sigma_R^2 + \sigma_S^2}} = \frac{\mathrm{SF_c} - 1}{\sqrt{(\mathrm{SF_c})^2 V_R^2 + V_S^2}} = \frac{\mathrm{SF_n}(1+\gamma_S)/(1-\gamma_R) - 1}{\sqrt{\{\mathrm{SF_n}(1+\gamma_S)/(1-\gamma_R)\}^2 V_R^2 + V_S^2}} \tag{2-26}$$

一旦荷载使用条件及材料确定，变异系数 V_R 和 V_S 等均视为不变化的常数。因此，式（2-26）给出了可靠度指标与名义安全系数的一一对应关系。若指定安全系数，则可靠度指标随着使用条件的变化而变化。因此可以说，可靠度指标是一个综合安全性指标，包含了安全系数、材料、环境的影响。为保持一定的 β 水平或失效概率，对于较大的变异系数的情形，所需的安全系数也较大。也就是说，在应用确定性设计准则时，对于同一安全系数下的设计，其可靠性水平一般是不相同的。

例 2-6　考虑受拉伸构件，荷载 S 的均值和变异系数分别为 $\mu_S = 1000\text{kN}$，$V_S = 0.2$；材料屈服强度 R 的均值和变异系数分别为 $\mu_R = 440\text{MPa}$，$V_R = 0.05$。S 和 R 均服从正态分布。

1）强度折减系数和荷载增加系数都依据 0.05 的概率取值，求荷载及强度的名义值。

2）若名义安全系数为 1.2，求杆件的截面面积（确定量），并计算杆件的可靠度。

解　1）查标准正态分布函数表，尾部 0.05 对应值为±1.64，并注意到 $\sigma_S = V_S\mu_S$，$\sigma_R = V_R\mu_R$，有

$$\frac{\mu_S(1+\gamma_S) - \mu_S}{\sigma_S} = 1.64,\quad \gamma_S = 0.328$$

$$\frac{\mu_R(1-\gamma_R) - \mu_R}{\sigma_R} = -1.64,\quad \gamma_R = 0.082$$

$$s_\mathrm{n} = \mu_S(1+\gamma_S) = 1328(\mathrm{kN})$$

$$r_\mathrm{n} = \mu_R(1-\gamma_R) = 403.92(\mathrm{MPa})$$

2）杆件的可靠度计算为

$$\frac{Ar_\mathrm{n}}{s_\mathrm{n}} = 1.2,\quad A \approx 39.5(\mathrm{cm}^2)$$

$$\beta = \frac{1.2\times1.328/0.918 - 1}{\sqrt{1.2^2\times1.328^2/0.918^2\times0.05^2 + 0.2^2}} \approx 3.376$$

$$p_\mathrm{f} = \Phi(-3.376) = 3.683\times10^{-4}$$

参 考 文 献

方永锋，2016．随时间响应的结构与系统的可靠性计算方法[M]．北京：中国水利水电出版社，.

贡金鑫，2003．工程结构可靠度计算方法[M]．大连：大连理工大学出版社．

贡金鑫，魏巍巍，2007．工程结构可靠性设计原理[M]．北京：机械工业出版社．

室津義定，米澤政昭，邵晓文，1996．システム信頼性工学[M]．东京：共立出版株式会社，.

姚继涛，2011．基于不确定性推理的既有结构可靠性评定[M]．北京：科学出版社．

姚继涛，马景才，李琳，2006．结构的时域可靠度和耐久性[J]．西安建筑科技大学学报（自然科学版），38（3）：317-320.

于杰，刘混举．2009．机械可靠性设计[M]．北京：国防工业出版社．
张明，2009．结构可靠度分析：方法与程序[M]．北京：科学出版社．
张新培，2001．建筑结构可靠度分析与设计[M]．北京：科学出版社．
赵国藩，1996．工程结构可靠性理论与应用[M]．大连：大连理工大学出版社．
CIRIA, 1977. Rationalization of safety and serviceability factors in structural codes[R]. London: Construction Industry Research and Information Association.
General principles on reliability for structures: ISO 2394: 2015 [S/OL]. [2015-03]. https://www.iso.org/standard/58036.html.
Joint Committee on Structural Safety (JCSS), 2001. JCSS Probabilistic model code[S/OL]. https://www.jcss-lc.org/jcss-probabilistic-model-code/.
MELCHERS R E, 1978. The influence of control processes in structural engineering[J]. Proc. Inst. Civil Engrs., 65, Part 2: 791-807.
MELCHERS R E, BECK A T, 2018. Structural reliability analysis and prediction[M]. 3rd ed. West Sussex: John Wiley & Sons Inc.

习　题

2.1 某地风载数据显示，年度最大风速服从耿贝尔分布，$\alpha=0.6$，$u=11.64\text{m/s}$。在此处拟建高层建筑，当平均再归时间分别为 10 年、100 年时，名义风速分别是多大？

2.2 拟建一蓄水池，需要对降水量（单位：mm）进行估算。年度观测数据显示，100 天的雨量数据服从正态分布 $N(4,1^2)$。

1）根据观测数据求日最大降水量的分布函数。

2）求一年内单日最大降水量超过 8mm 的概率。

3）设年度数据规律不变，求 10 年内单日最大降水量超过 8mm 的概率。

2.3 集中力 P 垂直作用在圆盘（半径 R）上一点处，作用点落在各处的概率相同，计算作用点的联合概率密度函数 $f_{XY}(x, y)$和边缘概率密度函数 $f_X(x)$。

2.4 一高塔的设计使用年限为 20 年，在风载作用下，要求失效概率不大于 0.2。假设每年只出现一次极限风载。

1）从设计的观点求其再归时间。

2）计算最初 10 年间的失效概率。

3）设高塔伴随修理，可以承受一次极限风载而不破坏，计算最初 10 年间的存活概率。

2.5 梁的抗力均值和变异系数分别为 $\mu_R=200\text{kN·m}$，$V_R=0.1$，荷载效应参数为 $\mu_S=100\text{kN·m}$，$V_S=0.3$。

1）求中心安全系数；

2）若荷载效应为正态分布，抗力为定值，求失效概率；

3）若两者均服从正态分布，求失效概率；

4）设上述荷载及抗力分别为 5%和 95%分位值，且均服从正态分布，求各自的均值。

第3章 结构可靠性分析计算方法

在结构可靠性分析方法中，其主体内容是基于概率理论来展开的。根据结构可靠性的数学表述，结构可靠度或失效概率的计算涉及不规则区域上的多维积分。一般情况下，这种多维积分计算难度大，或几乎无法进行。因此，在结构可靠性领域，发展了各种近似求解方法。一次二阶矩方法具有适用性好和计算简便的特点，是工程中应用广泛的近似方法。

3.1 结构可靠度指标

在 2.6.2 节中，介绍了计算结构构件失效概率的应力–强度干涉模型（室津義定等，1996）。假设结构功能函数为 $Z=R-S$，R 和 S 为两个相互独立的随机变量，概率密度函数分别为 $f_R(r)$ 和 $f_S(s)$，则 R 和 S 的联合概率密度函数为 $f_R(r)\cdot f_S(s)$，如图 3-1 所示中的曲面体。结构可靠度为 $Z>0$ 的区域内曲面体的体积，即

$$p_{\mathrm{r}}=\Pr(Z>0)=\iint_{Z>0} f_R(r)f_S(s)\mathrm{d}r\mathrm{d}s \tag{3-1}$$

结构失效概率为 $Z<0$ 的区域内曲面体的体积。利用概率密度函数的归一化条件，可以得到与式（2-11）和式（2-16）相一致的结果，即

$$\begin{aligned}p_{\mathrm{f}}&=\Pr\left(Z<0\right)=\iint_{Z<0} f_R(r)f_S(s)\mathrm{d}r\mathrm{d}s\\&=\int_{-\infty}^{+\infty}\int_{-\infty}^{s} f_R(r)f_S(s)\mathrm{d}r\mathrm{d}s=\int_{-\infty}^{+\infty}F_R(s)f_S(s)\mathrm{d}s\\&=\int_{-\infty}^{+\infty}\int_{r}^{+\infty} f_R(r)f_S(s)\mathrm{d}s\mathrm{d}r=\int_{-\infty}^{+\infty}\left[1-F_S(r)\right]f_R(r)\mathrm{d}r\end{aligned} \tag{3-2}$$

若限定随机变量 R 或 S 在大于零的范围内取值，则式（3-2）中的积分下限为 $-\infty$ 的应改为 0（下限不是 $-\infty$ 时，下限不变）。一般情况下，通过数值积分计算结构的失效概率存在很大困难。对于基本随机变量很多（如多于 5 个）的情形，上述积分计算甚至是不可行的，因此需要研究便于工程应用的近似方法，在 3.2 节中将对此进行论述。对于简单情形，假定 $Z=R-S$ 服从正态分布，其均值为 μ_Z，标准差为 σ_Z，如 2.6.2 节所述，可求得结构的失效概率为

$$p_{\mathrm{f}}=\int_{-\infty}^{0} f_Z(z)\mathrm{d}z=\int_{-\infty}^{0}\frac{1}{\sqrt{2\pi}\sigma_Z}\exp\left[-\frac{\left(z-\mu_Z\right)^2}{2\sigma_Z^2}\right]\mathrm{d}z \tag{3-3}$$

令 $u=\left(z-\mu_Z\right)/\sigma_Z$，$\beta=\mu_Z/\sigma_Z$，得到

$$p_{\mathrm{f}}=\int_{-\infty}^{-\beta}\frac{1}{\sqrt{2\pi}}\exp\left(-\frac{1}{2}u^2\right)\mathrm{d}u=\varPhi(-\beta) \tag{3-4}$$

式中，$\Phi(\cdot)$表示标准正态累积分布函数；β表示结构可靠度指标。求得了可靠度指标，也就求得了结构的失效概率或可靠度。

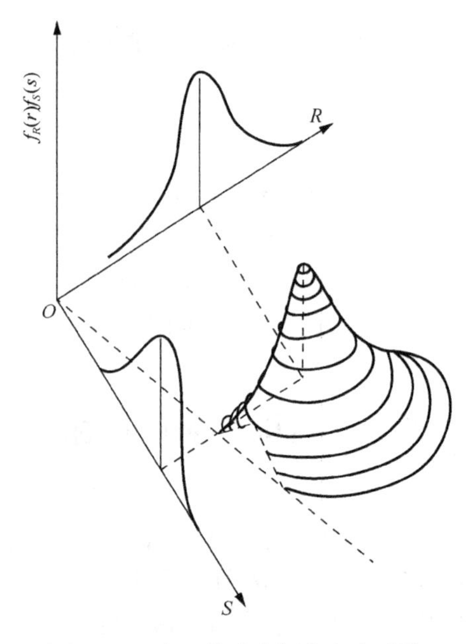

图 3-1 R和S的联合概率密度函数

在一般实际情形中，当Z为非正态分布且积分难以计算时，常常采用正态分布条件下的结果来近似评估结构的失效概率，即

$$\beta = \mu_Z / \sigma_Z, \ p_f \approx \Phi(-\beta) \tag{3-5}$$

因此，可靠度指标是结构可靠性分析中的重要概念和参数，它反映了结构的安全程度或可靠性水平，具有普遍性意义。

结构的可靠度一般通过结构的可靠度指标或失效概率来描述，相比$p_r = 0.99977$，用$\beta = 3.5$或$p_f = \Phi(-3.5) = 2.3 \times 10^{-4}$来表述，显得更方便和更加符合使用习惯。

例 3-1 如图 3-2 所示的两杆桁架结构，各杆强度$R_i (i=1,2)$及荷载P均服从正态分布，且相互独立，$\mu_{R1} = \mu_{R2} = 150\text{kN}$，$\sigma_{R1} = \sigma_{R2} = 7.5\text{kN}$，$\mu_P = 25\text{kN}$，$\sigma_P = 5\text{kN}$，杆件的拉压强度相等，计算各个杆件的可靠度指标及结构系统的可靠度指标。

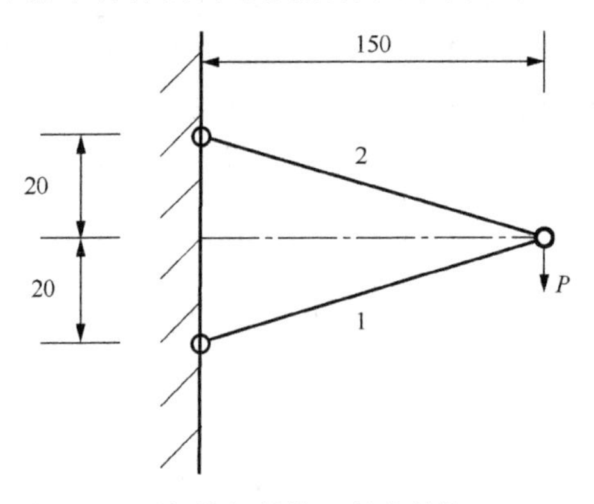

图 3-2 两杆桁架结构（长度单位：cm）

解 通过受力分析可知，杆 1 承受压力，杆 2 承受拉力。假设杆 1 内力（大小）为 S_1^-，杆 2 内力为 S_2^+；杆 1、杆 2 与水平线之间的夹角均为 α。根据受力平衡条件，有

$$\begin{cases} S_1^- \cdot \cos\alpha = S_2^+ \cdot \cos\alpha \\ S_1^- \cdot \sin\alpha + S_2^+ \cdot \sin\alpha - P = 0 \end{cases}$$

求出各杆的内力分别为

$$S_1^- = \frac{P}{2\sin\alpha} = \frac{\sqrt{20^2 + 150^2}}{2\times 20} P \approx 3.78P$$

$$S_2^+ = \frac{P}{2\sin\alpha} \approx 3.78P$$

各杆的功能函数为

$$Z_1 = R_1 - S_1^- = R_1 - 3.78P$$

$$Z_2 = R_2 - S_2^+ = R_2 - 3.78P$$

对于杆 1，有

$$\mu_{Z_1} = 150 - 3.78\times 25 = 55.5(\text{kN})$$

$$\sigma_{Z_1} = \sqrt{7.5^2 + 3.78^2 \times 5^2} \approx 20.33(\text{kN})$$

$$\beta_1 = \frac{\mu_{Z_1}}{\sigma_{Z_1}} = \frac{55.5}{20.33} \approx 2.73$$

$$p_{\mathrm{f}_1} = \varPhi(-2.73) = 3.167\times 10^{-3}$$

对于杆 2，有

$$\beta_2 = 2.73,\ p_{\mathrm{f}_2} = 3.167\times 10^{-3}$$

将该结构视为串联结构，忽略杆件之间的相关性，则求得结构的失效概率为

$$p_{\mathrm{f}s} = 1 - \left[1 - p_{\mathrm{f}_1}\right]\left[1 - p_{\mathrm{f}_2}\right] = 6.324\times 10^{-3}$$

例 3-2 某简支钢筋混凝土梁，跨度 l_0=5.65m。假定均布荷载 q 的均值 μ_q=30.0kN/m，标准差 σ_q=6.0kN/m，服从极值 I 型分布；强度 R（单位：kN·m）服从对数正态分布，$\mu_{\ln R} = 5.65$，$\sigma_{\ln R} = 0.082$，求梁的失效概率。

解 荷载在跨中产生的最大弯矩为

$$S = \frac{1}{8} q l_0^2$$

忽略跨度 l_0 的变异性，则 S 的均值和标准差分别为

$$\mu_S = \frac{1}{8}\mu_q l_0^2 \approx 119.71(\text{kN}\cdot\text{m})$$

$$\sigma_S = \frac{1}{8}\sigma_q l_0^2 \approx 23.94(\text{kN}\cdot\text{m})$$

S 的概率分布函数为［参见 1.4.1 节中式（1-35）和式（1-36）］

$$F_S(s) = \exp\left\{-\exp\left[-\frac{s-\mu}{\sigma}\right]\right\} = \exp\left\{-\exp\left[-0.054(s - 108.93)\right]\right\}$$

$$\frac{1}{\sigma} = \frac{\pi}{\sqrt{6}\sigma_S} \approx 0.054(\text{kN}\cdot\text{m})^{-1}$$

$$\mu = \mu_S - 0.5772\sigma \approx 108.93(\text{kN} \cdot \text{m})$$

强度 R 的概率分布函数和密度函数分别为

$$F_R(r) = \Phi\left(\frac{\ln r - \mu_{\ln R}}{\sigma_{\ln R}}\right) = \Phi\left(\frac{\ln r - 5.65}{0.082}\right)$$

$$f_R(r) = \frac{1}{\sqrt{2\pi}\sigma_{\ln R} r}\exp\left[-\frac{(\ln r - \mu_{\ln R})^2}{2\sigma_{\ln R}^2}\right]$$

$$= \frac{1}{0.082 \cdot \sqrt{2\pi} r}\exp\left[-\frac{1}{2} \cdot \frac{(\ln r - 5.65)^2}{0.082^2}\right]$$

根据式（3-2），求得梁的失效概率为

$$p_{\mathrm{f}} = \int_0^{\infty}\left[1 - F_S(r)\right] f_R(r)\mathrm{d}r \approx 1.678 \times 10^{-4}$$

例 3-3 已知结构功能函数为 $Z = R - S$，其中，R 和 S 的平均值和变异系数分别为 $\mu_R = 75.0$，$V_R = 0.20$；$\mu_S = 35.0$，$V_S = 0.35$，假定：

1）R 和 S 均服从正态分布；

2）R 和 S 均服从对数正态分布。

求结构可靠度指标和失效概率。

解 1）当 R 和 S 均服从正态分布时，有

$$\beta = \frac{\mu_R - \mu_S}{\sqrt{\sigma_R^2 + \sigma_S^2}} = \frac{\mu_R - \mu_S}{\sqrt{(\mu_R V_R)^2 + (\mu_S V_S)^2}} \approx 2.0654$$

结构失效概率为

$$p_{\mathrm{f}} = \Phi(-\beta) = \Phi(-2.0654) = 1.9442 \times 10^{-2}$$

2）当 R 和 S 均服从对数正态分布时，将极限状态方程表示为 $\ln R - \ln S = 0$，利用式（1-30）、式（1-31），则有

$$\beta = \frac{\ln\left(\frac{\mu_R}{\mu_S}\sqrt{\frac{1 + V_S^2}{1 + V_R^2}}\right)}{\sqrt{\ln\left\{(1 + V_R^2)(1 + V_S^2)\right\}}} \approx 1.8402$$

结构失效概率为

$$p_{\mathrm{f}} = \Phi(-1.8402) = 3.2870 \times 10^{-2}$$

比较上述两种情况的计算结果可知，保持分布参数不变，不同的概率分布导致不同的可靠度指标和失效概率。

3.2 一次二阶矩方法

3.2.1 功能函数的近似展开

结构抗力（强度）及荷载效应一般与多个影响因素相关联。利用基本随机变量描述

这些影响因素，即 $\boldsymbol{X}=[X_1,X_2,\cdots,X_n]^{\mathrm{T}}$，并将安全裕度（结构抗力与荷载之差）表示为如下的一般形式：

$$Z=g(X_1,X_2,\cdots,X_n) \tag{3-6}$$

式中，$g(\cdot)$称为极限状态函数，也称为功能函数。功能函数有时也用符号 $G(\cdot)$来表示，如 2.5 节中的式(2-3)。当 $g(\boldsymbol{X})<0$ 时，表示失效；当 $g(\boldsymbol{X})>0$ 时，表示安全；当 $g(\boldsymbol{X})=0$ 时，对应临界状态。以下若无特别说明，将各基本随机变量视为是相互独立的。

基本随机变量的分布形式，一般根据已有的统计数据，或基于物理论证假设给出。例如，风载大小被认为服从极值 I 型分布，多个因素起作用的随机变量可以由正态分布描述。分布形式确定之后，需要确定相应的分布参数，并进行检验。

若基本随机变量 $\boldsymbol{X}$ 的联合概率密度函数已知，则失效概率按下式计算：

$$p_{\mathrm{f}}=\int\cdots\int_{D_{\mathrm{f}}} f_{\boldsymbol{X}}\left(x_1,x_2,\cdots,x_n\right)\mathrm{d}x_1\mathrm{d}x_2\cdots\mathrm{d}x_n \tag{3-7}$$

式中，D_{f} 表示失效域 $g(\boldsymbol{X})<0$。在实际工程中，随机变量 $\boldsymbol{X}$ 的联合概率密度函数一般是未知的。即便知道相应的联合概率密度函数，上述积分运算也难以完成。因此，计算或评价结构的可靠度，用直接积分的方法不具有可行性，通常采用下面介绍的近似计算方法，或第 4 章叙述的蒙特卡罗模拟（Monte Carlo simulation，MCS）方法。

首先考虑如下线性极限状态方程：

$$Z=g(\boldsymbol{X})=a_0+a_1X_1+a_2X_2=0 \tag{3-8}$$

在坐标系 $X_1—X_2$ 内，上述方程表示一条斜直线。假定随机变量 X_1,X_2 均服从正态分布，则线性函数 $Z=g(\boldsymbol{X})$ 也服从正态分布，有

$$\begin{cases}\mu_Z=a_0+a_1\mu_1+a_2\mu_2\\ \sigma_Z^2=a_1^2\sigma_1^2+a_2^2\sigma_2^2\end{cases} \tag{3-9}$$

可直接求出可靠度指标和失效概率分别为

$$\beta=\frac{\mu_Z}{\sigma_Z},\ p_{\mathrm{f}}=\Phi(-\beta) \tag{3-10}$$

将 X_1,X_2 转换为标准正态变量 U_1,U_2，将转换后的功能函数写为

$$g(\boldsymbol{U})=\mu_Z+a_1\sigma_1U_1+a_2\sigma_2U_2=0 \tag{3-11}$$

$$U_1=(X_1-\mu_1)/\sigma_1,\ U_2=(X_2-\mu_2)/\sigma_2 \tag{3-12}$$

将式（3-11）两边同除以 $-\sigma_Z$，得到如下形式的方程：

$$U_1\cos\theta_1+U_2\cos\theta_2-\beta=0,$$
$$\cos\theta_1=-a_1\sigma_1/\sigma_Z,\ \cos\theta_2=-a_2\sigma_2/\sigma_Z \tag{3-13}$$

结构安全（可靠）域和破坏（失效）域示意图如图 3-3 所示。在 $U_1—U_2$ 坐标系下，式（3-13）为直线的法线式方程，原点到直线 $g(\boldsymbol{U})=0$ 的距离即为 β，交点 P^*称为设计验算点。

设计验算点在 $U_1—U_2$ 坐标系和原坐标系 $X_1—X_2$ 中的坐标分别为

$$\begin{cases}(U_1^*,U_2^*)=\left(\beta\cos\theta_1,\beta\cos\theta_2\right)\\ (X_1^*,X_2^*)=\left(\beta\sigma_1\cos\theta_1+\mu_1,\beta\sigma_2\cos\theta_2+\mu_2\right)\end{cases} \tag{3-14}$$

上述结果很容易推广到含有 n 个相互独立的正态分布随机变量的情形，即

$$Z = g(\boldsymbol{X}) = a_0 + \sum_{i=1}^{n} a_i X_i = 0 \tag{3-15}$$

$$\beta = \frac{\mu_Z}{\sigma_Z} = \frac{a_0 + \sum_{i=1}^{n} a_i \mu_i}{\sqrt{\sum_{i=1}^{n} (a_i^2 \sigma_i^2)}},\quad p_{\mathrm{f}} = \Phi(-\beta) \tag{3-16}$$

$$U_i = \frac{X_i - \mu_i}{\sigma_i},\quad \cos\theta_i = -\frac{a_i \sigma_i}{\sigma_Z},\quad \sum_{i=1}^{n} U_i \cos\theta_i - \beta = 0 \tag{3-17}$$

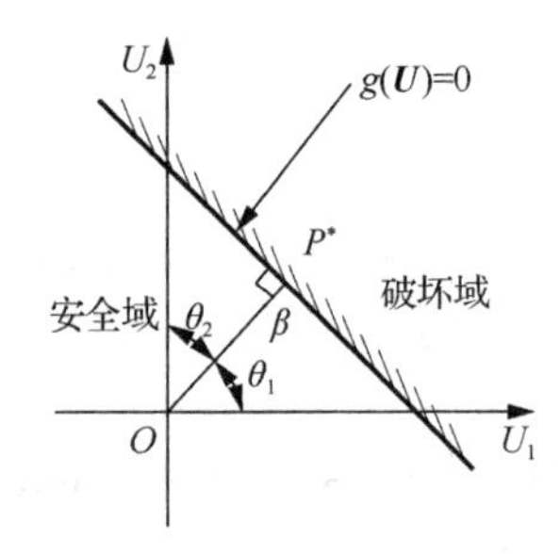

图 3-3 结构安全（可靠）域和破坏（失效）域

对于线性功能函数，以上推导的结果是严格成立的。对于一般的非线性极限状态方程而言，可靠度的计算需要利用近似的方法完成。将 $Z = g(X_1, X_2, \cdots, X_n)$ 在 $\boldsymbol{x} = (x_1, x_2, \cdots, x_n)$ 处泰勒（Taylor）展开，仅保留线性项，则有

$$Z \approx g(x_1, x_2, \cdots, x_n) + \sum_{i=1}^{n} \left.\frac{\partial g}{\partial X_i}\right|_{\boldsymbol{X}=\boldsymbol{x}} (X_i - x_i) = 0 \tag{3-18}$$

当各随机变量 $X_i (i = 1, 2, \cdots, n)$ 相互独立时，Z 的均值和方差分别为

$$\begin{cases} \mu_Z = g\left(x_1, x_2, \cdots, x_n\right) + \sum_{i=1}^{n} \dfrac{\partial g}{\partial X_i}\Big|_{\boldsymbol{X}=\boldsymbol{x}} \left(\mu_{X_i} - x_i\right) \\ \sigma_Z^2 = \sum_{i=1}^{n} \left(\left.\dfrac{\partial g}{\partial X_i}\right|_{\boldsymbol{X}=\boldsymbol{x}} \right)^2 \sigma_{X_i}^2 \end{cases} \tag{3-19}$$

因此，一旦 $\boldsymbol{x}$ 选定，并将函数 g 在 $\boldsymbol{x}$ 处近似线性展开，就可以近似求出其均值和方差，从而计算结构的可靠度。

选取线性展开点的方法有中心点法和验算点法，分别介绍如下。

3.2.2 中心点法

将 $\boldsymbol{X}$ 的均值点 $\boldsymbol{\mu}_{\boldsymbol{X}} = (\mu_{X_1}, \mu_{X_2}, \cdots, \mu_{X_n})^{\mathrm{T}}$ 作为功能函数 g 的线性展开点，称为中心点法或均值一次二阶矩法（mean valued first-order second-moment method，MVFOSM）（赵国藩，1996），此时，其结果形式较为简单，有

$$\beta=\frac{\mu_Z}{\sigma_Z},\ \mu_Z=g\left(\mu_{X_1},\mu_{X_2},\cdots,\mu_{X_n}\right),\ \sigma_Z^2=\sum_{i=1}^{n}\left(\left.\frac{\partial g}{\partial X_i}\right|_{X=\mu_X}\right)^2\sigma_{X_i}^2 \tag{3-20}$$

例 3-4　对于例 3-1 中的两杆桁架结构，设各杆强度 $R_i=\sigma_i A_i(i=1,2)$，屈服应力 σ_i 和截面面积 $A_i(i=1,2)$ 均服从正态分布：$\mu_{\sigma_i}=15\text{kN}/\text{cm}^2$，$\sigma_{\sigma_i}=0.75\text{kN}/\text{cm}^2$，$\mu_{A_i}=10\text{cm}^2$，$\sigma_{A_i}=0.5\text{cm}^2$。荷载 P 服从正态分布，$\mu_P=25\text{kN}$，$\sigma_P=5\text{kN}$。杆件的拉压强度相等，各基本随机变量相互独立。计算各个杆件的可靠度指标和失效概率。

解　杆 1 和杆 2 轴力大小相同，强度相等，具有相同的安全裕度，功能函数为

$$Z=g(\sigma,A,P)=\sigma\cdot A-3.78P$$

上述功能函数为非线性函数，由中心点法，即在均值点处泰勒展开并仅保留线性项，得到如下近似线性函数：

$$\begin{aligned}g(\sigma,A,P)&\approx\mu_Z+\frac{\partial g}{\partial\sigma}(\sigma-\mu_\sigma)+\frac{\partial g}{\partial A}(A-\mu_A)+\frac{\partial g}{\partial P}(P-\mu_P)\\&=(\mu_\sigma\mu_A-3.78\mu_P)+\frac{\partial g}{\partial\sigma}(\sigma-\mu_\sigma)+\frac{\partial g}{\partial A}(A-\mu_A)+\frac{\partial g}{\partial P}(P-\mu_P)\end{aligned}$$

相应的均值和标准差分别为

$$\mu_Z=\mu_\sigma\mu_A-3.78\mu_P=15\times10-3.78\times25=55.5\,(\text{kN})$$

$$\begin{aligned}\sigma_Z&=\sqrt{\left(\frac{\partial g}{\partial\sigma}\right)^2\sigma_\sigma^2+\left(\frac{\partial g}{\partial A}\right)^2\sigma_A^2+\left(\frac{\partial g}{\partial P}\right)^2\sigma_P^2}\\&=\sqrt{10^2\times0.75^2+15^2\times0.5^2+3.78^2\times5^2}\\&\approx21.67(\text{kN})\end{aligned}$$

由此得到可靠度指标和失效概率的近似结果为

$$\beta=\frac{\mu_Z}{\sigma_Z}=\frac{55.5}{21.67}\approx2.56$$

$$p_{\text{f}}=\Phi\left(-2.56\right)=5.234\times10^{-3}$$

在该问题中，尽管基本随机变量均服从正态分布，但功能函数是非线性函数。因此，Z 并不服从正态分布。将功能函数在均值点处泰勒展开并保留线性项，则 Z 被转化为正态分布，由此得到的结果是一近似结果。利用 MCS 方法进行 5×10^6 次模拟，计算得到的结果为 5.1×10^{-3}。可见，上述近似结果与数值模拟结果十分接近。

需要说明的是，对同一问题，极限状态方程的表达方式并不是唯一的。在应用中心点法时，可靠度的结果可能会随着极限状态函数的不同表现形式而发生改变。例如，

$$Z=X_1-X_2,\ \beta=\frac{\mu_1-\mu_2}{\sqrt{\sigma_1^2+\sigma_2^2}} \tag{3-21a}$$

$$Z=\ln X_1-\ln X_2,\ \beta=\frac{\ln(\mu_1/\mu_2)}{\sqrt{(\sigma_1/\mu_1)^2+(\sigma_2/\mu_2)^2}} \tag{3-21b}$$

$$Z=X_1/X_2-1,\ \beta=\frac{1-\mu_2/\mu_1}{\sqrt{(\sigma_1/\mu_1)^2+(\sigma_2/\mu_2)^2}} \tag{3-21c}$$

上述 3 种函数描述的是同一极限状态，但数学表达形式不同，由此计算得到的可靠度指标也不相同。基于中心点法的结果与极限状态函数的表现形式有关，这是中心点法的缺点。中心点法的优点是计算较简便，在进行正常使用极限状态的可靠性分析（对应 β=1～2，见 2.5 节）时，利用中心点法一般可以得到较满意的结果。

3.2.3 验算点法

为了克服中心点法存在的缺陷，后来出现了改进的一次二阶矩法，又称为设计验算点法，以下加以说明（Ditlevsen 和 Madsen，1996；室津義定等，1996；赵国藩，1996）。

将功能函数 g 在设计验算点 $\boldsymbol{x}^*=(x_1^*,x_2^*,\cdots,x_n^*)^{\mathrm{T}}$ 处展开为泰勒级数，仅保留线性项，有

$$Z \approx g(x_1^*,x_2^*,\cdots,x_n^*)+\sum_{i=1}^{n}\left.\frac{\partial g}{\partial X_i}\right|_{\boldsymbol{x}^*}(X_i-x_i^*) \tag{3-22}$$

此时，求得 Z 的均值、标准差及可靠度指标分别为

$$\begin{cases} \mu_Z = g(x_1^*,x_2^*,\cdots,x_n^*)+\displaystyle\sum_{i=1}^{n}\left.\frac{\partial g}{\partial X_i}\right|_{\boldsymbol{x}^*}(\mu_{X_i}-x_i^*) \\ \sigma_Z=\sqrt{\displaystyle\sum_{i=1}^{n}\left(\left.\frac{\partial g}{\partial X_i}\right|_{\boldsymbol{x}^*}\sigma_{X_i}\right)^2} \end{cases} \tag{3-23}$$

$$\beta=\mu_Z/\sigma_Z \tag{3-24}$$

在 $\boldsymbol{X}$ 空间中，参考图 3-3 及 3.2.1 节中的论述，设计验算点与可靠度指标之间具有如下关系：

$$x_i^*=\mu_{X_i}+\beta\sigma_{X_i}\cos\theta_{X_i}=\mu_{X_i}+\beta\sigma_{X_i}\alpha_{X_i} \tag{3-25}$$

$$\alpha_{X_i}\equiv\cos\theta_{X_i}=\frac{-\left.\dfrac{\partial g}{\partial X_i}\right|_{\boldsymbol{x}^*}\sigma_{X_i}}{\sqrt{\displaystyle\sum_{i=1}^{n}\left(\left.\frac{\partial g}{\partial X_i}\right|_{\boldsymbol{x}^*}\sigma_{X_i}\right)^2}}\quad(i=1,2,\cdots,n) \tag{3-26}$$

式中，α_{X_i} 称为灵敏度系数。可见，设计验算点与可靠度之间的计算相互耦合。因此，需要通过迭代计算确定设计验算点，迭代步骤如下。

步骤 1　假定设计验算点 $\boldsymbol{x}^{*(0)}=(x_1^{*(0)},x_2^{*(0)},\cdots,x_n^{*(0)})$，一般可取 $\boldsymbol{x}^{*(0)}=(\mu_{X_1},\mu_{X_2},\cdots,\mu_{X_n})$。

步骤 2　计算线性展开功能函数对应的均值和方差，由此确定当前步骤的 β。

步骤 3　由式（3-26）计算 $\cos\theta_{X_i}(i=1,2,\cdots,n)$。

步骤 4　由式（3-25）计算新的设计验算点 $\boldsymbol{x}^{*(1)}=(x_1^{*(1)},x_2^{*(1)},\cdots,x_n^{*(1)})$。

步骤 5　若 $\left\|\boldsymbol{x}^{*(1)}-\boldsymbol{x}^{*(0)}\right\|<\varepsilon$，$\varepsilon$ 为规定的允许误差，则停止迭代，此时求得的 β 即为所求的可靠度指标；否则，取 $\boldsymbol{x}^{*(0)}=\boldsymbol{x}^{*(1)}$，转步骤 2 继续迭代计算。

例 3-5　圆杆受拉力 $F=10^5\mathrm{N}$ 作用，杆件直径 D 服从正态分布，其均值和标准差分

别为 $\mu_D = 30\text{mm}$，$\sigma_D = 3\text{mm}$。屈服应力 r 服从正态分布，其均值和标准差分别为 $\mu_r = 290\text{N/mm}^2$，$\sigma_r = 25\text{N/mm}^2$。在功能函数分别为① $Z = (\pi D^2/4)\cdot r - F$ 和② $Z = r - 4\cdot F/\pi D^2$ 两种情况下，试用中心点法和验算点法计算相应的可靠度指标。

解　1）中心点法。将功能函数①在均值点处近似展开，有

$$Z \approx g(\mu_D,\mu_r) + \left.\frac{\partial g}{\partial D}\right|_{\mu_X}(D-\mu_D) + \left.\frac{\partial g}{\partial r}\right|_{\mu_X}(r-\mu_r)$$
$$= \left(\frac{\pi\mu_D^2}{4}\cdot\mu_r - F\right) + \left(\frac{\pi}{2}\mu_D\mu_r\right)\cdot(D-\mu_D) + \left(\frac{\pi\mu_D^2}{4}\right)\cdot(r-\mu_r)$$

均值和标准差分别为

$$\mu_Z = g(\mu_D,\mu_r) = \left(\frac{\pi\mu_D^2}{4}\cdot\mu_r - F\right) \approx 104988.92(\text{N})$$
$$\sigma_Z = \sqrt{\left(\left.\frac{\partial g}{\partial D}\right|_{\mu_X}\cdot\sigma_D\right)^2 + \left(\left.\frac{\partial g}{\partial r}\right|_{\mu_X}\cdot\sigma_r\right)^2}$$
$$= \sqrt{\left(\frac{\pi}{2}\mu_D\mu_r\cdot\sigma_D\right)^2 + \left(\frac{\pi\mu_D^2}{4}\cdot\sigma_r\right)^2} \approx 44644.13(\text{N})$$

可靠度指标为

$$\beta = \frac{\mu_Z}{\sigma_Z} \approx 2.3517$$

功能函数②在均值点处近似展开为

$$Z \approx g(\mu_D,\mu_r) + \left.\frac{\partial g}{\partial D}\right|_{\mu_X}(D-\mu_D) + \left.\frac{\partial g}{\partial r}\right|_{\mu_X}(r-\mu_r)$$
$$= \left(\mu_r - 4\cdot F/\pi\mu_D^2\right) + \frac{8F}{\pi\mu_D^3}\cdot(D-\mu_D) + (r-\mu_r)$$

均值和标准差分别为

$$\mu_Z = \mu_r - 4\cdot F/\pi\mu_D^2 = 290 - 4000/(9\pi) \approx 148.53(\text{N/mm}^2)$$
$$\sigma_Z = \sqrt{\left(\left.\frac{\partial g}{\partial D}\right|_{\mu_X}\cdot\sigma_D\right)^2 + \left(\left.\frac{\partial g}{\partial r}\right|_{\mu_X}\cdot\sigma_r\right)^2}$$
$$= \sqrt{\left(\frac{8F}{\pi\mu_D^3}\cdot\sigma_D\right)^2 + (25)^2} \approx 37.75(\text{N/mm}^2)$$

可靠度指标为

$$\beta = \frac{\mu_Z}{\sigma_Z} \approx 3.9338$$

2）验算点法。对于两种不同类型的功能函数，选择初始迭代点为均值点 $\boldsymbol{\mu}_X = (\mu_D,\mu_r)$。利用上述求验算点的迭代步骤计算两种功能函数对应的结构可靠度指标，计算结果如表 3-1 所示。

表 3-1 例 3-5 迭代计算结果

迭代次数	1	2	3	4	5	6
①β	2.3517	2.8530	2.8723	2.8722	2.8722	2.8722
②β	3.9339	2.8813	2.8724	2.8722	2.8722	2.8722

从上述结果可知，验算点法的计算结果与功能函数的形式无关，而基于中心点法的计算结果对功能函数的形式具有很强的依赖性。对于非线性程度较高、可靠度指标较大的情形，中心点法的计算结果存在较大误差。

3.2.4 哈索费尔-林德（Hasofer-Lind）法

在标准正态随机变量空间中，可靠度指标的几何意义是，坐标原点到极限状态方程的最短距离，如图 3-3（二维问题）和图 3-4（一维问题）所示。因此，较便利的方法是，首先将极限状态方程转换为标准正态空间中的形式，通过求最短距离的方法计算可靠度指标。在图 3-4 中，极限状态方程 $Z=0$ 对应的状态是 $Z_s=(Z-\mu_Z)/\sigma_Z=-\mu_Z/\sigma_Z=-\beta$ 。

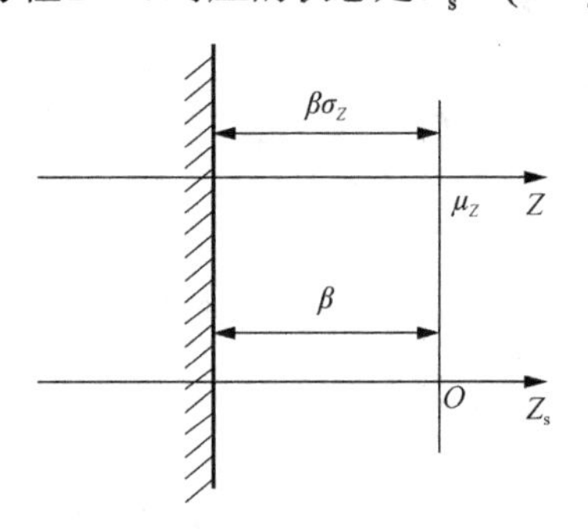

图 3-4 可靠度指标的几何意义（阴影部分表示失效域）

假定基本随机变量 $X_i(i=1,2,\cdots,n)$ 相互独立，且均服从正态分布。首先，将各个变量转换为标准正态随机变量，即

$$U_i=\left(X_i-\mu_i\right)/\sigma_i \quad (i=1,2,\cdots,n) \tag{3-27}$$

功能函数 $g(\boldsymbol{X})$可以转换为以 $\boldsymbol{U}$ 表示的函数 $h(\boldsymbol{U})$。将非线性函数 $h(\boldsymbol{U})$进行泰勒展开，以极限状态方程 $h(\boldsymbol{U})$=0 上的某点 $\boldsymbol{u}=(u_1,u_2,\cdots,u_n)^{\mathrm{T}}$ 作为展开的基准点，保留线性项，得到如下方程：

$$\begin{aligned} h(U_1,U_2,\cdots,U_n) &= h(u_1,u_2,\cdots,u_n)+\sum_{i=1}^{n}\left.\frac{\partial h}{\partial U_i}\right|_{\boldsymbol{U}=\boldsymbol{u}}(U_i-u_i) \\ &= \sum_{i=1}^{n}\left.\frac{\partial h}{\partial U_i}\right|_{\boldsymbol{U}=\boldsymbol{u}}(U_i-u_i) \end{aligned} \tag{3-28}$$

解得均值和方差为

$$\begin{cases} \mu_Z(\boldsymbol{u})=-\displaystyle\sum_{i=1}^{n}\left.\frac{\partial h}{\partial U_i}\right|_{\boldsymbol{U}=\boldsymbol{u}}u_i \\ \sigma_Z^2(\boldsymbol{u})=\displaystyle\sum_{i=1}^{n}\left(\left.\frac{\partial h}{\partial U_i}\right|_{\boldsymbol{U}=\boldsymbol{u}}\right)^2 \end{cases} \tag{3-29}$$

原点到极限状态曲面的距离示意图如图 3-5 所示。在极限状态曲面 $h(\boldsymbol{U})=0$ 上，$\boldsymbol{U}=\boldsymbol{u}$ 处的切平面方程为

$$\sum_{i=1}^{n}\frac{\partial h}{\partial U_i}\bigg|_{\boldsymbol{U}=\boldsymbol{u}}(U_i-u_i)=0 \tag{3-30}$$

在 $\boldsymbol{U}$ 空间中，求得原点到上述切平面的距离为

$$d(\boldsymbol{u})=\frac{-\sum_{i=1}^{n}\frac{\partial h}{\partial U_i}\Big|_{\boldsymbol{U}=\boldsymbol{u}}u_i}{\left[\sum_{i=1}^{n}\left(\frac{\partial h}{\partial U_i}\Big|_{\boldsymbol{U}=\boldsymbol{u}}\right)^2\right]^{1/2}}=\frac{\mu_Z(\boldsymbol{u})}{\sigma_Z(\boldsymbol{u})} \tag{3-31}$$

本节论述针对的是一般的 n 维问题，图 3-5 表示的是二维情形下的示意图。在 $h(\boldsymbol{U})=0$ 上与原点距离最短的点 $\boldsymbol{u}=\boldsymbol{u}^*$ 称为设计验算点（most probable point，MPP），以该点为基准将功能函数泰勒展开，则可以求得 Hasofer-Lind 可靠度指标（Hasofer 和 Lind，1974），即

$$\beta_{\mathrm{HL}}=d(\boldsymbol{u}^*)=\frac{-\sum_{i=1}^{n}\frac{\partial h}{\partial U_i}\Big|_{\boldsymbol{U}=\boldsymbol{u}^*}u_i^*}{\left[\sum_{i=1}^{n}\left(\frac{\partial h}{\partial U_i}\Big|_{\boldsymbol{U}=\boldsymbol{u}^*}\right)^2\right]^{1/2}} \tag{3-32}$$

求得失效概率近似为

$$p_{\mathrm{f}}=\Phi(-\beta_{\mathrm{HL}}) \tag{3-33}$$

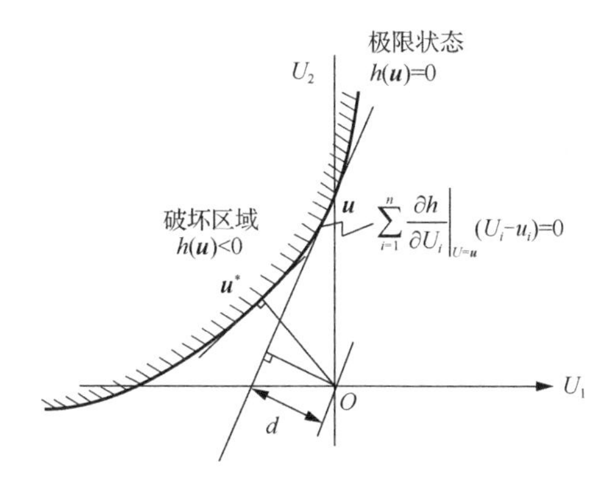

图 3-5　原点到极限状态曲面的距离

上述方法称为扩展一次二阶矩方法（advanced first-order second-moment method，AFOSM），简称为 FOSM 方法，或一阶可靠性方法（first-order reliability method，FORM）。在采用 FORM 方法计算 p_{f} 时，极限状态函数用 MPP 处的正切平面函数来逼近。

在以上计算公式中，关键是找到 MPP。由于设计向量 $\boldsymbol{u}$ 在 $\boldsymbol{U}$ 空间中具有旋转对称性，MPP 是概率密度函数的峰值点，对名义失效概率的贡献最大。因此，若 MPP 的结果准确，则通过上述近似计算通常可以得到满意的结果。若在 MPP 附近，失效曲面具有高度非线性，则在采用 FORM 计算 p_{f} 时，会出现结果振荡或收敛到错误计算结果的情形。

1. 用最短距离法求 MPP 点 $\boldsymbol{u}^*$

已知坐标原点到失效曲面距离最短的点就是 MPP，因此，确定 MPP 的方法之一就是求解如下优化问题：

$$\begin{cases}\min\limits_{\boldsymbol{u}} \beta = \left\{u_1^2 + u_2^2 + \cdots + u_n^2\right\}^{1/2} \\ \text{s.t.} \quad h\left(u_1, u_2, \cdots, u_n\right) = 0\end{cases} \tag{3-34}$$

由此求得曲面 $h(\boldsymbol{U})=0$ 上的 MPP 点 $\boldsymbol{u}^*$。在该处作切平面，计算原点到该平面的距离，即得到可靠度指标 β，即存在关系 $\beta = \left\|\boldsymbol{u}^*\right\|$。其中，基本随机变量 $\boldsymbol{X} = (X_1, X_2, \cdots, X_n)^{\mathrm{T}}$ 相互独立，且服从正态分布。对应的标准正态随机变量 $\boldsymbol{U} = (U_1, U_2, \cdots, U_n)^{\mathrm{T}}$。

例 3-6 设强度 $X_1 \sim N(100, 6^2)$，荷载 $X_2 \sim N(80, 8^2)$，对不同形式的极限状态函数求相应的可靠度指标。

解 建立如下极限状态方程：

$$Z_1 = X_1 - X_2$$

$$Z_2 = \ln X_1 - \ln X_2$$

$$Z_3 = X_1 / X_2 - 1$$

采用中心点法，有

$$\beta = \frac{\mu_Z}{\sigma_Z} = \frac{\mu_1 - \mu_2}{\sqrt{\sigma_1^2 + \sigma_2^2}} = 2.0$$

$$\beta = \frac{\mu_Z}{\sigma_Z} = \frac{\ln\left(\mu_1 / \mu_2\right)}{\sqrt{(\sigma_1 / \mu_1)^2 + (\sigma_2 / \mu_2)^2}} = 1.913$$

$$\beta = \frac{\mu_Z}{\sigma_Z} = \frac{1 - \mu_2 / \mu_1}{\sqrt{(\sigma_1 / \mu_1)^2 + (\sigma_2 / \mu_2)^2}} = 1.715$$

采用 Hasofer-Lind 法，首先进行标准正态化处理，即 $X_1 = 100 + 6U_1$，$X_2 = 80 + 8U_2$。

对于第一种形式，极限状态函数仍为线性的。约束条件为 $h(u_1, u_2) = 3u_1 - 4u_2 + 10 = 0$。利用点到直线的距离公式，即

$$d = \beta = \left|\frac{10}{\sqrt{3^2 + 4^2}}\right| = 2.0$$

对于第二种形式，进行标准正态化处理后，应用优化建模法求解，即

$$\begin{cases}\min\limits_{u} \beta = \sqrt{(u_1^2 + u_2^2)} \\ \text{s.t.}\ h(u_1, u_2) = \ln(100 + 6u_1) - \ln(80 + 8u_2) = 0\end{cases}$$

式中，约束条件可转换为 $3u_1 - 4u_2 + 10 = 0$。求得该问题的最优解为 $\boldsymbol{u}^* = (-6/5, 8/5)$，$\beta = \sqrt{(u_1^2 + u_2^2)} = \sqrt{(6/5)^2 + (8/5)^2} = 2.0$。

对于第三种形式，同样应用优化建模法求解，可以求得相同的结果，即 $\boldsymbol{u}^* = (-6/5, 8/5)$，$\beta = \sqrt{(u_1^2 + u_2^2)} = 2.0$。

2. 用迭代法求 MPP 点 $\boldsymbol{u}^*$

对 Rackwitz-Fiessler 提出的求 MPP 的迭代法（Rackwitz 和 Fiessler，1978）说明如下。如图 3-6 所示，假定函数 $h(\boldsymbol{U})$光滑，且存在一阶偏微分，$\partial h(\boldsymbol{U})/\partial U_i\,(i=1,2,\cdots,n)$，在点 $\boldsymbol{u}^*$ 处，满足以下最优性条件：

$$
\begin{cases}
u_i^* = -\alpha_i^*\beta \quad (i=1,2,\cdots,n) \\
\alpha_i^* = \dfrac{\left.\dfrac{\partial h(\boldsymbol{U})}{\partial U_i}\right|_{\boldsymbol{U}=\boldsymbol{u}^*}}{\sqrt{\displaystyle\sum_{i=1}^{n}\left(\left.\dfrac{\partial h(\boldsymbol{U})}{\partial U_i}\right|_{\boldsymbol{U}=\boldsymbol{u}^*}\right)^2}}
\end{cases}
\tag{3-35}
$$

式中，$\boldsymbol{\alpha}^*=(\alpha_1^*,\alpha_2^*,\cdots,\alpha_n^*)^{\mathrm{T}}$ 表示曲面 $h(\boldsymbol{U})=0$ 上点 $\boldsymbol{u}^*$ 处的单位法线矢量，各分量与灵敏度系数［见式（3-36)］之间的关系说明如下：

$$
\begin{cases}
g(\boldsymbol{X})=h\big(\boldsymbol{U}(\boldsymbol{X})\big),\ \dfrac{\partial g}{\partial X_i}=\left(\dfrac{\partial h}{\partial U_i}\right)\Big/\left(\dfrac{\partial X_i}{\partial U_i}\right)=\left(\dfrac{\partial h}{\partial U_i}\right)\Big/\sigma_{X_i} \\
\alpha_i^* = \dfrac{\left.\dfrac{\partial h(\boldsymbol{U})}{\partial U_i}\right|_{\boldsymbol{U}=\boldsymbol{u}^*}}{\sqrt{\displaystyle\sum_{i=1}^{n}\left(\left.\dfrac{\partial h(\boldsymbol{U})}{\partial U_i}\right|_{\boldsymbol{U}=\boldsymbol{u}^*}\right)^2}} = \dfrac{\left.\dfrac{\partial g}{\partial X_i}\right|_{\boldsymbol{x}^*}\sigma_{X_i}}{\sqrt{\displaystyle\sum_{i=1}^{n}\left(\left.\dfrac{\partial g}{\partial X_i}\right|_{\boldsymbol{x}^*}\sigma_{X_i}\right)^2}} = -\alpha_{X_i}
\end{cases}
\tag{3-36}
$$

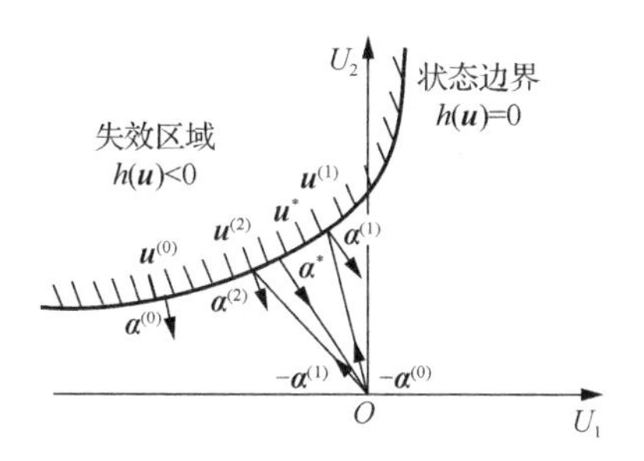

图 3-6 迭代法求 MPP 示意图

基于以上条件，用迭代法求解 MPP 的步骤如下。

步骤 1 给出初始 MPP $\boldsymbol{u}^*=\boldsymbol{u}^{(0)}$。

步骤 2 计算点 $\boldsymbol{u}^*$ 处的偏微分和单位法线矢量。

步骤 3 通过 $h(-\alpha_1^*\beta,-\alpha_2^*\beta,\cdots,-\alpha_n^*\beta)=0$ 求出 β。

步骤 4 根据以上求出的 β，由式（3-35）计算新的 $\boldsymbol{u}^*$。

步骤 5 比较新旧 $\boldsymbol{u}^*$，若两者一致或差异非常小，则结束迭代计算；否则转向步骤 2。

在 3.2.3 节中介绍的确定 $\boldsymbol{x}^*$ 的步骤，与上述确定 MPP 点 $\boldsymbol{u}^*$ 的迭代步骤稍有区别，前者是利用均值和方差计算当前步骤的可靠度指标，后者则是通过极限状态方程上的点 $\boldsymbol{u}^*$ 确定 β，在收敛处两者的结果是等效的。还需要指出的是，在局部极值点处，最优性条件式（3-35）也成立。因此，对于多峰值问题，以上方法并不能保证解的正确性。

例 3-7 对于例 3-4 中的 2 杆桁架结构问题，计算各个杆件的可靠度指标和失效概率。

解 将基本随机变量标准正态化处理，即

$$U_1=\frac{\sigma-\mu_\sigma}{\sigma_\sigma},\quad \sigma=U_1\sigma_\sigma+\mu_\sigma=0.75U_1+15$$

$$U_2=\frac{A-\mu_A}{\sigma_A},\quad A=U_2\sigma_A+\mu_A=0.5U_2+10$$

$$U_3=\frac{P-\mu_P}{\sigma_P},\quad P=U_3\sigma_P+\mu_P=5U_3+25$$

代入极限状态函数，有

$$g(\sigma,A,P)=\sigma\cdot A-3.78P$$

$$h(\boldsymbol{U})=7.5U_1+7.5U_2-18.9U_3+0.375U_1U_2+55.5$$

求其偏导数为

$$\frac{\partial h}{\partial U_1}=7.5+0.375U_2,\quad \frac{\partial h}{\partial U_2}=7.5+0.375U_1,\quad \frac{\partial h}{\partial U_3}=-18.9$$

在点 $\boldsymbol{u}^*$ 处的单位法线矢量的分量为

$$\alpha_1^*=\frac{(7.5+0.375u_2^*)}{k},\quad \alpha_2^*=\frac{(7.5+0.375u_1^*)}{k},\quad \alpha_3^*=\frac{-18.9}{k}$$

$$k=\left\{(7.5+0.375u_2^*)^2+(7.5+0.375u_1^*)^2+18.9^2\right\}^{1/2}$$

在点 $\boldsymbol{u}^*$ 处，满足以下最优性条件：

$$u_i^*=-\alpha_i^*\beta\quad (i=1,2,3)$$

$$h(-\alpha_1^*\beta,-\alpha_2^*\beta,-\alpha_3^*\beta)$$
$$=0.375\alpha_1^*\alpha_2^*\beta^2+(-7.5\alpha_1^*-7.5\alpha_2^*+18.9\alpha_3^*)\beta+55.5=0$$

初始点取为 $\boldsymbol{u}^*=(0,0,0)^{\mathrm{T}}$，进行迭代计算，得到结果如表 3-2 所示。

表 3-2 例 3-7 迭代计算结果

迭代次数	α_1^*	α_2^*	α_3^*	β	u_1^*	u_2^*	u_3^*
1	0.3461	0.3461	−0.8721	2.575	−0.8909	−0.8909	2.245
2	0.3341	0.3341	−0.8831	2.574	−0.8601	−0.8601	2.269
3	0.3346	0.3346	−0.8810	2.574	−0.8612	−0.8612	2.268
4	0.3345	0.3345	−0.8810	2.574	−0.8612	−0.8612	2.268

由此得到可靠度指标 $\beta=2.574$，失效概率 $p_{\mathrm{f}}=\Phi(-2.574)=5.027\times10^{-3}$。MPP 对应的基本随机变量取值为

$$\sigma^*=0.75u_1^*+15=14.35(\mathrm{kN/cm^2})$$

$$A^*=0.5u_2^*+10=9.569(\mathrm{cm^2})$$

$$P^*=5u_3^*+25=36.34(\mathrm{kN})$$

因 MPP 是对 p_{f} 贡献最大的点，只要在 MPP 附近，非线性程度不是太高，通过线性

化得到的计算结果，会是很好的近似。

3.2.5　FORM 的局限性

在 MPP 处对功能函数 g 进行线性展开，求出可靠度指标和近似的失效概率，这种方法又称为单一验算点方法。当功能函数在 MPP 处非线性程度很高时，可能导致较大误差。不同形式的极限状态方程示意图如图 3-7 所示，FORM 的局限性有：①a—a、b—b、c—c 所示的极限状态方程对应同一可靠度指标（β 值相等），但实际的失效概率是不相等的；②与 a—a、b—b、c—c 三种情况相比，d—d 对应的失效概率可能较小一些，然而其可靠度指标反而较小；③可靠度指标体现不出方向性，如图中的 e—e 与 b—b 对应的可靠度指标相同，但失效域的象限不同；④不适用于多个极限状态的情况。

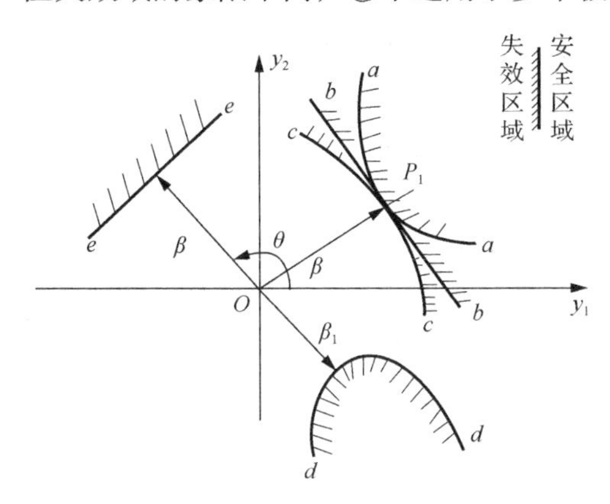

图 3-7　不同形式的极限状态方程示意图

FORM 计算简便、计算精度能够满足一般的工程应用要求，因而被工程界广泛接受。对于一些特别重要的结构，如航天器、飞船、核电站的保护壳、精密电子仪器等，相应的物理模型复杂，且结构可靠度的要求较高，此时，一次二阶矩方法的计算精度难以达到要求。相比 FORM，二阶可靠度方法（second-order reliability methods，SORM）是计算精度更高的可靠性分析方法。在 SORM 中，将非线性功能函数在 MPP 处展开为泰勒级数并取至二次项，以此二次函数曲面代替原始失效面。这样一来，除利用功能函数的梯度信息外，还通过其二阶导数信息，考虑极限状态曲面在验算点附近的凹向、曲率等非线性性质，从而提高可靠度的计算精度（贡金鑫，2003）。

3.3　非正态分布问题

3.3.1　等概率正态变换

到目前为止，计算可靠度指标只是利用了随机变量的一次矩和二次矩的信息，将所有基本随机变量用正态分布近似描述，将功能函数在 MPP 处线性展开，进而计算可靠度指标及失效概率。在实际工程中，随机变量并不服从正态分布。此时，可以通过等概率正态变换，将非正态随机变量转换为等价的正态分布随机变量。映射变换法（又称全分布变换法）是其中一种方法。其原理是利用累积分布函数值相等的映射，将非正态分布随机变量变换为正态分布随机变量（张明，2009）。

例如，某随机变量 X 服从对数正态分布，其均值和变异系数分别为 μ_X 和 V_X。令 $U=\ln X$，当 X 的变异系数 $V_X<0.3$ 时，有

$$\mu_U \approx \ln \mu_X,\quad \sigma_U^2 \approx V_X^2 \tag{3-37}$$

进一步，将 U 标准正态化为

$$Y=\frac{U-\mu_U}{\sigma_U}\approx\frac{\ln\left(X/\mu_X\right)}{V_X} \tag{3-38}$$

$$X\approx\mu_X\cdot\exp(Y\cdot V_X) \tag{3-39}$$

至此，对数正态随机变量 X 转换为标准正态随机变量 Y。随着 X 向 Y 的转换，极限状态方程也转换为关于变量 Y 的函数，即 $g_Y(Y)=0$。转换后的功能函数 $g_Y(Y)$ 一般为非线性函数，并且其函数形式与转换前的不同。一旦完成这种转换，可以直接应用前面介绍的 FORM 进行可靠度的计算。

例 3-8 随机变量 X 服从 EV-I 分布，将其转换为标准正态分布，求其变换关系。

解 由于 X 服从极值 I 型分布，其累积分布函数、均值和方差分别为

$$F_X(x)=\exp\left\{-\exp\left[-\alpha(x-u)\right]\right\}\quad(-\infty<x<\infty)$$

$$\mu_X=u+\frac{0.5772}{\alpha}$$

$$\sigma_X^2=\frac{\pi^2}{6\alpha^2}=\frac{1.6449}{\alpha^2}$$

利用映射变换法，有如下结果：

$$F_X(x)=\exp\left\{-\exp\left[-\alpha(x-u)\right]\right\}=\Phi(y)$$

$$\Rightarrow\alpha(x-u)=-\ln\left\{-\ln[\Phi(y)]\right\}$$

$$\Rightarrow x=\frac{-\ln\left\{-\ln[\Phi(y)]\right\}}{\alpha}+u=\frac{-\ln\left\{-\ln[\Phi(y)]\right\}}{\alpha}+\mu_X-\frac{0.5772}{\alpha}$$

$$=\frac{-\ln\left\{-\ln[\Phi(y)]\right\}-0.5772}{1.2825}\sigma_X+\mu_X$$

3.3.2 JC 法：独立非正态变量

作为一种近似方法，当基本随机变量为非正态分布或分布未知，功能函数的非线性程度不是很强时，利用其均值和标准差，根据验算点法或 Hasofer-Lind 法得到的结果在工程上依旧可以采用。若将非正态随机变量 X 进行当量正态化处理，则可以更好地利用 Hasofer-Lind 法进行可靠度计算和失效概率的评估。以下介绍一种正态截尾近似法，又称 JC 法[①]（贡金鑫，2003）。

---

① 该方法由拉克维茨（Rackwitz）、菲斯莱（Fiessler）和哈索费尔（Hasofer）等提出，被国际结构安全联合委员会（Joint Committee on Structural Safety，JCSS）所采用，故称为 JC 法。

假设 X_i 是非正态变量，且已知其分布函数 $F_{X_i}(x_i)$ 和概率密度函数 $f_{X_i}(x_i)$。利用JC法求解可靠度时，首先将 X_i 近似转换为正态变量 X_i'。当量正态化的条件如下（图3-8）。

1）X_i 和 X_i' 在MPP $\boldsymbol{x}_i^*$ 处具有相同的累积分布函数值。

2）X_i 和 X_i' 在MPP $\boldsymbol{x}_i^*$ 处具有相同的概率密度函数值。

因此，在MPP处，存在以下关系：

$$F_{X_i'}(x_i^*) = \Phi\left(\frac{x_i^* - \mu_{X_i'}}{\sigma_{X_i'}}\right) = F_{X_i}(x_i^*) \tag{3-40}$$

$$f_{X_i'}(x_i^*) = \left.\frac{\mathrm{d}F_{X_i'}(x)}{\mathrm{d}x}\right|_{x=x_i^*} = \frac{1}{\sigma_{X_i'}}\varphi\left(\frac{x_i^* - \mu_{X_i'}}{\sigma_{X_i'}}\right) = f_{X_i}(x_i^*) \tag{3-41}$$

当随机变量相互独立时，利用式（3-40）可得到与 X_i 对应的近似正态分布变量 X_i' 的等效均值为

$$\mu_{X_i'} = x_i^* - \Phi^{-1}\left[F_{X_i}(x_i^*)\right] \cdot \sigma_{X_i'} \tag{3-42}$$

令 $Y = (x_i^* - \mu_{X_i'})/\sigma_{X_i'}$，由式（3-40）知，$Y = \Phi^{-1}\left[F_{X_i}(x_i^*)\right]$，将其代入式（3-41）中，得到近似正态分布变量 X_i' 的等效标准差为

$$\sigma_{X_i'} = \frac{\varphi(Y)}{f_{X_i}(x_i^*)} = \frac{\varphi\left(\Phi^{-1}\left[F_{X_i}(x_i^*)\right]\right)}{f_{X_i}(x_i^*)} \tag{3-43}$$

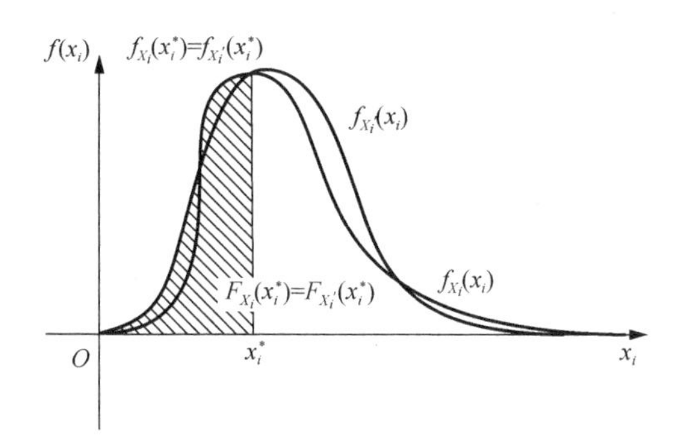

图3-8　JC法的当量正态化条件

利用JC法计算可靠度指标的步骤如下。

步骤1　给出初始MPP $\boldsymbol{x}^* = \boldsymbol{\mu}_{\boldsymbol{X}}$。

步骤2　对于非正态变量，依据当量正态化原理，即式（3-40）～式（3-43），计算等效正态变量的均值和标准差。

步骤3　计算灵敏系数 α_{X_i}。

$$\alpha_{X_i} = \frac{-\left.\dfrac{\partial g}{\partial X_i}\right|_{\boldsymbol{x}^*} \cdot \sigma_{X_i}}{\sqrt{\sum_{i=1}^{n}\left(\left.\dfrac{\partial g}{\partial X_i}\right|_{\boldsymbol{x}^*} \cdot \sigma_{X_i}\right)^2}} \tag{3-44}$$

步骤 4　计算线性展开功能函数对应的均值和方差，由此确定当前步骤的可靠度指标 β 。

步骤 5　计算新的 $x_i^* = \mu_{X_i} + \beta \cdot \sigma_{X_i} \cdot \alpha_{X_i}$ 。

步骤 6　若前后两次计算得到的 β 满足 $\left|\beta^{n+1} - \beta^n\right| < \varepsilon$ ，则迭代结束；否则，转到步骤 2 继续迭代。

等概率正态变换是精确的非线性正态变换，在标准正态空间中，功能函数的非线性程度可能会增强。JC 法的当量正态化条件相当于等概率正态变换的线性近似变换，JC 法只是在随机变量的尾部进行截尾正态近似，不会改变功能函数的形式，具有应用方便的特点。

例 3-9　钢筋混凝土受压短柱的极限状态方程为 $Z = g(R, N_{\mathrm{G}}, N_{\mathrm{L1}}, N_{\mathrm{L2}}) = R - N_{\mathrm{G}} - N_{\mathrm{L1}} - N_{\mathrm{L2}}$ 。其中，抗力 R 服从对数正态分布，均值和变异系数分别为 $\mu_R = 3800\mathrm{kN}$ ，$V_R = 0.17$ ；恒载 N_{G} 服从正态分布，$\mu_{N_{\mathrm{G}}} = 636\mathrm{kN}$ ，$V_{N_{\mathrm{G}}} = 0.07$ ；一期活载 N_{L1} 服从极值 I 型分布，$\mu_{N_{\mathrm{L1}}} = 600\mathrm{kN}$ ，$V_{N_{\mathrm{L1}}} = 0.29$ ；二期活载 N_{L2} 亦服从极值 I 型分布，$\mu_{N_{\mathrm{L2}}} = 240\mathrm{kN}$ ，$V_{N_{\mathrm{L2}}} = 0.32$ 。若所有随机变量相互独立，求结构可靠度指标。

解　该问题中，存在非正态分布的随机变量，因此在利用 JC 法求解可靠度指标时，需要先进行当量正态化转换。

对数正态分布：其概率密度函数和分布函数分别表示为

$$f_X(x) = \frac{1}{\sqrt{2\pi}\sigma_{\ln X} x} \exp\left[-\frac{(\ln x - \mu_{\ln X})^2}{2\sigma_{\ln X}^2}\right], \quad x > 0$$

$$F_X(x) = \Phi\left(\frac{\ln x - \mu_{\ln X}}{\sigma_{\ln X}}\right)$$

其分布参数与 X 的均值 μ_X 、变异系数 V_X 的关系为

$$\mu_{\ln X} = \ln\left(\frac{\mu_X}{\sqrt{1 + V_X^2}}\right), \quad \sigma_{\ln X} = \sqrt{\ln(1 + V_X^2)}$$

极值 I 型分布：其概率密度函数和分布函数分别表示为

$$f_X(x) = \alpha \exp\{-\alpha(x - u) - \exp[-\alpha(x - u)]\}$$

$$F_X(x) = \exp\{-\exp[-\alpha(x - u)]\}$$

参数 α 和 u 与 X 的平均值 μ_X 和标准差 σ_X 的关系为

$$\alpha = \frac{\pi}{\sqrt{6}\sigma_X}, \quad u = \mu_X - \frac{0.5772}{\alpha}$$

JC 法计算该算例的步骤如下。

步骤 1　确定初始设计验算点 $\boldsymbol{x}^* = \boldsymbol{\mu}_{\boldsymbol{X}} = [3800, 636, 600, 240]^{\mathrm{T}}$ 。

步骤 2　对于非正态变量，利用式（3-40）～式（3-43）进行当量正态化。各变量的等效均值和标准差分别为 $\boldsymbol{\mu}_{\boldsymbol{X}'} = [3745.87, 636, 570.50, 226.98]^{\mathrm{T}}$ ，$\boldsymbol{\sigma}_{\boldsymbol{X}'} = [641.40, 44.52, 166.37, 73.43]^{\mathrm{T}}$ 。

步骤 3　计算灵敏度系数，$\boldsymbol{\alpha}_{\boldsymbol{X}} = [-0.9599, 0.0666, 0.2490, 0.1099]^{\mathrm{T}}$ 。

步骤 4　计算可靠度指标 $\beta = 3.4608$。

步骤 5　新的设计验算点 $\boldsymbol{x}^* = [1615.04, 646.27, 713.86, 254.91]^{\mathrm{T}}$。

步骤 6　重复步骤 2～步骤 5，直至收敛。

JC 法计算的可靠度指标迭代结果如表 3-3 所示。

表 3-3　例 3-9 可靠度指标迭代结果

迭代次数	1	2	3	4	5	6	7	8
β	3.4608	4.4031	4.1892	4.1514	4.1475	4.1472	4.1472	4.1472

3.4　变量具有相关性的问题

前面介绍的方法都假定各随机变量之间相互独立，对于随机变量之间具有相关性的情形，需要进行适当的变量变换，以符合应用前述方法进行可靠度计算的条件。

3.4.1　正交变换

利用正交线性变换，可以将一组相关正态随机变量转换为独立正态随机变量。设结构的功能函数为 $Z = g(\boldsymbol{X})$，基本随机变量为相关正态分布随机变量，其协方差矩阵为 $\boldsymbol{C_X} = [C_{X_iX_j}]_{n\times n}$，其中非对角线元素 $C_{X_iX_j} = \mathrm{Cov}(X_i, X_j)$ 为变量 X_i 和 X_j 的协方差，对角线元素为 X_i 的方差 $\sigma_{X_i}^2$。$\boldsymbol{C_X}$ 为 n 阶实对称正定矩阵，存在 n 个实特征值和 n 个线性无关且相互正交的特征向量。做如下正交变换，可将相关随机向量 $\boldsymbol{X}$ 转化为线性无关的向量 $\boldsymbol{Y}$:

$$\boldsymbol{X} = \boldsymbol{AY} \tag{3-45}$$

$$\boldsymbol{Y} = \boldsymbol{A}^{-1}\boldsymbol{X} = \boldsymbol{A}^{\mathrm{T}}\boldsymbol{X} \tag{3-46}$$

矩阵 $\boldsymbol{A}$ 的各列是由 $\boldsymbol{C_X}$ 的规则化特征向量（标准正交特征向量）组成的。向量 $\boldsymbol{Y}$ 的均值和标准差可表示为

$$\boldsymbol{\mu_Y} = \boldsymbol{A}^{\mathrm{T}}\boldsymbol{\mu_X} \tag{3-47}$$

$$\boldsymbol{D_Y} = \boldsymbol{A}^{\mathrm{T}}\boldsymbol{C_X}\boldsymbol{A} \tag{3-48}$$

向量 $\boldsymbol{Y}$ 的协方差矩阵为对角矩阵 $\boldsymbol{D_Y} = \mathrm{diag}[\sigma_{Y_i}^2]_{n\times n}$，$\sigma_{Y_i}^2 (i = 1, 2, \cdots, n)$ 即为 $\boldsymbol{C_X}$ 的特征值。

正态随机变量的线性组合依旧是正态随机变量。对于正态随机变量，不相关和相互独立是等价的，故 $\boldsymbol{Y}$ 是相互独立的正态随机变量。将式（3-45）代入原始功能函数中，便可得到由独立正态随机变量表示的功能函数，即

$$Z = g(\boldsymbol{X}) = g(\boldsymbol{AY}) = g_{\boldsymbol{Y}}(\boldsymbol{Y}) \tag{3-49}$$

至此，可利用 3.2 节中的方法，计算结构的可靠度（张明，2009；张新培，2001）。

例 3-10　某受压短柱承受恒载 X_2 和活载 X_3 作用，柱截面极限承载力为 X_1。它们都服从正态分布。各变量的统计参数为 $\mu_{X_1} = 21.6788\mathrm{kN}$，$\sigma_{X_1} = 2.6014\mathrm{kN}$；$\mu_{X_2} = 10.4\mathrm{kN}$，

$\sigma_{X_2}=0.8944\text{kN}$；$\mu_{X_3}=2.1325\text{kN}$，$\sigma_{X_3}=0.5502\text{kN}$。相关系数为$\rho_{X_1X_2}=0.8$，$\rho_{X_1X_3}=0.6$，$\rho_{X_2X_3}=0.9$。极限状态方程为$Z=X_1-X_2-X_3=0$，试求其可靠度指标$\beta$。

解 1）求$\boldsymbol{X}$的协方差矩阵及转换矩阵$\boldsymbol{A}$。在以下计算中省去单位：

$$C_{i,j}=C_{X_iX_j}=\text{Cov}(X_i,X_j)=\rho_{X_iX_j}\sigma_{X_i}\sigma_{X_j}\quad(i\neq j,\ i,j=1,2,3)$$

$$C_{i,i}=\sigma_{X_i}^2\quad(i=1,2,3)$$

求得随机变量$\boldsymbol{X}$的协方差矩阵为

$$\boldsymbol{C_X}=\begin{bmatrix}6.7673 & 1.8614 & 0.8588\\ 1.8614 & 0.8000 & 0.4429\\ 0.8588 & 0.4429 & 0.3027\end{bmatrix}$$

$\boldsymbol{C_X}$的特征值为$\lambda_1=7.4264$，$\lambda_2=0.4148$，$\lambda_3=0.0287$。相应的特征向量为

$$\boldsymbol{V}_1=[0.9520,0.2762,0.1319]^{\mathrm{T}}$$

$$\boldsymbol{V}_2=[-0.2973,0.7318,0.6132]^{\mathrm{T}}$$

$$\boldsymbol{V}_3=[0.0728,-0.6230,0.7788]^{\mathrm{T}}$$

由此得到转换矩阵为

$$\boldsymbol{A}=\begin{bmatrix}0.9520 & -0.2973 & 0.0728\\ 0.2762 & 0.7318 & -0.6230\\ 0.1319 & 0.6132 & 0.7788\end{bmatrix}$$

2）确定独立正态随机变量的均值和标准差。由式（3-47）和式（3-48）可知：

$$\mu_{Y_1}=23.7920,\quad \mu_{Y_2}=2.4733,\quad \mu_{Y_3}=-3.2402$$

$$\sigma_{Y_1}=2.7251,\quad \sigma_{Y_2}=0.6440,\quad \sigma_{Y_3}=0.1694$$

3）确定以Y_i表示的极限状态方程。由式（3-45）可知：

$$X_1=0.9520Y_1-0.2973Y_2+0.0728Y_3$$

$$X_2=0.2762Y_1+0.7318Y_2-0.6230Y_3$$

$$X_3=0.1319Y_1+0.6132Y_2+0.7788Y_3$$

代入极限状态方程中，得

$$Z=X_1-X_2-X_3=0.5439Y_1-1.6423Y_2-0.0830Y_3$$

4）计算可靠度指标。由于$\boldsymbol{Y}=(Y_1,Y_2,Y_3)^{\mathrm{T}}$是相互独立的正态随机变量，并且上述以$Y_i$表示的极限状态方程为线性函数。因此，可采用中心点法或验算点法计算可靠度指标，即

$$\mu_Z=0.5439\mu_{Y_1}-1.6423\mu_{Y_2}-0.0830\mu_{Y_3}=9.1475$$

$$\sigma_Z=\sqrt{0.5439^2\sigma_{Y_1}^2+1.6423^2\sigma_{Y_2}^2+0.0830^2\sigma_{Y_3}^2}=1.8210$$

则有

$$\beta=\frac{\mu_Z}{\sigma_Z}=5.023$$

3.4.2 JC 法：相关非正态变量

考虑功能函数中包含相关非正态变量的情形。首先根据当量正态化原理，将非正态

变量等效转换为正态变量。之后利用前述正交变换法，将正态随机变量转换为相互独立的正态变量，利用验算点法计算结构的可靠度。利用 JC 法求解相关非正态随机变量问题的具体步骤如下。

步骤 1　选取初始设计验算点 $\boldsymbol{x}^* = \boldsymbol{\mu}_X$。

步骤 2　在 $\boldsymbol{x}^*$ 处，对非正态变量进行当量正态化。假设其均值向量和标准差向量分别为 $\boldsymbol{\mu}_{X'}$ 和 $\boldsymbol{\sigma}_{X'}$。

步骤 3　计算 $\boldsymbol{C}_{X'}$ 的特征值和特征向量，其中 $C_{X_i'X_j'} = \rho_{X_i'X_j'}\sigma_{X_i'}\sigma_{X_j'}$。

步骤 4　构造转换矩阵 $\boldsymbol{A}$，依据式（3-47）、式（3-48）计算独立正态变量 $\boldsymbol{Y}$ 的均值和标准差。

步骤 5　由功能函数 $g_{\boldsymbol{Y}}(\boldsymbol{Y})$ 及正态空间下的设计验算点 $\boldsymbol{y}^* = \boldsymbol{A}^{\mathrm{T}}\boldsymbol{x}^*$ 计算可靠度指标 β。

步骤 6　由式(3-25)(式中的 x 对应此处的 y)确定新的设计验算点 $\boldsymbol{y}^*$，以及 $\boldsymbol{x}^* = \boldsymbol{A}\boldsymbol{y}^*$。

步骤 7　重复步骤 2～步骤 6 直至满足收敛条件。

例如，在例 3-9 中，在各变量统计特征不变的情况下，假设恒载 N_{G} 与一期活载 N_{L1} 和二期活载 N_{L2} 之间的相关系数分别为 0.2 和 0.4，一期活载和二期活载之间的相关系数为 0.3，荷载与结构抗力独立。通过迭代计算，得到如表 3-4 所示的结果（读者可自行验算）。不考虑相关性时，结果如表 3-3 所示，可靠度指标是 4.1472。可见，考虑相关性影响后，得到的结果偏于保守。

表 3-4　可靠度指标迭代结果

迭代次数	1	2	3	4	5	6	7	8
β	3.4118	4.1241	3.9620	3.9452	3.9441	3.9440	3.9440	3.9440

3.4.3 Rosenblatt 变换及 Nataf 方法

对于非正态随机向量 $\boldsymbol{X} = (X_1, X_2, \cdots, X_n)^{\mathrm{T}}$，已知其联合累积分布函数为 $F_{\boldsymbol{X}}(\boldsymbol{x})$，通过以下 Rosenblatt 变换（Rosenblatt，1952），可以获得一组对应的相互独立的标准正态随机变量 $\boldsymbol{Y} = (Y_1, Y_2, \cdots, Y_n)^{\mathrm{T}}$，即

$$\begin{cases} \Phi(Y_1) = r_1 = F_{X_1}(X_1) \\ \Phi(Y_2) = r_2 = F_{X_2|X_1}(X_2|X_1) \\ \qquad \vdots \\ \Phi(Y_n) = r_n = F_{X_n|X_1,X_2,\cdots,X_{n-1}}(X_n|X_1, X_2, \cdots, X_{n-1}) \end{cases} \tag{3-50}$$

对式（3-50）求逆，可以逐次得到如下期望的独立标准正态变量 $\boldsymbol{Y}$:

$$\begin{cases} Y_1 = \Phi^{-1}\left[F_{X_1}(X_1)\right] \\ Y_2 = \Phi^{-1}\left[F_{X_2|X_1}(X_2|X_1)\right] \\ \qquad \vdots \\ Y_n = \Phi^{-1}\left[F_{X_n|X_1,X_2,\cdots,X_{n-1}}(X_n|X_1, \cdots, X_{n-1})\right] \end{cases} \tag{3-51}$$

式（3-51）称为 Rosenblatt 变换，其逆变换为

$$
\begin{cases}
X_1 = F_{X_1}^{-1}\left[\Phi(Y_1)\right] \\
X_2 = F_{X_2|X_1}^{-1}\left[\Phi(Y_2)\middle|X_1\right] \\
\quad\vdots \\
X_n = F_{X_n|X_1,X_2,\cdots,X_{n-1}}^{-1}\left[\Phi(Y_n)\middle|X_1,X_2,\cdots,X_{n-1}\right]
\end{cases}
\tag{3-52}
$$

经过式（3-52）的 Rosenblatt 逆变换后，结构的功能函数变为 $Z=g(\boldsymbol{X})=g_{\boldsymbol{Y}}(\boldsymbol{Y})$。原问题转换为只含独立正态随机变量的问题，可利用前述方法分析求解。

一般情形下，获得 $\boldsymbol{X}$ 的联合累积分布函数是不太容易的。此时，较为常见的方法是，采用基于等概率变换原则的 Nataf 方法（Melchers 和 Beck，2018）。在 Nataf 方法中，利用累积分布函数值相等的映射，$X_i=F_{X_i}^{-1}[\Phi(Y_i)]$，将 $\boldsymbol{X}$ 变换为标准正态随机变量 $\boldsymbol{Y}$，变换前后存在如下关系：

$$
f_{\boldsymbol{X}}(\boldsymbol{x})=\det \boldsymbol{J}_{YX}\varphi_n(\boldsymbol{y},\rho_{\boldsymbol{Y}})=\left\{\prod_{i=1}^{n}\frac{f_{X_i}(x_i)}{\varphi(y_i)}\right\}\varphi_n(\boldsymbol{y},\rho_{\boldsymbol{Y}})
\tag{3-53}
$$

$$
\rho_{X_iX_j}=\int_{-\infty}^{+\infty}\int_{-\infty}^{+\infty}\left(\frac{x_i-\mu_{X_i}}{\sigma_{X_i}}\right)\left(\frac{x_j-\mu_{X_j}}{\sigma_{X_j}}\right)\varphi_2(y_i,y_j,\rho_{Y_iY_j})\mathrm{d}y_i\mathrm{d}y_j
\tag{3-54}
$$

式中，$\varphi_n(\cdot)$ 是 n 维标准正态变量的密度函数。给定相关系数 $\rho_{X_iX_j}$，可根据上面的关系确定相关系数 $\rho_{Y_iY_j}$（Liu 和 Der Kiureghian，1986）。之后，利用正交变换将 $\boldsymbol{Y}$ 转换为独立正态随机变量，再通过一次二阶矩方法分析求解。

参考文献

贡金鑫，2003．工程结构可靠度计算方法[M]．大连：大连理工大学出版社．

室津義定，米澤政昭，邵晓文，1996．システム信頼性工学[M]．东京：共立出版株式会社．

张明，2009．结构可靠度分析：方法与程序[M]．北京：科学出版社．

张新培，2001．建筑结构可靠度分析与设计[M]．北京：科学出版社．

赵国藩，1996．工程结构可靠性理论与应用[M]．大连：大连理工大学出版社．

DITLEVSEN O, MADSEN H O, 1996. Structural reliability methods[M]. Chichester: John Wiley & Sons Ltd.

HASOFER A M, LIND N C,1974. Exact and invariant second moment code format[J]. Journal of the Engineering Mechanics Division, 100(1):111-121.

LIU P L, DER KIUREGHIAN A, 1986. Multivariate distribution models with prescribed marginals and covariances[J]. Probabilistic Engineering Mechanics, 1(2): 105-112.

MELCHERS R E, BECK A T, 2018. Structural Reliability Analysis and Prediction[M]. 3rd ed. West Sussex: John Wiley & Sons Inc.

RACKWITZ R, FIESSLER B, 1978. Structural reliability under combined random load sequences[J]. Computers & Structures, 9(5): 489-494.

ROSENBLATT M, 1952. Remarks on a multivariate transformation[J]. Annals of Mathematical Statistics, 23(3): 470-472.

习　　题

3.1 如图 3-9 所示的问题中，固定端弯矩 M_A=10P_C−5P_B（kN·cm），两个集中力相互

独立，$P_B \sim N(10, 1.5^2)$kN，$P_C \sim N(20, 2^2)$kN。A 端抗力服从 $N(2.5, 0.25^2)$kN·m，求梁的可靠度指标。

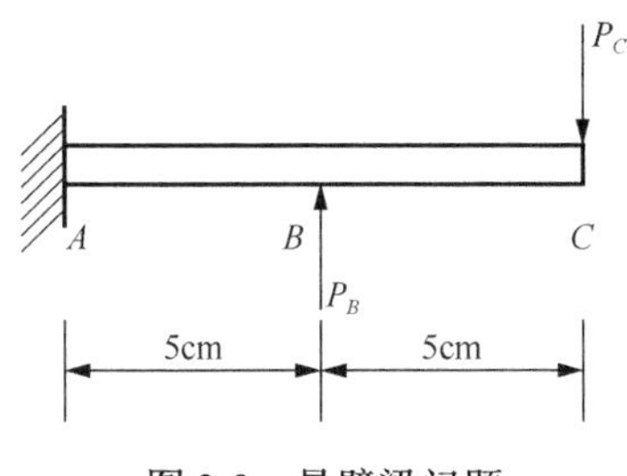

图 3-9　悬臂梁问题

3.2 在习题 3.1 中，A 端抗力表示为屈服应力和抗弯截面系数的乘积 $M_{RA}=YZ$，两者相互独立，$Y \sim N(500, 50^2)$kN/cm^2，$Z \sim N(0.5, 0.02^2)$cm^3，用中心点法求梁的可靠度指标。

3.3 在习题 3.2 中，用迭代法求 β_{HL}。

3.4 $G(\boldsymbol{X})= -X_1+X_2+22 =0$，$X_1 \sim N(20, 2^2)$，$X_2 \sim N(10,1^2)$，求 β 。

3.5 钢梁屈服应力为 $X_1 \sim N(40,5^2)$kN/cm^2，抗弯截面系数为 $X_2 \sim N(50,2.5^2)$cm^3，危险截面弯矩为 $X_3 \sim N(1000,200^2)$kN·cm，求可靠度指标。

3.6 一个矩形截面梁受到弯矩 $M \sim N(40,8^2)$kN·m 和剪力 $V \sim N(150,30^2)$kN 的作用，正应力和切应力计算公式分别为 $S=6M/(bh^2)$，$\tau=3V/(2bh)$，$h=2b$，已知强度 $S_y \sim N(\mu_S,\sigma_S^2)=N(10,1.0)$MPa，$\tau_y \sim N(\mu_\tau,\sigma_\tau^2)=N(4,0.4^2)$MPa。

1）对于正应力和切应力强度条件，中心安全系数均取为 2.0，求尺寸大小及对应的可靠度指标。

2）若 $\rho_{MV}=0.5$，则结果如何？

3.7 在习题 3.6 中，将正应力强度极限和切应力强度极限视为串联系统，功能函数各自独立，求结构系统可靠度。

3.8 证明式（3-37）关系成立。

3.9 结构的极限状态方程为 $Z = g(R,S_1,S_2) = R - S_1 - S_2 = 0$ 。其中，抗力 R、荷载效应 S_1 和荷载效应 S_2 均服从正态分布，其均值和标准差分别为 $\mu_R = 20\text{kN}$ ，$\sigma_R = 2\text{kN}$；$\mu_{S_1} = 10\text{kN}$ ，$\sigma_{S_1} = 1\text{kN}$ ；$\mu_{S_2} = 2\text{kN}$ ，$\sigma_{S_2} = 0.5\text{kN}$ 。求下列 4 种情形下的结构可靠度指标 β：

1）R、S_1 与 S_2 三者相互独立；

2）S_1 与 S_2 的相关系数 $\rho_{S_1S_2} = 0.5$ ，R 独立；

3）R 与 S_1 的相关系数 $\rho_{RS_1} = 0.5$ ，S_2 独立；

4）R、S_1 与 S_2 三者相关，$\rho_{RS_1} = \rho_{RS_2} = \rho_{S_1S_2} = 0.5$ 。

第4章 计算可靠度的数值模拟方法

结构的失效概率表达为多维空间中不规则区域的积分，直接积分方法的可行性很小。在近似方法中，一阶可靠性方法（FORM）应用最成功，但该方法也存在诸多局限，有时得不到所需要的结果。对于复杂的概率分析和计算问题，采样方法是一个强大而通用的方法。其优点是基于仿真试验结果直接获得数值解。由于结构的失效是稀有事件，为准确评估其发生概率，直接采样方法需要巨大的数值仿真成本。将 FORM 等近似方法的部分结果或中间结果与数值仿真技术有机结合的方法、各种经过改进的高效率数值模拟方法，以及将数值仿真与代理模型相结合的方法等，可以大幅提高其应用可行性。数值模拟方法不受分布形式的限制，可以方便地应用于多失效模式问题及复杂极限状态函数问题，其结果常作为分析设计的参考或验证其他方法的基础。

4.1 蒙特卡罗模拟方法

蒙特卡罗模拟（MCS）方法是一种统计试验法（Rubinstein，1981；Fishman，1996），对函数类别及变量的分布类型没有限制。其基本步骤为：①选择随机变量的分布类型；②依据分布特性产生样本集；③针对样本集进行仿真计算。

4.1.1 随机抽样

在抽样时，需要利用落在[0, 1]范围的随机数。有许多产生伪随机数序列的方法。一般地，伪随机数序列是一个相当长的片段，与真实的随机数的差别可忽略。对于任意分布的随机变量X，令其累积分布函数$F_X(x)=r$，r落在[0, 1]范围。反过来，给定一个在[0, 1]范围的数r，通过$F_X^{-1}(r)=x$，可求得对应的随机变量的取值x。

例 4-1 同时投硬币和骰子（骰子的 6 当作无效），其中分别视硬币的正反面为 5 和 0，将二者出现的数相加则可以产生 1～10 的随机数，即硬币的反面与骰子点数形成 1～5 的随机数，硬币的正面与骰子点数形成 6～10 的随机数。

例 4-2 利用由上述方法生成的 10 个随机数，各乘以 0.1 的倍数，得到[0, 1]范围的随机数r。通过关系$\Phi_X^{-1}(r)=x$得到标准正态随机变量的 10 个样本$x_k(k=1,2,\cdots,10)$，结果如下：

1.324385，−0.213170，−0.134479，−1.171356，−1.385263，0.310508，−0.249489，0.503744，−0.892661，1.908512。

样本均值$=0.000731\approx 0$，样本标准差$=1.051994\approx 1$。

4.1.2　MCS 方法

设基本随机变量 $\boldsymbol{X}=\{X_1,X_2,\cdots,X_n\}^{\mathrm{T}}$，功能函数 $G(\boldsymbol{X})\leqslant 0$ 表示失效，$G(\boldsymbol{X})>0$ 表示安全。定义如下状态指示函数：

$$I(\boldsymbol{X})=\begin{cases}1, & \boldsymbol{X}\in\left\{\boldsymbol{X}\middle|G(\boldsymbol{X})\leqslant 0\right\}\\ 0, & 其他\end{cases} \tag{4-1}$$

则函数 $I(\boldsymbol{X})$ 为一离散随机变量，其取值为 0 或 1，结构失效概率可以表示为

$$\begin{aligned}p_{\mathrm{f}}&=\Pr\left\{I(\boldsymbol{X})=1\right\}=1\cdot\Pr\left\{I(\boldsymbol{X})=1\right\}+0\cdot\Pr\left\{I(\boldsymbol{X})=0\right\}\\&=E\left\{I(\boldsymbol{X})\right\}\end{aligned} \tag{4-2}$$

根据概率理论，有

$$E\left\{I(\boldsymbol{X})\right\}=\int I(\boldsymbol{x})f_{\boldsymbol{X}}(\boldsymbol{x})\mathrm{d}\boldsymbol{x}=\int_{G(\boldsymbol{x})\leqslant 0}f_{\boldsymbol{X}}(\boldsymbol{x})\mathrm{d}\boldsymbol{x} \tag{4-3}$$

该结果与原始的失效概率的定义相一致。

根据 $\boldsymbol{X}$ 的概率密度函数 $f_{\boldsymbol{X}}(\boldsymbol{x})$ 生成样本集 $\boldsymbol{x}^{(i)}(i=1,2,\cdots,N)$，计算指示函数 $I(\boldsymbol{x}^{(i)})$，其样本均值为

$$\overline{I(\boldsymbol{X})}=\frac{1}{N}\sum_{i=1}^{N}I(\boldsymbol{x}^{(i)}) \tag{4-4}$$

当 N 取足够大时，上面的样本均值就作为数学期望 $E[I(\boldsymbol{X})]$的近似估计，即

$$p_{\mathrm{f}}\approx\hat{p}_{\mathrm{f}}=\frac{N_{\mathrm{f}}}{N},\quad N_{\mathrm{f}}=\sum_{i=1}^{N}I(\boldsymbol{x}^{(i)}) \tag{4-5}$$

式中，N_{f} 表示发生失效的总的次数。理论上，当 $N\to\infty$时，式（4-5）会给出准确的失效概率 p_{f}。对于有限样本，该估计值含有统计误差。

如式（4-1）所示，每次试验 $I(\boldsymbol{x}^{(i)})$ 只有两种可能的结果（1 或 0），出现 1 的概率为 p_{f}，不出现 1（即出现 0）的概率为 $(1-p_{\mathrm{f}})$。因此，N 次独立抽样等同于 N 重伯努利试验，事件发生（出现 1）的总次数（N_{f}）服从二项分布 $B(N,p_{\mathrm{f}})$，其均值和方差分别为

$$\mu_{N_{\mathrm{f}}}=N\cdot p_{\mathrm{f}},\quad \sigma_{N_{\mathrm{f}}}^2=N\cdot p_{\mathrm{f}}(1-p_{\mathrm{f}}) \tag{4-6}$$

由此得到 $\hat{p}_{\mathrm{f}}(=N_{\mathrm{f}}/N)$ 的均值和方差为

$$\mu_{\hat{p}_{\mathrm{f}}}=\frac{\mu_{N_{\mathrm{f}}}}{N}=p_{\mathrm{f}},\quad \sigma_{\hat{p}_{\mathrm{f}}}^2=\frac{\sigma_{N_{\mathrm{f}}}^2}{N^2}=\frac{p_{\mathrm{f}}(1-p_{\mathrm{f}})}{N} \tag{4-7}$$

$\hat{p}_{\mathrm{f}}$ 的变异系数为

$$\delta_{p_{\mathrm{f}}(\mathrm{MCS})}=\frac{\sigma_{\hat{p}_{\mathrm{f}}}}{\mu_{\hat{p}_{\mathrm{f}}}}=\sqrt{\frac{1-p_{\mathrm{f}}}{N\cdot p_{\mathrm{f}}}} \tag{4-8}$$

关于指示函数，根据样本相互独立和概率理论中的大数定理，存在如下关系：

$$E\left\{\sum_{i=1}^{N}I(\boldsymbol{x}^{(i)})\right\}=E\left\{N\cdot\hat{p}_{\mathrm{f}}\right\}=N\cdot p_{\mathrm{f}}=N\cdot E\left\{I(\boldsymbol{x})\right\} \tag{4-9a}$$

$$\sum_{i=1}^{N}E\left\{I^2(\boldsymbol{x}^{(i)})\right\}=N\cdot E\left\{I^2(\boldsymbol{x})\right\} \tag{4-9b}$$

在 MCS 方法中，根据 $\boldsymbol{X}$ 的概率密度函数 $f_{\boldsymbol{X}}(\boldsymbol{x})$ 生成样本集 $\boldsymbol{x}^{(i)}(i=1,2,\cdots,N)$，相当于生成 N 个结构样本。根据结构分析结果，判定结构是否安全。式（4-5）表明，失效概率定义为达到失效的结构样本数占整个样本的比例，这正是原始 MCS 方法的物理含义。另外，对于实际结构，失效事件是稀有事件。若失效概率的数量级为10^{-4}，则 10000 个样本中，平均得到一个失效样本。要得到较准确的失效概率，样本数至少需要 10^6。因此，原始的 MCS 方法需要巨大的计算成本。

4.1.3 MCS 所需样本数

设总体为 X，抽取 N 个独立同分布的样本 $X^{(i)}(i=1,2,\cdots,N)$，其样本均值为 $Y=[X^{(1)}+X^{(2)}+\cdots+X^{(N)}]/N$，根据数理统计知识，有

$$\begin{cases}\mu_{X^{(1)}}=\mu_{X^{(2)}}=\cdots=\mu_{X^{(N)}}=\mu_Y=\mu_X\\ \sigma^2_{X^{(1)}}=\sigma^2_{X^{(2)}}=\cdots=\sigma^2_{X^{(N)}}=\sigma^2_X，\ \sigma^2_Y=\dfrac{\sigma^2_X}{N}\end{cases} \tag{4-10}$$

如前所述，$I(\boldsymbol{x}^{(i)})(i=1,2,\cdots,N)$ 是从总体 $I(\boldsymbol{X})$ 中得到的样本值。根据式（4-5）可知，样本均值为 $\hat{p}_{\mathrm{f}}$。无论 $I(\boldsymbol{X})$ 服从什么分布，依据式（4-2）、式（4-9a）和式（4-10），可知

$$\mu_{\hat{p}_{\mathrm{f}}}=E\left\{\frac{1}{N}\sum_{i=1}^{N}I\left(\boldsymbol{x}^{(i)}\right)\right\}=E\left\{I\left(\boldsymbol{X}\right)\right\}=p_{\mathrm{f}}，\ \sigma^2_{\hat{p}_{\mathrm{f}}}=\frac{\sigma^2_{I(\boldsymbol{X})}}{N} \tag{4-11}$$

上式说明 $\hat{p}_{\mathrm{f}}$ 是 p_{f} 的无偏估计量。当 N 不是足够大时，失效概率的数值模拟结果具有较大的分散性，其可信度不高。随着 N 的增大，分散趋近于零，如图 4-1 所示。

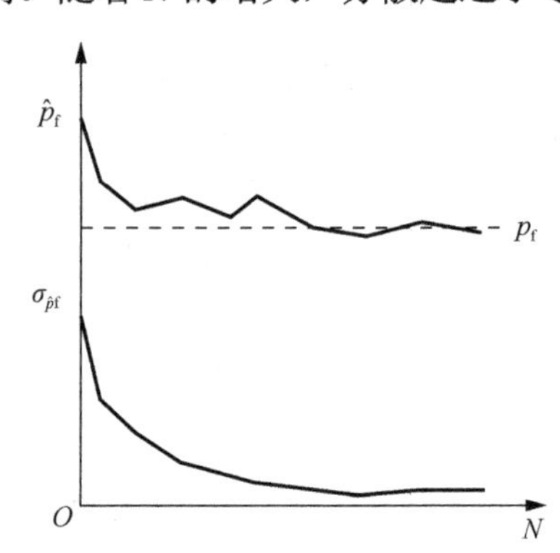

图 4-1 模拟结果随样本数增加而趋于稳定

为保证计算精度，考察运用 MCS 方法所需的样本数。只有当样本足够多，分布参数取值才趋于稳定。根据中心极限定理，随着样本数的增大，样本均值 $\hat{p}_{\mathrm{f}}$ 趋近于正态分布，绝对误差表示为如下形式：

$$\varDelta=\left|\hat{p}_{\mathrm{f}}-p_{\mathrm{f}}\right|\leqslant\frac{u_{\alpha/2}\sigma_{I(\boldsymbol{X})}}{\sqrt{N}}=u_{\alpha/2}\sigma_{\hat{p}_{\mathrm{f}}} \tag{4-12}$$

式中，$u_{\alpha/2}>0$ 为标准正态分布的上 $\alpha/2$ 分位点，即 $\int_{u_{\alpha/2}}^{+\infty}\varphi(x)\mathrm{d}x=\varPhi(-u_{\alpha/2})=\alpha/2$。结合式（4-8），模拟结果的相对误差为

$$\varepsilon = \frac{\Delta}{p_f} = \frac{\Delta}{\mu_{\hat{p}_f}} \leqslant u_{\alpha/2}\delta_{p_f(\mathrm{MCS})} = u_{\alpha/2}\sqrt{\frac{1-p_f}{Np_f}} \tag{4-13}$$

例如，要求相对误差小于 20%，且置信度为 95%（显著性水平 $\alpha = 5\%$，$u_{0.025} = 1.96$），则有

$$u_{0.025}\sqrt{\frac{1-p_f}{Np_f}} \leqslant 0.2 \Rightarrow N \geqslant 96.04 \times \frac{1-p_f}{p_f} \tag{4-14}$$

若 p_f 为 $10^{-3} \sim 10^{-5}$ 量级，则所需样本数 $N = 10^5 \sim 10^7$。

减小 MCS 方法的计算误差，一般有如下两种途径。

1）增加模拟次数，即增大样本数。

2）采用方差缩减技术，即缩减失效概率估计值的方差 $\sigma_{\hat{p}_f}^2$ 或变异系数 $\delta_{p_f(\mathrm{MCS})}$。

例 4-3　对于例 3-7 的问题，利用 MCS 方法求失效概率。

解　在标准正态空间中，极限状态函数为

$$h(\boldsymbol{U}) = 7.5U_1 + 7.5U_2 - 18.9U_3 + 0.375U_1U_2 + 55.5$$

生成一定规模的独立标准正态样本 $\boldsymbol{u}^{(i)} = \{u_1^{(i)}, u_2^{(i)}, u_3^{(i)}\}^{\mathrm{T}}$，利用 MCS 方法，计算失效概率 p_f，结果如表 4-1 所示。随着样本数的增大，模拟结果趋于稳定，变异系数逐步变小。为得到较准确的结果，样本数的大小应该在 10^7 的量级。在例 3-7 中，应用 FORM 得到的结果是 $p_f = 5.027 \times 10^{-3}$，与 MCS 方法的参考值相比，相对误差为 1.2%。

表 4-1　利用 MCS 方法计算失效概率的结果

N	p_f	δ_{p_f}
10^3	1.000×10^{-3}	1.00×10^{0}
10^4	5.100×10^{-3}	1.40×10^{-1}
10^5	5.570×10^{-3}	4.23×10^{-2}
10^6	5.257×10^{-3}	1.38×10^{-2}
10^7	5.087×10^{-3}	4.42×10^{-3}
10^8	5.089×10^{-3}	1.40×10^{-3}

4.2　重要抽样法

由 4.1 节可知，MCS 方法是通过直接随机抽样的方式对结构的可靠度进行模拟，无须任何前期准备和特殊处理。为了减小 MCS 方法的误差，保证可靠度计算结果精确可信，直接 MCS 方法通常需要巨大的样本数。因此，MCS 方法虽然直接、简便，但是其计算效率低，MCS 直接抽样法也称为一般抽样法。

直接 MCS 方法的基本原理如图 4-2 所示，图中的圆心（黑点处）为联合概率密度函数取值最大的点，即最大似然点。该点一般在随机变量的众值处或平均值附近。对随机变量进行直接抽样时，样本点落在最大似然点处的概率最大，所以抽取的样本点大部分落在该点附近。按照结构设计的要求，结构失效为小概率事件，即在设计结构时，要

使最大似然点在可靠域内，且远离失效边界。在这种情况下，模拟中只有少数或极少数（取决于结构失效概率）的样本点落入失效域内。落入失效域的样本点越少，失效概率估计值的不确定性越大，估计的精度越低。为提高模拟精度，就需要增大样本数。

缩减失效概率估计值的方差或变异系数，是提高 MCS 方法精度的重要途径。通过改变随机抽样的中心，使抽取的样本点有较多的机会落在失效域内，从而达到缩减方差的目的，这便是重要抽样（importance sampling，IS）方法的基本原理，如图 4-3 所示（Hohenbichler 和 Rackwitz，1988；Melchers，1989）。

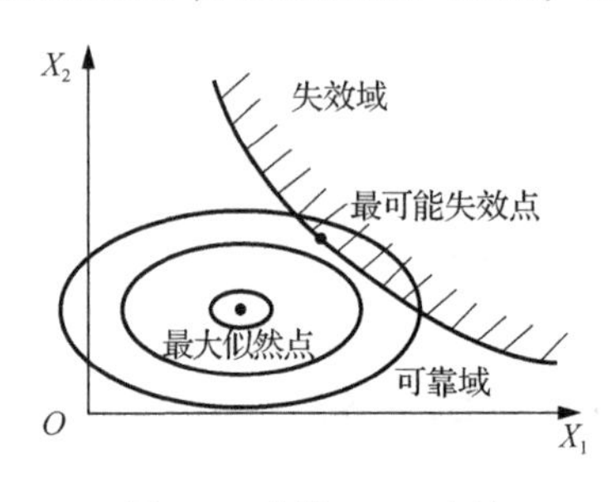

图 4-2　直接 MCS 方法

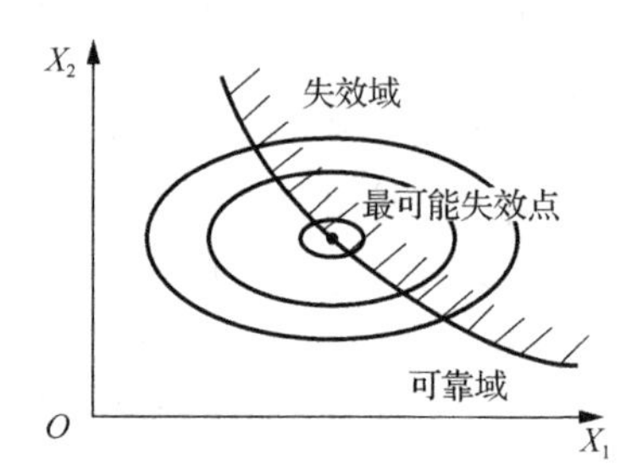

图 4-3　IS 方法

4.2.1　IS 方法的抽样函数

假设 IS 方法中的抽样函数为 $h_X(\boldsymbol{x})$，根据式（4-2）和式（4-3），失效概率可写为

$$p_\mathrm{f}=\int I(\boldsymbol{x})\frac{f_X(\boldsymbol{x})}{h_X(\boldsymbol{x})}h_X(\boldsymbol{x})\mathrm{d}\boldsymbol{x}=E\left\{I(\boldsymbol{X})\frac{f_X(\boldsymbol{X})}{h_X(\boldsymbol{X})}\right\} \tag{4-15}$$

由 N 个样本得到的失效概率估计值为

$$\hat{p}_\mathrm{f}=\frac{1}{N}\sum_{i=1}^{N}I(\boldsymbol{x}^{(i)})\frac{f_X(\boldsymbol{x}^{(i)})}{h_X(\boldsymbol{x}^{(i)})} \tag{4-16}$$

比较式（4-16）与式（4-5）可知，在 IS 方法的失效概率估计值表达式中，指示函数多了一个修正项 $f_X(\boldsymbol{x}^{(i)})/h_X(\boldsymbol{x}^{(i)})$，$\hat{p}_\mathrm{f}$ 仍是一个随机变量。记 $I_\mathrm{im}(\boldsymbol{x})=I(\boldsymbol{x})f_X(\boldsymbol{x})/h_X(\boldsymbol{x})$，求出 $\hat{p}_\mathrm{f}$ 的均值为

$$\begin{aligned}\mu_{\hat{p}_\mathrm{f}}&=E\left\{\frac{1}{N}\sum_{i=1}^{N}I_\mathrm{im}(\boldsymbol{x}^{(i)})\right\}=\frac{1}{N}\cdot N\cdot E\{I_\mathrm{im}(\boldsymbol{x})\}\\&=\int I(\boldsymbol{x})\frac{f_X(\boldsymbol{x})}{h_X(\boldsymbol{x})}h_X(\boldsymbol{x})\mathrm{d}\boldsymbol{x}=p_\mathrm{f}\end{aligned} \tag{4-17}$$

由此可见，$\hat{p}_\mathrm{f}$ 是 p_f 的无偏估计量。利用关系 $I^2(\boldsymbol{x})=I(\boldsymbol{x})$、式（4-9）及样本之间的独立性，经推导，得到 $\hat{p}_\mathrm{f}$ 的方差为

$$\begin{aligned}\sigma_{\hat{p}_\mathrm{f}}^2&=E\{\hat{p}_\mathrm{f}-E(\hat{p}_\mathrm{f})\}^2=E(\hat{p}_\mathrm{f}^2)-p_\mathrm{f}^2=\frac{1}{N^2}E\left\{\sum_{i=1}^{N}I_\mathrm{im}(\boldsymbol{x}^{(i)})\right\}^2-p_\mathrm{f}^2\\&=\frac{1}{N^2}\sum_{i=1}^{N}E\{I_\mathrm{im}(\boldsymbol{x}^{(i)})\}^2+\frac{1}{N^2}\sum_{i=1}^{N}\sum_{j=1,j\neq i}^{N}E\{I_\mathrm{im}(\boldsymbol{x}^{(i)})\cdot I_\mathrm{im}(\boldsymbol{x}^{(j)})\}-p_\mathrm{f}^2\\&=\frac{1}{N}E\{I_\mathrm{im}(\boldsymbol{x})\}^2+\frac{N(N-1)}{N^2}p_\mathrm{f}^2-p_\mathrm{f}^2=\frac{1}{N}\left\{\int I(\boldsymbol{x})\frac{f_X^2(\boldsymbol{x})}{h_X(\boldsymbol{x})}\mathrm{d}\boldsymbol{x}-p_\mathrm{f}^2\right\}\end{aligned} \tag{4-18}$$

得到均值和方差后，即可求出其变异系数 $\delta_{p_{\mathrm{f}}(\mathrm{IS})}=\sigma_{\hat{p}_{\mathrm{f}}}/\mu_{\hat{p}_{\mathrm{f}}}$ 。特别地，取抽样函数 $h_X(\boldsymbol{x})=f_X(\boldsymbol{x})$，则 IS 方法变为 4.1 节的直接 MCS 方法。

由式（4-18）很难判断抽样函数 $h_X(\boldsymbol{x})$ 应该取什么形式，才能使失效概率估计值 $\hat{p}_{\mathrm{f}}$ 的方差减小。如前所述，选择的 $h_X(\boldsymbol{x})$ 应增加所抽取的样本点落入失效域的机会。但是如果选择的 $h_X(\boldsymbol{x})$ 使抽取的绝大部分的样本点落入失效域内，则会适得其反，造成 $\hat{p}_{\mathrm{f}}$ 的方差增大。作为一种直观的想法，可以将抽样中心取在失效域内对结构失效概率贡献最大的点 $\boldsymbol{x}^*$，即最可能失效点，如图 4-3 所示，这样，样本点落在失效域的机会大约是 50%。

确定抽样中心 $\boldsymbol{x}^*$ 的方法有以下两种。

1）通过求解如下优化问题得到：

$$\begin{cases}\max f_X(\boldsymbol{x})\\ \text{s.t.}\ G(\boldsymbol{x})=0\end{cases}\tag{4-19}$$

2）应用一次二阶矩方法求设计验算点，将其作为抽样中心。

一般情况下，上述两种方式得到的结果是非常接近的。解决了抽样中心的问题后，还需要确定抽样函数的形式。一般将正态分布函数选为 $h_X(\boldsymbol{x})$，使得在关键点附近有较大样本密度。另一种选取重要抽样函数 $h_X(\boldsymbol{x})$ 的方法是，将 $f_X(\boldsymbol{x})$ 平移，使其均值落在 $\boldsymbol{x}^*$ 处。研究经验表明，当确定抽样中心 $\boldsymbol{x}^*$ 并选定 $h_X(\boldsymbol{x})$ 后，$f_X(\boldsymbol{x})$ 的函数形式对计算结果不会产生太大的影响。

以最可能失效点 $\boldsymbol{x}^*$ 为中心，通过新的抽样函数 $h_X(\boldsymbol{x})$ 进行抽样时，生成的样本有 50%的可能落入失效域 $G(\boldsymbol{x})<0$ 的区域。与原始 MCS 相比，给定置信度下所需样本数大为减小。例如，对于失效概率为 10^{-3} 的问题，原始 MCS 方法所需样本数大致为 10^5，而在 IS 方法中，为使 100 个样本落入失效域，利用 $h_X(\boldsymbol{x})$ 抽样只需要约 200 个样本。

4.2.2　特殊形式的抽样函数

针对某些具体问题，利用经验或大致判断，事先将可以确认的安全域（也称为可靠域）排除掉，然后进行抽样，则相应的计算效率就会大大提高。重点抽样的排除区域如图 4-4 所示，在独立标准正态空间中，假设设计验算点 $\boldsymbol{u}^*$ 已知，极限状态方程曲线为凸时，内接圆（超球面）的区域为安全域。当极限状态方程曲线为凹时，切线（超平面）的一侧为安全域。将已经确认的安全域记为 D_0，抽样区域记为 D_1，对于二维问题［图 4-4（a）］，根据 χ^2 分布函数，落在安全域内的概率由下式计算（室津義定等，1996）：

$$\begin{cases}p_{\mathrm{s}0}=\chi^2_{(2)}\left(\beta^2\right)=\int_0^{\beta^2}\dfrac{1}{2}\exp\left(-\dfrac{t}{2}\right)\mathrm{d}t=1-\exp\left(-\dfrac{\beta^2}{2}\right)\\ \chi^2_{(n)}(r)=\int_0^r 2^{-\frac{n}{2}}\left[\Gamma\left(\dfrac{n}{2}\right)\right]^{-1}t^{\frac{n}{2}-1}\exp\left(-\dfrac{t}{2}\right)\mathrm{d}t,\ \ \Gamma(1)=1\end{cases}\tag{4-20}$$

对于图 4-4（b），落在安全域的概率为

$$p_{s0}=\Phi(\beta)=\frac{1}{\sqrt{2\pi}}\int_{-\infty}^{\beta}\exp\left(-\frac{t^2}{2}\right)\mathrm{d}t \tag{4-21}$$

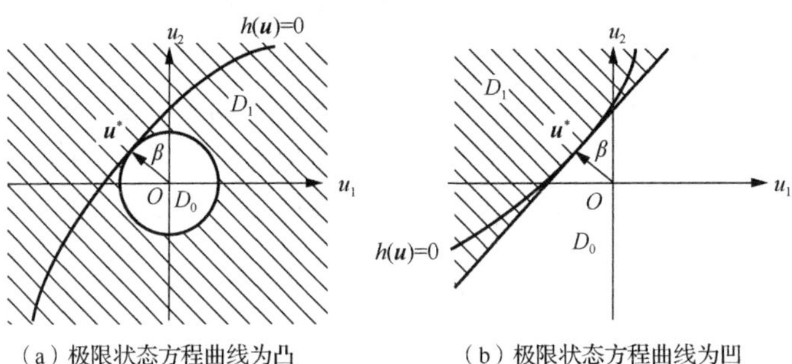

（a）极限状态方程曲线为凸 （b）极限状态方程曲线为凹

图 4-4 重点抽样的排除区域

将安全区域排除之后，对随机变量的密度函数做如下修正，在抽样区，抽样函数修正为

$$h_{\boldsymbol{X}}(\boldsymbol{x})=\frac{f_{\boldsymbol{X}}(\boldsymbol{x})}{1-p_{s0}} \tag{4-22}$$

而在排除区域，令其密度函数为 0，即将原始的抽样区域进行切割处理，并对密度函数进行修正，以满足归一化条件。如此一来，样本落入失效区域的可能性增大，进而可提升模拟计算的效率。需要注意的是，此处以 $h_{\boldsymbol{X}}(\boldsymbol{x})$ 代替 $f_{\boldsymbol{X}}(\boldsymbol{x})$ 进行抽样得到的模拟结果，是限定抽样区域的条件概率，与最终的失效概率之间存在以下关系（注意到 $p_{\mathrm{f}|D_0}=0$）：

$$\begin{aligned}p_{\mathrm{f}|D_1}&=E\{I(\boldsymbol{X})\}=\int I(\boldsymbol{x})h_{\boldsymbol{X}}(\boldsymbol{x})\mathrm{d}\boldsymbol{x}\\&=\frac{1}{1-p_{s0}}\int_{G(\boldsymbol{x})\leqslant 0}f_{\boldsymbol{X}}(\boldsymbol{x})\mathrm{d}\boldsymbol{x}=\frac{p_{\mathrm{f}}}{1-p_{s0}}\end{aligned}$$

$$p_{\mathrm{f}}=(1-p_{s0})p_{\mathrm{f}|D_1}=(1-p_{s0})p_{\mathrm{f}|D_1}+p_{s0}\times p_{\mathrm{f}|D_0} \tag{4-23}$$

4.2.3 重要抽样法的实施步骤

在实施重要抽样法时，首先利用一次二阶矩等方法，近似得到设计验算点 $\boldsymbol{u}^*$ 的信息，然后将抽样中心移动到此。在移动抽样中心时，函数 $h_{\boldsymbol{X}}(\boldsymbol{x})$ 的形式通常选择与 $f_{\boldsymbol{X}}(\boldsymbol{x})$ 一致，或选择为正态分布函数，以便于采样和计算。对于具有高度非线性等复杂问题，求解验算点本身是困难的，所得结果的精度也是较差的。尽管如此，通过对设计验算点的初步计算，将抽样中心移到此处，然后进行 MCS 模拟，仍可以较大程度地提高计算效率。利用 IS 方法进行计算的步骤如下。

步骤 1 借助一次二阶矩方法，确定重要抽样中心。

步骤 2 选取新的抽样函数，将重要抽样中心作为其平均值，抽样函数一般选为原来的概率分布函数或正态分布函数。

步骤 3 根据新的抽样函数产生样本。

步骤 4 根据新的指示函数估计结构的失效概率及方差。

4.2.4　应用重要抽样法应注意的问题

1）太平坦或歪斜的函数形式不适合作为 $h_X(\boldsymbol{x})$ 函数。

2）极限状态方程所表示的曲面呈极端凹形时，抽样效率会降低。

3）最可能失效点不易唯一确定。

4）有时存在多个局部 $\boldsymbol{x}^*$ 点。

选择合适的 $h_X(\boldsymbol{x})$ 函数，更像是一门艺术，对于不具有可视性的多维问题更是如此，这是运用 IS 方法的不利之处。

例 4-4　利用 IS 方法计算例 4-3 问题的失效概率 p_{f}。

解　在例 3-7 中，已求出该问题的设计验算点为

$$\boldsymbol{u}^* = \{-0.8612, -0.8612, 2.268\}$$

由标准正态变量样本得到相应的修正后随机样本，即

$$u_j^{(i)} = u_{0j}^{(i)} + u_j^* \quad (j = 1,2,3)$$

根据抽样公式，得到表 4-2 所示的模拟结果。与原始 MCS 方法相比（表 4-1），效率提升了 100 倍。例如，IS 方法中 $N = 10^5$ 的结果，大致等同于直接 MCS 方法中 $N = 10^7$ 的结果（$p_{\mathrm{f}} = 5.087\times10^{-3}$，$\delta_{p_{\mathrm{f}}} = 4.42\times10^{-3}$）。

表 4-2　IS 方法计算失效概率的结果

N	p_{f}	$\delta_{p_{\mathrm{f}}}$
10^1	4.672×10^{-3}	5.15×10^{-1}
10^2	4.339×10^{-3}	1.77×10^{-1}
10^3	5.231×10^{-3}	5.28×10^{-2}
10^4	5.156×10^{-3}	1.71×10^{-2}
10^5	5.070×10^{-3}	5.43×10^{-3}
10^6	5.073×10^{-3}	1.71×10^{-3}
10^7	5.057×10^{-3}	5.42×10^{-4}

4.3　子集模拟法

方差缩减技术旨在减小 MCS 模拟结果的方差，提高抽样和计算效率，常用的方法除了 4.2 节讲述的 IS 方法外，还有子集模拟（subset simulation，SS）方法。

4.3.1　子集模拟法的基本原理

Au 等首次提出了一种有效计算小失效概率的适应性马尔可夫链蒙特卡罗（Markov chain Monte Carlo，MCMC）方法，即 SS 方法。其基本原理是，通过引入中间失效事件，将小失效概率转化成一系列较大的条件概率的乘积形式（Au 和 Beck，2001；Au 等，2007），说明如下。

子集模拟示意图如图 4-5 所示。令 f 为最终的失效事件，引入一系列中间失效事件 $f_1, f_2, \cdots, f_m$，使得 $f_1 \supset f_2 \supset \cdots \supset f_m = f$。由功能函数 $G(\boldsymbol{x})$ 定义的中间失效事件为 $f_i = \{G(\boldsymbol{x}) \leqslant G_i\}$，其中 G_i 为相应的失效门槛值 $(G_1 > G_2 > \cdots > G_m = 0)$。

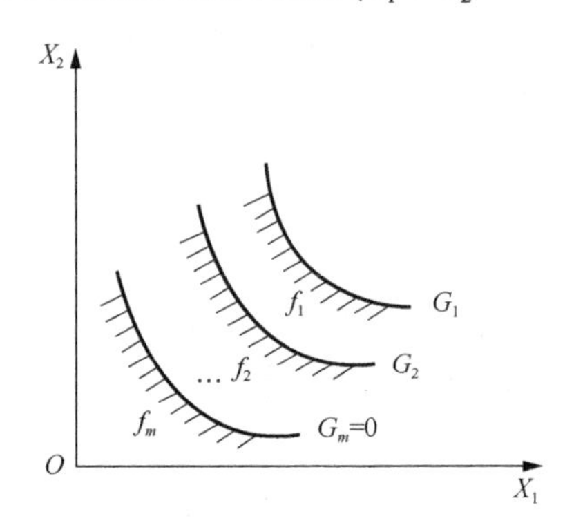

图 4-5 子集模拟示意图

因此，失效概率 p_{f} 可表示为 $\Pr(f_1)$ 与各条件概率的乘积，即

$$p_{\mathrm{f}} = \Pr(f_m) = \Pr(f_m | f_{m-1}) \Pr(f_{m-1}) = \cdots = \Pr(f_1) \prod_{i=1}^{m-1} \Pr(f_{i+1} | f_i) \tag{4-24}$$

记 $p_1 = \Pr(f_1)$，$p_i = \Pr(f_i | f_{i-1})$，$i = 2, \cdots, m$，则式（4-24）可表示如下：

$$p_{\mathrm{f}} = \prod_{i=1}^{m} p_i \tag{4-25}$$

p_1 可由 MCS 方法直接计算得出，即

$$p_1 = \Pr(f_1) = \frac{1}{N_1} \sum_{k=1}^{N_1} I_{f_1}(\boldsymbol{x}_1^{(k)}) \tag{4-26}$$

式中，$x_1^{(k)} (k = 1, \cdots, N_1)$ 为基于概率密度函数 $f_{\boldsymbol{X}}(\boldsymbol{x})$ 的独立同分布的样本，$I_{f1}(\boldsymbol{x}_1^{(k)})$ 为如下指示函数：

$$I_{f_1}(\boldsymbol{x}_1^{(k)}) = \begin{cases} 1, & \boldsymbol{x}_1^{(k)} \in f_1 \\ 0, & \text{其他} \end{cases} \tag{4-27}$$

对于 $i = 1, \cdots, (m-1)$，条件概率 $p_{i+1} = \Pr(f_{i+1} | f_i)$ 的计算方法说明如下。落在失效域 f_i 内的样本满足如下条件：

$$\boldsymbol{x}_i: G(\boldsymbol{x}_i) < G_i \quad (i = 1, 2, \cdots, m-1) \tag{4-28}$$

一般通过自适应方法确定失效门槛 $G_i (i = 1, 2, \cdots, m-1)$，使得每个子集有相等的条件概率 (p_0)。在这个原则下，根据所产生的条件样本确定 G_i 的取值。定义如下条件概率分布（目标分布）：

$$\pi(\boldsymbol{x} | f_i) = f_{\boldsymbol{X}}(\boldsymbol{x}) I_{f_i}(\boldsymbol{x}) / \Pr(f_i) \tag{4-29}$$

由此生成条件样本，并根据条件样本估计条件概率，即

$$p_{i+1} = \Pr(f_{i+1} | f_i) = \frac{1}{N_{i+1}} \sum_{k=1}^{N_{i+1}} I_{f_{i+1}}(\boldsymbol{x}_{i+1}^{(k)}) \tag{4-30}$$

基于式（4-29）抽取样本时，利用 MCMC 方法，以替代效率低下的直接 MCS 方法（Kuschel 和 Rackwitz，1997；2000；吕震宙等，2019）。关于 MCMC 方法原理的注释见 4.5 节，其具体步骤如下。

步骤 1　定义条件概率分布，即式（4-29）。

步骤 2　选择合适的建议分布 $q^*(\varepsilon\,|\,x)$，建议分布控制马尔可夫链过程中一个状态向另一个状态的转移，常选用具有对称性的正态分布或均匀分布。

步骤 3　选取马尔可夫链初始状态 $\boldsymbol{x}_{i+1}^{(0)}$，要求其服从概率分布 $\pi(\boldsymbol{x}\,|\,f_i)$。可依据工程经验或数值方法确定失效域 f_i 中的一点，将其作为 $\boldsymbol{x}_{i+1}^{(0)}$。

步骤 4　由建议分布 $q^*(\varepsilon\,|\,x_{i+1}^{(k-1)})$ 产生备选样本 $\boldsymbol{\varepsilon}$。计算比值 r，即

$$r=\frac{\pi(\boldsymbol{\varepsilon}\,|\,f_i)}{\pi(\boldsymbol{x}_{i+1}{}^{(k-1)}\,|\,f_i)} \tag{4-31}$$

步骤 5　依据 Metropolis-Hastings 算法准则，马尔可夫链的第 k 个状态 $\boldsymbol{x}_{i+1}^{(k)}$ 取值为

$$\boldsymbol{x}_{i+1}^{(k)}=\begin{cases}\boldsymbol{\varepsilon}, & \min(1,r)>\text{rand}[0,1]\\ \boldsymbol{x}_{i+1}^{(k-1)}, & \min(1,r)\leqslant\text{rand}[0,1]\end{cases} \tag{4-32}$$

式中，rand[0, 1]为区间[0, 1]的均匀分布随机数。

步骤 6　重复步骤 4 和步骤 5，产生 N_{i+1} 个马尔可夫链的状态 $\left\{\boldsymbol{x}_{i+1}^{(1)},\boldsymbol{x}_{i+1}^{(2)},\cdots,\boldsymbol{x}_{i+1}^{(N_{i+1})}\right\}$。

在抽取服从分布 $\pi(\boldsymbol{x}\,|\,f_i)$ 的条件样本时，上述 MCMC 方法的效率远高于直接 MCS 方法。若利用 MCS 方法直接抽取，则平均需要 $1\Big/\left(\prod_{j=1}^{i}p_j\right)$ 次抽样才能得到失效域 f_i 内的一个条件样本点。

4.3.2　子集模拟法的计算步骤

结合 MCMC 方法，可以有效抽取服从任意概率分布的条件样本，进而计算相应的条件概率。子集模拟法计算流程如下。

步骤 1　根据概率分布 $f_{\boldsymbol{X}}(\boldsymbol{x})$ 产生 N_1 个独立同分布的蒙特卡罗样本 $\boldsymbol{x}_1^{(k)}(k=1,2,\cdots,N_1)$。

步骤 2　根据极限状态函数计算 N_1 个响应 $G(\boldsymbol{x}):\{G(\boldsymbol{x}_1^{(k)}):k=1,2,\cdots,N_1\}$，并将 $G(\boldsymbol{x})$ 按升序排列，令 $G(\boldsymbol{x})$中第 p_0N_1 个值作为失效门槛 G_1，其中，$p_0=p_1=\Pr(f_1)$ 为预先设定的值。

步骤 3　从失效域 $f_i(i=1,\cdots,m-1)$ 内的 p_0N_i 个样本出发，根据 MCMC 方法产生 $(N_{i+1}-p_0N_i)$ 个服从概率分布为 $\pi(\boldsymbol{x}\,|\,f_i)$ 的条件样本，因此，子集 $i+1$ 共有 N_{i+1} 个样本。令初始迭代时有 $N_{i+1}=N_i$，在每次迭代时 p_0N_{i+1}、$N_{i+1}/(p_0N_i)$ 均为整数，且 $N_{i+1}\geqslant N_i$。

步骤 4　计算 N_{i+1} 个响应 $G(\boldsymbol{x}):\{G(\boldsymbol{x}_{i+1}^{(k)}):k=1,2,\cdots,N_{i+1}\}$，令升序的 $G(\boldsymbol{x})$中第 p_0N_{i+1} 个值作为失效门槛 G_{i+1}，且存在 $\Pr(f_{i+1}\,|\,f_i)=p_0$ 及 $\Pr(f_{i+1})=p_0^{i+1}$。

步骤 5　重复步骤 3 和步骤 4 直至 $G(\boldsymbol{x}_m^{(p_0N_{i+1})})<0$，则令 $G_m=0$，计算第 m 个子集的失效概率 $\Pr(f_m\,|\,f_{m-1})$。

步骤 6 通过式（4-25），将各个子集的条件失效概率 $\Pr(f_{i+1}\,|\,f_i)$ 相乘，得出最后的失效概率，$p_{\mathrm{f}}=\prod_{i=1}^{m}p_i=p_0^{m-1}p_m$。

SS 方法失效概率的变异系数，可通过计算每个子集的变异系数得出，具体推导如下：对于第一个子集 $i=1$，失效概率 $p_1=\Pr(f_1)$ 是根据 MCS 方法计算得到的，其变异系数为

$$\delta_1=\sqrt{\frac{1-p_1}{p_1N_1}} \tag{4-33}$$

对于第 $i(i=2,\cdots,m)$ 个子集，失效概率 p_i 的变异系数可表示为

$$\delta_i=\sqrt{\frac{1-p_i}{p_iN_i}(1+\gamma_i)}\quad (i=2,\cdots,m) \tag{4-34}$$

式中

$$\gamma_i=2\sum_{k=1}^{N_i/N_{ci}-1}\left(1-\frac{kN_{ci}}{N_i}\right)\rho_i(k) \tag{4-35}$$

式中，$\rho_i(k)$ 为相关系数。p_{f} 的变异系数可表示为

$$\delta_{p_{\mathrm{f}}(\mathrm{SS})}=\sqrt{\sum_{i=1}^{m}\delta_i^2} \tag{4-36}$$

对于小失效概率问题，在样本数量相同时，SS 方法得到的失效概率的变异系数远小于 MCS 方法得到的变异系数（Au 和 Beck，2001）$\delta_{p_{\mathrm{f}}(\mathrm{MCS})}=\sqrt{(1-p_{\mathrm{f}})/(N\cdot p_{\mathrm{f}})}$。

例 4-5 利用 SS 方法计算例 4-3 问题的失效概率 p_{f}。

解 应用 SS 方法计算的结果如表 4-3 所示，与直接 MCS 方法的计算结果（表 4-1）相比，在同等精度时，SS 方法的计算效率提升约 10 倍。

表 4-3 SS 方法计算失效概率的结果

N	p_{f}	$\delta_{p_{\mathrm{f}}}$
10^2	5.588×10^{-3}	7.22×10^{-1}
10^3	5.350×10^{-3}	2.23×10^{-1}
10^4	5.244×10^{-3}	7.37×10^{-2}
10^5	5.135×10^{-3}	2.25×10^{-2}
10^6	5.213×10^{-3}	7.11×10^{-3}
10^7	5.072×10^{-3}	2.12×10^{-3}

4.4 代理模型方法

采用方差缩减技术（如 IS、SS），能够有效减小 MCS 的计算量。对于小失效概率、高维复杂极限状态函数和涉及结构分析的问题，应用 MCS 方法及改进的 MCS 方法仍存在计算量过大的问题。

代理模型是一种近似数学模型，也称为响应面模型、近似模型或元模型，通常用以

替代很费时的数值分析。目前已经发展了包括多项式响应面（response surface methodology，RSM）、克里金模型（Kriging model）、径向基函数（radial basis function，RBF）、神经网络（neural network，NN）、支持向量机（support vector machine，SVM）、多项式混沌展开(polynomial chaos expansion,PCE)等多种代理模型方法(韩忠华,2016)。其中，源于地质统计学的 Kriging 模型（Krige，1951）最具代表性，被广泛应用于工程结构的可靠度分析。

4.4.1 Kriging 代理模型

Kriging 代理模型是一种随机过程算法，与其他插值技术相比，Kriging 代理模型有两个方面的优点：①Kriging 代理模型在模拟未知信息时，只需利用估计点附近的某些信息；②由于 Kriging 代理模型具有局部和全局的统计特征，因此该模型可以预测信息的趋势和动态。Kriging 代理模型也称为计算机实验设计与分析（design and analysis of computer experiments，DACE）模型或高斯过程模型。一般地，Kriging 代理模型包含两部分：回归部分和随机部分。基于 k 个 n 维样本点及其对应的响应值 $Y=[G(\boldsymbol{x}_1),G(\boldsymbol{x}_2),\cdots,G(\boldsymbol{x}_k)]^{\mathrm{T}}$ 所建立的 Kriging 代理模型可表示为

$$G(\boldsymbol{x})=\boldsymbol{f}^{\mathrm{T}}(\boldsymbol{x})\boldsymbol{\beta}+z(\boldsymbol{x}) \tag{4-37}$$

式中，$\boldsymbol{f}(\boldsymbol{x})=[f_1(\boldsymbol{x}),f_2(\boldsymbol{x}),\cdots,f_m(\boldsymbol{x})]^{\mathrm{T}}$ 为含 m 个基函数的向量，$\boldsymbol{\beta}=[\beta_1,\beta_2,\cdots,\beta_m]^{\mathrm{T}}$ 为含 m 个回归系数的向量。式（4-37）右边的 $z(\boldsymbol{x})$为均值等于 0、方差等于 σ^2 的稳态高斯过程，其协方差为

$$\mathrm{Cov}(z(\boldsymbol{x}_i),z(\boldsymbol{x}_j))=\sigma^2R(\boldsymbol{x}_i,\boldsymbol{x}_j)\quad(i,j=1,2,\cdots,k) \tag{4-38}$$

任意两个样本点 $\boldsymbol{x}_i$ 和 $\boldsymbol{x}_j$ 的空间相关方程 $R(\boldsymbol{x}_i,\boldsymbol{x}_j)$ 采用如下高斯形式：

$$R(\boldsymbol{x}_i,\boldsymbol{x}_j)=\prod_{l=1}^{n}\exp[-\theta_l(x_{i,l}-x_{j,l})^2] \tag{4-39}$$

式中，$x_{i,l}$ 为向量 $\boldsymbol{x}_i$ 的第 l 个分量；θ_l 为相应的相关性参数，可通过最大似然法确定（Simpson 等，2001）。似然函数及对数似然函数分别表达如下：

$$L(\theta)=(2\pi\sigma^2)^{-\frac{k}{2}}|\boldsymbol{R}|^{-\frac{1}{2}}\exp\left(-\frac{k}{2}\right) \tag{4-40a}$$

$$\ln\left[L(\theta)\right]=-\frac{1}{2}\ln\left(|\boldsymbol{R}|\right)-\frac{k}{2}\ln(\sigma^2)+C \tag{4-40b}$$

式中，$\boldsymbol{R}=[R_{ij}]_{k\times k}$ 为相关矩阵，$R_{ij}=R(\boldsymbol{x}_i,\boldsymbol{x}_j)(i,j=1,2,\cdots,k)$；$C$ 是常数。因此，参数 θ 可以通过以下优化问题求出：

$$\min\ \left\{\frac{1}{2}\ln\left(|\boldsymbol{R}|\right)+\frac{k}{2}\ln(\sigma^2)\right\} \tag{4-41}$$

利用最小二乘法，可以得到如下 Kriging 代理模型的回归系数，以及高斯过程方差的估计值：

$$\hat{\boldsymbol{\beta}}=(\boldsymbol{F}^{\mathrm{T}}\boldsymbol{R}^{-1}\boldsymbol{F})^{-1}\boldsymbol{F}^{\mathrm{T}}\boldsymbol{R}^{-1}\boldsymbol{Y} \tag{4-42}$$

$$\hat{\sigma}^2=\frac{1}{k}(\boldsymbol{Y}-\boldsymbol{F}\hat{\boldsymbol{\beta}})^{\mathrm{T}}\boldsymbol{R}^{-1}(\boldsymbol{Y}-\boldsymbol{F}\hat{\boldsymbol{\beta}}) \tag{4-43}$$

式中，$\boldsymbol{F}=[F_{ij}]_{k\times m}$，$F_{ij}=f_j(\boldsymbol{x}_i)(i=1,2,\cdots,k,\ j=1,2,\cdots,m)$。

对于任意未知点 $\boldsymbol{x}_0$，其函数预测值 $\hat{G}(\boldsymbol{x}_0)$ 服从正态分布 $N(\mu_{\hat{G}}(\boldsymbol{x}_0),\sigma_{\hat{G}}^2(\boldsymbol{x}_0))$，最佳线性无偏估计 $\mu_{\hat{G}}(\boldsymbol{x}_0)$ 及均方误差（即 Kriging 方差 $\sigma_{\hat{G}}^2(\boldsymbol{x}_0)$）可表示为

$$\mu_{\hat{G}}(\boldsymbol{x}_0)=\boldsymbol{f}^{\mathrm{T}}(\boldsymbol{x}_0)\hat{\boldsymbol{\beta}}+\boldsymbol{r}_0^{\mathrm{T}}\boldsymbol{R}^{-1}(\boldsymbol{Y}-\boldsymbol{F}\hat{\boldsymbol{\beta}}) \tag{4-44}$$

$$\sigma_{\hat{G}}^2(\boldsymbol{x}_0)=\hat{\sigma}^2(1+\boldsymbol{u}^{\mathrm{T}}(\boldsymbol{F}^{\mathrm{T}}\boldsymbol{R}^{-1}\boldsymbol{F})^{-1}\boldsymbol{u}-\boldsymbol{r}_0^{\mathrm{T}}\boldsymbol{R}^{-1}\boldsymbol{r}_0) \tag{4-45}$$

式中，$\boldsymbol{r}_0=[R(\boldsymbol{x}_0,\boldsymbol{x}_1),R(\boldsymbol{x}_0,\boldsymbol{x}_2),\cdots,R(\boldsymbol{x}_0,\boldsymbol{x}_k)]^{\mathrm{T}}$ 为预测点 $\boldsymbol{x}_0$ 与所有 k 个样本 $\boldsymbol{x}_1,\boldsymbol{x}_2,\cdots,\boldsymbol{x}_k$ 之间的相关系数向量，$\boldsymbol{u}=\boldsymbol{F}^{\mathrm{T}}\boldsymbol{R}^{-1}\boldsymbol{r}_0-\boldsymbol{f}(\boldsymbol{x}_0)$。方差 $\sigma_{\hat{G}}^2(\boldsymbol{x}_0)$ 常用于评估 $\boldsymbol{x}_0$ 处预测值的误差，也是主动学习方法的基本依据。

4.4.2 主动学习 Kriging 代理模型

在利用 Kriging 代理模型代替真实的功能函数时，为了保证结果的精度，需要大量的样本点，计算效率比较低。主动学习方法的原理是，首先建立成本不太高的初始代理模型，然后通过学习函数选择最优样本点，用于不断更新 Kriging 代理模型，循环迭代直至满足精度要求。通过引入主动学习方法，基于较少的样本就能构造出精度较好的 Kriging 代理模型，大大提高了计算效率。有各种不同的学习函数用于代理模型的建模，下面介绍其中的两种。

1. 高效全局优化（efficient global optimization，EGO）方法

用于复杂函数优化的 EGO 方法最早由 Jones 等提出（Jones 等，1998），后应用于可靠性分析计算，其原理是将函数表示为随机过程模型，采用期望改进（expected improvement，EI）指标评价样本点对随机过程的改善程度，最大 EI 对应的样本点用于更新随机过程，从而逐步找出函数极值。

令 n 个初始样本对应的系统响应为 $G^{(1)},G^{(2)},\cdots,G^{(n)}$，且 $G_{\min}=\min(G^{(1)},G^{(2)},\cdots,G^{(n)})$ 为最小值。基于 $G_{\min}$，定义点 $\boldsymbol{x}$ 对函数的改善程度，即

$$I(\boldsymbol{x})=\max(G_{\min}-\hat{G}(\boldsymbol{x}),0) \tag{4-46}$$

式中，$\hat{G}(\boldsymbol{x})\sim N(\mu_{\hat{G}}(\boldsymbol{x}),\sigma_{\hat{G}}^2(\boldsymbol{x}))$，$\mu_{\hat{G}}(\boldsymbol{x})$ 和 $\sigma_{\hat{G}}(\boldsymbol{x})$ 分别表示点 $\boldsymbol{x}$ 处 Kriging 代理模型的预测均值和标准差。式（4-46）中 $I(\boldsymbol{x})$的期望可表示为

$$\begin{aligned}E\{I(\boldsymbol{x})\}&=E\left\{\max(G_{\min}-\hat{G}(\boldsymbol{x}),0)\right\}\\&=(G_{\min}-\mu_{\hat{G}}(\boldsymbol{x}))\Phi\left(\frac{G_{\min}-\mu_{\hat{G}}(\boldsymbol{x})}{\sigma_{\hat{G}}(\boldsymbol{x})}\right)+\sigma_{\hat{G}}(\boldsymbol{x})\phi\left(\frac{G_{\min}-\mu_{\hat{G}}(\boldsymbol{x})}{\sigma_{\hat{G}}(\boldsymbol{x})}\right)\end{aligned} \tag{4-47}$$

式中，$\Phi(\cdot)$和 $\phi(\cdot)$ 分别表示标准正态分布的累积分布函数及概率密度函数。定义最大 $E\{I(\boldsymbol{x})\}$ 对应的点为最佳样本点，即

$$\boldsymbol{x}^{\mathrm{b}}=\arg\left\{\max_{\boldsymbol{x}}\left[E(I(\boldsymbol{x}))\right]\right\} \tag{4-48}$$

计算点 $\boldsymbol{x}^{\mathrm{b}}$ 处的真实功能函数值 G^{b}，将数据 $(\boldsymbol{x}^{\mathrm{b}},G^{\mathrm{b}})$ 加入初始实验设计集，更新 Kriging 代理模型，重新计算 $E[I(\boldsymbol{x})]$，直至满足条件 $\max\{E[I(\boldsymbol{x})]\}\leqslant 0.001$。由于 EGO 方法在迭代时基于当前全局最小值，因此，在全局最优附近随机过程的拟合比较精确。利用 EGO 方法构建代理模型并计算可靠度的步骤如下。

步骤 1　定义初始实验设计集 $\boldsymbol{D}$，根据输入随机变量产生 N 组样本点 $\boldsymbol{X}_m$。

步骤 2　基于已有的数据集 $\boldsymbol{D}$，构建 Kriging 代理模型。

步骤 3　计算 $E[I(\boldsymbol{x})]$，并找出最大值 $\max\{E[I(\boldsymbol{x})]\}$。

步骤 4　若 $\max\{E[I(\boldsymbol{x})]\}\leqslant 0.001$，迭代结束，计算可靠度；反之，继续步骤 5。

步骤 5　计算最佳样本点 $\boldsymbol{x}^{\mathrm{b}}$ 的真实功能函数值 G^{b}，并将新的数据 $(\boldsymbol{x}^{\mathrm{b}},G^{\mathrm{b}})$ 加入 $\boldsymbol{D}$，回到步骤 2。

2. *U* 函数

由于 EGO 方法关注的是结构响应的全局极值，而不是在极限状态附近寻找最佳样本点，因此，该方法有时难以准确地计算可靠度。之后，Echard 等提出 U 函数方法，即采用类似可靠度指标的学习函数 U 来评价点 $\boldsymbol{x}$ 处的不确定性（Echard 等，2011），即

$$U(\boldsymbol{x})=\frac{\left|\mu_{\hat{G}}(\boldsymbol{x})\right|}{\sigma_{\hat{G}}(\boldsymbol{x})} \tag{4-49}$$

在可靠度分析中，蒙特卡罗样本点分为两类：安全（即功能函数为正）和失效（即功能函数为负），$\Phi(U(\boldsymbol{x}))$表示将样本点 $\boldsymbol{x}$ 正确分类的概率。当 $U(\boldsymbol{x})$越小时，意味着 $\hat{G}(\boldsymbol{x})$ 趋近 0 或 $\sigma_{\hat{G}}(\boldsymbol{x})$ 很大（即点 $\boldsymbol{x}$ 的不确定性大），判定样本点是否落在安全区域有非常大的不确定性，这样的点被视为潜在的“危险点”，学习函数 U 是在极限状态附近及 Kriging 方差较大的区域寻找最佳样本点。在 U 函数方法中，最佳样本点定义为最小 $U(\boldsymbol{x})$对应的点，即

$$\boldsymbol{x}^{\mathrm{b}}=\arg\left\{\min_{\boldsymbol{x}}(U(\boldsymbol{x}))\right\} \tag{4-50}$$

基于 U 函数的代理模型构建步骤如下。

步骤 1　定义初始实验设计集 $\boldsymbol{D}$，根据输入随机变量产生 N 组样本点 $\boldsymbol{X}_m$。

步骤 2　基于已有的数据集 $\boldsymbol{D}$，构建 Kriging 代理模型。

步骤 3　基于 DACE 工具箱计算 $U(\boldsymbol{x})$，并找出最小值 $\min(U(\boldsymbol{x}))$。

步骤 4　若 $\min(U(\boldsymbol{x}))\geqslant 2$，则算法结束，计算可靠度；反之，继续步骤 5。

步骤 5　计算最佳样本点 $\boldsymbol{x}^{\mathrm{b}}$ 处的函数值 G^{b}，并将新的数据 $(\boldsymbol{x}^{\mathrm{b}},G^{\mathrm{b}})$ 加入 $\boldsymbol{D}$，回到步骤 2。

主动学习的 Kriging 代理模型，可简化表示为 AK（active Kriging）。将其与 MCS、IS 及 SS 相结合，分别形成 AK-MCS、AK-IS 及 AK-SS 等方法。

4.4.3 AK-MCS

为了提高模拟计算的效率，Echard 等考虑采用 Kriging 代理模型来近似真实功能函

数，并通过主动学习的方法来更新 Kriging 代理模型。一旦得到更新后的 Kriging 代理模型，就可利用 MCS 进行可靠度分析，此时无须额外的原函数计算。将 AK 与 MCS 相结合的方法简记为 AK-MCS。应用 AK-MCS 方法（Echard 等，2011）时的具体步骤如下。

步骤 1 产生 N 个服从分布函数为 $f_{\boldsymbol{X}}(\boldsymbol{x})$ 的 MCS 样本 $\boldsymbol{x}^{(i)}=[x_1^{(i)},\cdots,x_n^{(i)}]^{\mathrm{T}}\ (i=1,\cdots,N)$，其中 n 为随机变量的个数。

步骤 2 定义实验设计点。在设计空间产生 N_0 个拉丁超立方抽样（Latin hypercube sampling，LHS）样本点，并计算各样本点处的功能函数值 $G(\boldsymbol{x})$，建立初始实验设计集（design of experiment，DoE）。

步骤 3 根据 DoE 构建 Kriging 代理模型。建模时利用 MATLAB 软件中的 DACE 工具箱（Lophaven 等，2002），相关模型选为高斯方程。

步骤 4 判断学习停止的条件。当满足停止条件时，终止主动学习过程；反之，在初始 MCS 样本群里选择最优点 $\boldsymbol{x}^{\mathrm{b}}$，计算 $\boldsymbol{x}^{\mathrm{b}}$ 处的真实功能函数值，将点 $(\boldsymbol{x}^{\mathrm{b}},G(\boldsymbol{x}^{\mathrm{b}}))$ 加入 DoE，即 $N_0\to N_0+1$，DoE 逐步扩充，最终得到满足精度要求的 Kriging 代理模型。

步骤 5 基于上述 Kriging 代理模型，利用 MCS 方法计算失效概率 p_{f}。

基于 Kriging 代理模型得到 MCS 样本 $\boldsymbol{x}^{(i)}=[x_1^{(i)},\cdots,x_n^{(i)}]^{\mathrm{T}}(i=1,\cdots,N)$ 处的预测均值 $\mu_{\hat{G}}(\boldsymbol{x}^{(i)})$，于是 Kriging 分类指示函数表示为

$$\hat{I}(\boldsymbol{x}^{(i)})=\begin{cases}1, & \mu_{\hat{G}}(\boldsymbol{x}^{(i)})\leqslant 0\\ 0, & \text{其他}\end{cases}\tag{4-51}$$

将式（4-5）中的状态指示函数 $I(\boldsymbol{x}^{(i)})$ 替换为 Kriging 分类指示函数 $\hat{I}(\boldsymbol{x}^{(i)})$，则可以预测失效概率 $p_{\mathrm{f}}\approx\hat{p}_{\mathrm{f}}$。

步骤 6 计算 MCS 的变异系数 $\delta_{p_{\mathrm{f(MCS)}}}$，如式（4-8）所示。若 $\delta_{p_{\mathrm{f(MCS)}}}\leqslant 5\%$，AK-MCS 方法结束，输出失效概率。若 $\delta_{p_{\mathrm{f(MCS)}}}>5\%$，则扩充 N 个新的 MCS 样本点，AK-MCS 方法返回步骤 4，继续主动学习，直至满足停止条件。

4.4.4 AK-IS

实际工程中，结构的失效通常是小概率事件，而 IS 方法能够有效处理小失效概率问题。因此，Echard 等在 AK-MCS 方法的基础上提出了一种求解小失效概率问题的高效方法，也就是 AK-IS 方法（Echard 等，2013）。AK-IS 方法的计算流程图如图 4-6 所示。这个方法主要包含如下步骤。

步骤 1 构造重要抽样函数。借助 FORM（3.2.3 节或 3.2.4 节），迭代计算确定设计点 $\boldsymbol{x}^*$（即重要抽样中心），然后将原始抽样函数 $f_{\boldsymbol{X}}(\boldsymbol{x})$ 平移到 $\boldsymbol{x}^*$ 处构造重要抽样函数 $h_{\boldsymbol{X}}(\boldsymbol{x})$。

步骤 2 利用抽样函数 $h_{\boldsymbol{X}}(\boldsymbol{x})$ 产生 N 个 IS 样本 $\boldsymbol{x}^{(i)}=[x_1^{(i)},\cdots,x_n^{(i)}]^{\mathrm{T}}(i=1,\cdots,N)$，其中 n 为随机变量的个数。

步骤 3 定义实验设计点，即步骤 1 中进行迭代计算所用到的样本点（FORM 试验点，数目为 N_0），利用 N_0 组 FORM 试验点和对应各点处的功能函数值，建立初始 DoE。

步骤 4　根据 DoE 构建 Kriging 代理模型。建模时利用 MATLAB 软件中的 DACE 工具箱，相关模型选为各向异性平方指数函数。

步骤 5　判断学习停止条件。当满足停止条件时，终止主动学习过程；反之，在初始 IS 样本群里选择最优点 $\boldsymbol{x}^{\mathrm{b}}$，计算 $\boldsymbol{x}^{\mathrm{b}}$ 处的真实功能函数值，将点 $(\boldsymbol{x}^{\mathrm{b}},G(\boldsymbol{x}^{\mathrm{b}}))$ 加入 DoE，即 $N_0 \to N_0+1$，DoE 逐步扩充，直至得到满足精度要求的 Kriging 代理模型。

步骤 6　基于上述 Kriging 代理模型，利用 IS 方法计算失效概率 p_{f}，基于 Kriging 代理模型得到 IS 样本 $\boldsymbol{x}^{(i)}=[x_1^{(i)},\cdots,x_n^{(i)}]^{\mathrm{T}}(i=1,\cdots,N)$ 处的预测均值 $\mu_{\hat{G}}(\boldsymbol{x}^{(i)})$，以及 Kriging 分类指示函数式（4-51）。将式（4-16）中的状态指示函数 $I(\boldsymbol{x}^{(i)})$ 替代为 Kriging 分类指示函数，得到失效概率的预测值 $p_{\mathrm{f}} \approx \hat{p}_{\mathrm{f}}$。

步骤 7　计算 IS 的变异系数 $\delta_{p_{\mathrm{f(IS)}}}=\sigma_{\hat{p}_{\mathrm{f}}}/\mu_{\hat{p}_{\mathrm{f}}}$。若 $\delta_{p_{\mathrm{f(IS)}}}\leqslant 5\%$，则 AK-IS 方法结束，输出失效概率；若 $\delta_{p_{\mathrm{f(IS)}}}>5\%$，则增加 N 个新的 IS 样本点，AK-IS 方法返回步骤 5，继续主动学习，直至满足停止条件。

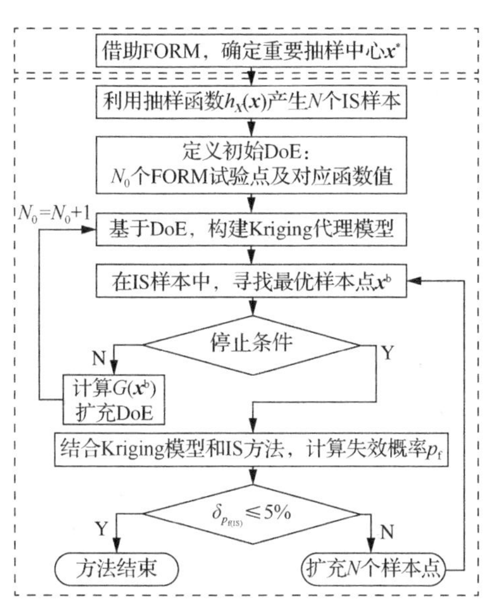

图 4-6　AK-IS 方法的计算流程图

值得注意的是，AK-IS 方法和 AK-MCS 方法的基本流程一致，不同点在于：AK-IS 方法需要先构造重要抽样函数 $h_X(\boldsymbol{x})$，然后利用抽样函数 $h_X(\boldsymbol{x})$ 产生 IS 样本；而 AK-MCS 方法则直接利用原抽样函数 $f_X(\boldsymbol{x})$ 产生 MCS 样本。

AK-IS 方法流程的关键步骤是：借助一次二阶矩方法（如 FORM）确定重要抽样中心 $\boldsymbol{x}^*$；在重要抽样中心 $\boldsymbol{x}^*$ 附近产生样本点，并对重要抽样样本点 $\boldsymbol{x}^{(i)}=[x_1^{(i)},\cdots,x_n^{(i)}]^{\mathrm{T}}$ $(i=1,\cdots,N)$ 进行分类。利用 FORM 确定的验算点 $\boldsymbol{x}^*$ 并不需要非常准确，通过少数的几次迭代，使得抽样中心 $\boldsymbol{x}^*$ 落在失效域内即可。

4.4.5 AK-SS

AK-SS 方法的原理是，以 AK 模型代替真实的功能函数，结合 SS 方法计算失效概率（Huang 等，2016）。首先，在设计空间内，通过 LHS 抽取实验设计点，构建 Kriging 代理模型。其次，结合 SS 算法和 Kriging 代理模型求解可靠度。计算流程如下。

步骤 1　产生 N 个服从分布函数为 $f_X(\boldsymbol{x})$ 的 MCS 样本 $\boldsymbol{x}^{(i)}=[x_1^{(i)},\cdots,x_n^{(i)}]^{\mathrm{T}}$ $(i=1,\cdots,N)$，其中 n 为随机变量的个数。

步骤 2　定义实验设计点。在设计空间产生 N_0 个 LHS 样本点，并计算各样本点处的功能函数值 $G(\boldsymbol{x})$，得到初始 DoE。

步骤 3　根据 DoE 构建 Kriging 代理模型。建模时利用 MATLAB 软件中的 DACE 工具箱，相关模型选为高斯方程。

步骤 4　判断学习停止条件。当满足停止条件时，终止主动学习过程；反之，在初始 MCS 样本中选择最优点 $\boldsymbol{x}^{\mathrm{b}}$，计算 $\boldsymbol{x}^{\mathrm{b}}$ 处的真实功能函数值，将点 $(\boldsymbol{x}^{\mathrm{b}},G(\boldsymbol{x}^{\mathrm{b}}))$ 加入 DoE，即 $N_0\to N_0+1$，逐步扩充 DoE，最终得到满足精度要求的 Kriging 代理模型。

步骤 5　基于上述 Kriging 代理模型，结合子集模拟方法计算失效概率 p_{f}。

步骤 6　计算 SS 的变异系数 $\delta_{p_{\mathrm{f(SS)}}}$，如式（4-36）所示。若 $\delta_{p_{\mathrm{f(SS)}}}\leqslant 5\%$，则 AK-SS 方法结束，输出失效概率；若 $\delta_{p_{\mathrm{f(SS)}}}>5\%$，则增加 N 个新的 MCS 样本点，AK-SS 方法返回步骤 4，继续主动学习，直至满足停止条件。

与 AK-MCS 类似，AK-SS 是利用 DACE 工具箱来构建和更新代理模型的。在计算小概率问题时，AK-MCS 的计算量增大，而 AK-SS 则是将小概率表达为多个较大概率的乘积形式。此外，在样本数量相同的条件下，$\delta_{p_{\mathrm{f(SS)}}}$ 远小于 $\delta_{p_{\mathrm{f(MCS)}}}$，AK-SS 所需的主动学习迭代次数较少。因此，与 AK-MCS 相比，AK-SS 所需的函数调用次数较少。

例 4-6　分别利用 AK-MCS 方法、AK-IS 方法和 AK-SS 方法计算例 4-3 问题的失效概率 p_{f}。

解　采用 4.4.2 节中的 U 函数作为学习函数，分别应用 AK-MCS 方法、AK-IS 方法和 AK-SS 方法进行计算，其结果列于表 4-4，表中同时列出 MCS 方法、IS 方法和 SS 方法的结果。

表 4-4　不同方法的计算结果

方法	p_{f}	N_{call}	$\delta_{p_{\mathrm{f}}}$	ε/%
MCS	5.089×10^{-3}	10^8	1.40×10^{-3}	—
IS	5.057×10^{-3}	10^7	5.42×10^{-4}	0.628
SS	5.072×10^{-3}	10^7	2.12×10^{-3}	0.334
AK-MCS	5.132×10^{-3}	31	4.37×10^{-2}	0.844
AK-IS	5.063×10^{-3}	46	1.72×10^{-2}	0.510
AK-SS	5.075×10^{-3}	35	4.56×10^{-2}	0.275

在 MCS 方法、IS 方法和 SS 方法中，极限状态函数的调用次数为模拟次数或抽样数目，即 $N_{\mathrm{call}}=N$。在 AK-MCS 方法、AK-IS 方法和 AK-SS 方法中，函数调用次数等

于构建代理模型所需的样本数，即 $N_{\text{call}} = N_0$。由表 4-4 中的结果可以看出，基于 AK 模型的 3 种方法（AK-MCS、AK-IS 和 AK-SS）在满足变异系数小于 5%，并保证可靠度计算精度的同时，其计算效率大幅提高。

4.4.6　其他代理模型方法

利用代理模型进行结构可靠性分析时，初始实验设计点 DoE 及随后添加的样本对代理模型的近似质量有决定性的影响。添加什么样的样本是基于某种学习函数来确定的，合理选择学习函数可以显著改善可靠性分析的收敛速度和准确性。开发学习函数的核心是找到一个具有以下特征的新样本：①接近极限状态；②具有高不确定性；③同时具有以上两个特征。即要求新样本具有 FORM 中最有可能失效点 MPP 的特征。

由 Jing 等提出的 RBF-GA 方法，是一种结合 RBF 和遗传算法（genetic algorithm，GA）的可靠性分析方法（Jing 等，2019）。该方法的特点是，采用 RBF 构建极限状态函数（limit state function，LSF）的近似代理模型。由 LHS 生成初始实验设计点 DoE，并构建初始代理模型。采用 GA 搜索基于代理模型的“潜在”MPP 点，将其添加到 DoE 以更新代理模型。最后，通过 MCS 评估失效概率。基于代理模型的潜在 MPP 提供了关于失效的重要信息，且落在真实 MPP 点的附近，在样本密度增大的过程中，施加动态距离约束，使得真实 MPP 点周围重要和次重要区域的样本可以保持相对均匀的分布，进而提高代理模型的更新效率。

例 4-7　考虑如下极限状态函数，计算对应的失效概率：

$$H(U_1,U_2) = 0.5(U_1-2)^2 - 1.5(U_2-5)^3 - 3$$

其中两个独立的随机变量 U_1 和 U_2 服从标准正态分布。

解　独立运行 MCS 100 次得到基准平均失效概率，并且满足变异系数 δ_{p_f} 小于 5% 的条件。然后，使用 RBF-GA 估计 3 次失效概率 p_f，分别标记为案例 1、2 和 3。3 次估计的初始样本点数不同而其他参数相同，在每个案例中，N_{call} 定义为性能函数调用次数，它是初始 DoE 个数与后续添加样本数之和。从表 4-5 所示的结果可以看出，RBF-GA 的精度及效率与基于 AK 模型的 3 种方法（AK-MCS、AK-IS 和 AK-SS）相当，且具有较好的鲁棒性（变异系数较小）。

表 4-5　可靠性分析结果

方法		N_{call}	p_f	ε/%	δ_{p_f}/%
MCS（100 次均值）		5×10^7	2.869×10^{-5}	—	2.64
AK-MCS		27	2.880×10^{-5}	1.05	9.40
AK-IS		26	2.860×10^{-5}	0.7	2.39
AK-SS		19	2.850×10^{-5}	0	9.76
RBF-GA	案例 1	12+5=17	2.878×10^{-5}	0.31	2.64
	案例 2	11+9=20	2.878×10^{-5}	0.31	2.64
	案例 3	13+6=19	2.828×10^{-5}	1.42	2.66

在结构可靠性分析中，关于 MCS 数值模拟方法及相应的改进方法，仍面临许多挑战性问题，如多维问题下失效概率的准确评估、复杂极限状态函数下的计算效率和精度、时间相关可靠性分析等。对单一极限状态函数问题，通常 IS 方法是最为有效的方法。当涉及复杂的结构分析时，基于代理模型的方法是首选，如 AK-MCS、AK-IS、AK-SS 和 RBF-GA 等。这类方法适用于维数不太高，极限状态函数形式较规整的情形。针对高维和复杂的实际工程问题，构建代理模型本身是一个十分棘手的问题，有待进一步研究。

4.5 关于 MCMC 方法原理的注释

4.5.1 接受-拒绝采样方法

采样方法是数值模拟计算中的一种通用方法。若概率密度函数 $p(x)$很复杂或很特别，由 $p(x)$直接采样（抽样）有困难，则可以利用接受-拒绝采样方法。如图 4-7 所示，针对函数 $p(x)$，设定一个容易采样的分布 $q(x)$和常量 k，使得 $p(x)$总在 $kq(x)$的下方。其中，$q(x)$称为建议分布（proposal distribution），可以将高斯分布、均匀分布等具有对称性且容易采样的分布选作建议分布。

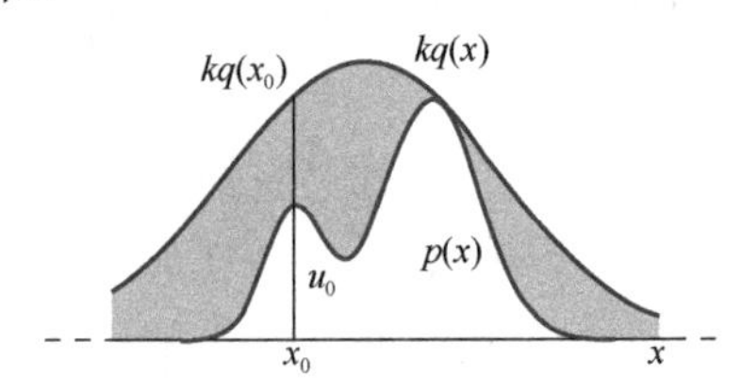

图 4-7　接受-拒绝采样方法示意图

符合 $p(x)$分布的样本具有的性质是，样本出现在$[x,x+\mathrm{d}x]$内的频率与 $p(x)\mathrm{d}x$ 成比例。根据这一性质，可以按照如下方法采样：基于建议分布 $q(x)$采样得到样本 x_0，计算 $kq(x_0)$，在$[0, kq(x_0)]$范围内均匀抽样得到 u_0。若 $u_0<p(x_0)$，则接受这次抽样，否则拒绝这次抽样，由此得到符合 $p(x)$分布的一组样本（$x_0,x_1,\cdots,x_n$）。

4.5.2 马尔可夫链

在$(t+1)$时刻的系统状态 $X(t+1)$仅依赖 $X(t)$，与 t 之前的状态没有关系，则以下序列就构成一个马尔可夫链：

$$\cdots, X(t-2), X(t-1), X(t), X(t+1), \cdots$$

设在任意时刻，系统有 N 个可能的状态（$x_1,x_2,\cdots,x_N$），定义状态转移概率和转移矩阵如下：

$$P_t(i,j)=\Pr\{X(t+1)=x_j \,|\, X(t)=x_i\} \quad (i,j=1,2,\cdots,N) \tag{4-52a}$$

$$\boldsymbol{P}(t)=\left[P_t(i,j)\right]_{N\times N} \tag{4-52b}$$

考虑时齐的马尔可夫链，即状态转移概率与 t 无关的情形。马尔可夫链的状态数可以是有限的，也可以是无限的。若马尔可夫链中任意两个状态是连通的，即从任意一个状态出发，通过有限步可到达任何一个其他的状态，则非周期的马尔可夫链具有以下性质：

$$\pi(j)=\lim_{n\to\infty}P(i,j)^n，\quad \pi(j)=\sum_{i=0}^{\infty}\pi(i)P(i,j)，\quad \sum_{i=0}^{\infty}\pi(i)=1 \tag{4-53}$$

式中，$\pi(j)$ 称为马尔可夫链的平稳分布。由上面的性质可知，平稳分布与初始状态无关。在实际应用时，一般经过有限次的转移，可近似到达平稳分布。

4.5.3　MCMC 采样

根据马尔可夫链的性质，从任意初始状态分布 $\boldsymbol{\pi}_0(x)$ 出发，经过第 1 轮，第 2 轮，…，第 i 轮的马尔可夫链状态转移后，状态的概率分布分别为：$\boldsymbol{\pi}_1(x)=\boldsymbol{\pi}_0(x)\boldsymbol{P}$，$\boldsymbol{\pi}_2(x)=\boldsymbol{\pi}_0(x)\boldsymbol{P}^2$，…，$\boldsymbol{\pi}_i(x)=\boldsymbol{\pi}_0(x)\boldsymbol{P}^i$。假设经过 n 轮转移后，马尔可夫链收敛到平稳分布，$\boldsymbol{\pi}_n(x)=\boldsymbol{\pi}_{n+1}(x)=\cdots$，则通过如下步骤可以得到符合平稳分布的样本。

1）输入马尔可夫链状态转移（条件概率）矩阵 $\boldsymbol{P}$，设定状态转移次数阈值 n，需要的样本个数 m。

2）从任意简单概率分布采样得到初始状态 x_0。

3）依次针对 $t=0,1,\cdots,(n+m-2)$，从条件概率分布 $P(x|x_t)$ 中采样得到样本 x_{t+1}。

样本集 $\{x_n,x_{n+1},\cdots,x_{n+m-1}\}$ 即为所需要的平稳分布对应的样本集。

上面的叙述是基于状态转移矩阵已知的情形展开的。对于给定的平稳分布（目标分布），如何确定与之相对应的马尔可夫链的转移矩阵呢？下面首先考察马尔可夫链的细致平稳条件，由此得到解决这一问题的思路。若非周期马尔可夫链的状态转移矩阵 $\boldsymbol{P}=[P(i,j)]_{N\times N}$ 和概率分布 $\boldsymbol{\pi}(x)$ 之间满足如下关系：

$$\pi(i)P(i,j)=\pi(j)P(j,i)\quad (i,j=1,2,\cdots,N) \tag{4-54}$$

则 $\boldsymbol{\pi}(x)$ 是状态转移矩阵 $\boldsymbol{P}$ 的平稳分布，式（4-54）称为马尔可夫链的细致平稳条件。不难证明，若式（4-54）成立，则 $\boldsymbol{\pi}(x)$ 符合式（4-53）所表示的平稳分布性质。因此，对于给定的平稳分布（目标分布），问题归结为找到符合式（4-54）的 $\boldsymbol{P}$。

假如有某一个马尔可夫链的状态转移矩阵 $\boldsymbol{Q}=[Q(i,j)]_{N\times N}$，而 $Q(i,j)$并不满足式（4-54）。引入 $\alpha(i,j)$，使得

$$\alpha(i,j)=\pi(j)Q(j,i)\quad (i,j=1,2,\cdots,N) \tag{4-55}$$

根据上式，可以导出以下关系成立：

$$\begin{aligned}\pi(i)Q(i,j)\alpha(i,j)&=\alpha(j,i)\alpha(i,j)=\alpha\left(i,j\right)\alpha(j,i)\\&=\pi(j)Q(j,i)\alpha(j,i)\qquad (i,j=1,2,\cdots,N)\end{aligned} \tag{4-56}$$

对比式（4-56）和式（4-54）可知，定义 $P(i,j)\equiv\alpha(i,j)Q(i,j)$，则 $P(i,j)$ 就是想要找到的状态转移概率。其中，$\alpha(i,j)$ 可以理解为接受率，其取值在[0,1]之间。

由以上讨论可知，转移矩阵 $\boldsymbol{P}$ 可以通过转移矩阵 $\boldsymbol{Q}$ 以一定的接受率获得。这种方法与图 4-7 的接受–拒绝采样的思路相类似。即，将图中上面的分布曲线作为 $q(x)$，下面

的分布曲线作为 $p(x)=\alpha q(x)$ 。根据 $q(x)$抽样得到 x_0，根据[0,1]上的均匀分布函数抽取样本 u，若 $u<\alpha$ 时，接受这次抽样，否则拒绝这个样本，这样就可以得到一组符合 $p(x)$ 的样本集。

从 $\boldsymbol{Q}$ 开始进行 MCMC 采样的步骤如下。

1）选定马尔可夫链的某个状态转移矩阵 $\boldsymbol{Q}$，给定平稳分布 $\boldsymbol{\pi}(x)$，设定状态转移次数阈值 n，需要的样本个数 m。

2）从任意简单概率分布采样得到初始状态 x_0。

3）依次针对 $t=0,1,\cdots,(n+m-2)$：

① 从条件概率分布 $Q(x|x_t)$ 中采样得到样本 x^*；

② 从[0,1]上的均匀分布函数中采样 u；

③ 如果 $u<\alpha(x_t,x^*)=\pi(x^*)Q(x^*,x_t)$，则接受转移 $x_t\to x^*, x_{t+1}=x^*$，否则 $x_{t+1}=x_t$。

样本集 $\{x_n,x_{n+1},\cdots,x_{n+m-1}\}$ 即为所需要的与平稳分布 $\boldsymbol{\pi}(x)$ 相对应的样本集。

4.5.4 M-H 采样

在 MCMC 采样中，从上述采样步骤 3）的③看出，若 $\alpha(x_t,x^*)$ 很小，样本的接受率过低，则收敛到平稳分布的过程很慢。若想获得一定规模的有效样本集，则需要很大的采样总次数。为克服由此带来的采样效率低下的问题，在细致平稳条件式（4-56）的左右两边同乘以一个大于 1 的倍数，使得增大倍数后的接受率不超过 1。这样，在保证式（4-56）依然成立的前提下，重新定义接受率如下：

$$\alpha(i,j)=\min\left\{\frac{\pi(j)Q(j,i)}{\pi(i)Q(i,j)},1\right\} \tag{4-57}$$

若选择的 $\boldsymbol{Q}$ 满足对称性，$Q(i,j)=Q(j,i)$，则有

$$\alpha(i,j)=\min\{\pi(j)/\pi(i),1\} \tag{4-58}$$

若 $\alpha(i,j)>u$，则接受采样，u 为区间[0, 1]的均匀分布随机数。将改造后的接受率进行采样的方法称为 M-H（Metropolis-Hastings）采样方法。

参考文献

韩忠华，2016．Kriging 模型及代理优化算法研究进展[J]．航空学报，37（11）：3197-3225．

吕震宙，宋述芳，李璐祎，等，2019．结构/机构可靠性设计基础[M]．西安：西北工业大学出版社．

室津義定，米澤政昭，邵晓文，1996．システム信頼性工学[M]．东京：共立出版株式会社．

AU S K, BECK J L, 2001. Estimation of small failure probabilities in high dimensions by subset simulation[J]. Probabilistic Engineering Mechanics, 16(4): 263-277.

AU S K, CHING J, BECK J L, 2007. Application of subset simulation methods to reliability benchmark problems[J]. Structural Safety, 29(3): 183-193.

ECHARD B, GAYTON N, LEMAIRE M, 2011. AK-MCS: An active learning reliability method combining Kriging and Monte Carlo simulation[J]. Structural Safety, 33(2): 145-154.

ECHARD B, GAYTON N, LEMAIRE M, et al., 2013. A combined importance sampling and Kriging reliability method for small failure probabilities with time-demanding numerical models[J]. Reliability Engineering & System Safety, 111: 232-240.

FISHMAN G S, 1996. Monte Carlo: concepts, algorithms, and applications[M]. New York: Springer.

HOHENBICHLER M, RACKWITZ R, 1988. Improvement of second-order reliability estimates by importance sampling[J]. Journal of Engineering Mechanics, ASCE, 114(12): 2195-2198.

HUANG X, CHEN J, ZHU H, 2016. Assessing small failure probabilities by AK-SS: an active learning method combining Kriging and subset simulation[J]. Structural Safety, 59: 86-95.

JING Z, CHEN J, LI X, 2019. RBF-GA: an adaptive radial basis function metamodeling with genetic algorithm for structural reliability analysis[J]. Reliability Engineering & System Safety, 189: 42-57.

JONES D R, SCHONLAU M, WELCH W J, 1998. Efficient global optimization of expensive black-box functions[J]. Journal of Global Optimization, 13(4): 455-492.

KRIGE D G, 1951. A statistical approach to some basic mine valuation problems on the Witwatersrand[J]. Journal of the Southern African Institute of Mining and Metallurgy, 52(6): 119-139.

KUSCHEL N, RACKWITZ R, 1997. Two basic problems in reliability-based structural optimization[J]. Mathematical Methods of Operations Research, 46(3): 309-333.

KUSCHEL N, RACKWITZ R, 2000. Optimal design under time-variant reliability constraints[J]. Structural Safety, 22(2): 113-127.

LOPHAVEN S N，NIELSEN H B，SONDERGAARD J.DACE：a MATLAB Kriging toolbox，version 2.0 IMM-TR-2002-12[R/OL]. http://citeseerx.ist.psu.edu/viewdoc/download;jsessionid=30715DF22BDD1BFE5905D7D3A8DA890E?doi=10.1.1.17.3530&rep=rep1&type=pdf.

MELCHERS R E, 1989. Importance sampling in structural systems[J]. Structural Safety, 6: 3-10.

RUBINSTEIN R Y, 1981. Simulation and the Monte-Carlo method[M]. New York: Wiley.

SIMPSON T W, MAUERY T M, KORTE J J, et al., 2001. Kriging models for global approximation in simulation-based multidisciplinary design optimization[J]. AIAA Journal, 39(12): 2233-2241.

习　题

4.1 已知荷载效应和强度的分布特征是，$S \sim N(10.0, 1.25^2)$，$R \sim N(13.0, 1.5^2)$，两者独立，用 MCS 方法求 p_f。在进行 MCS 模拟时，可利用表 4-6（Melchers 和 Beck，2018）中的随机数。

表 4-6　随机数

0.9311	0.7163	0.4626	0.7895	0.8184	0.3008	0.3989	0.0563	0.1470	0.2036
0.6624	0.2825	0.9819	0.1527	0.0373	0.2131	0.4812	0.7389	0.7582	0.8675
0.4537	0.1827	0.2765	0.6939	0.8189	0.9415	0.4967	0.2097	0.4575	0.4950
0.8463	0.2812	0.6504	0.8517	0.0716	0.8970	0.1217	0.2333	0.6336	0.5620

4.2 对比 $p_f=\int_{-\infty}^{+\infty} F_R(x) f_X(x) \mathrm{d}x$，$p_f=\int I[G(x) \leqslant 0] f_X(x) \mathrm{d}x$，在应用 MCS 方法时，在由 $f_X(x)$ 抽出的样本点上，将 $F_R(x)$取平均值，即得到所要求的结果。按此分析方法求习题 4.1 中的 p_f。

4.3 对于习题 4.1 中的问题，$S \sim N(10.0, 1.25^2)$，$R \sim N(13.0, 1.5^2)$，考虑 R 和 S 的分布，重要抽样函数 h_V 可选为 $N(11.5, 1.3^2)$，利用 IS 方法求 p_f。

4.4 对于习题 3.3，分别利用 MCS 方法和 IS 方法计算其结果，并与以下结果进行对比。

$$\beta_{HL}=2.959，\ p_f \approx \Phi(-2.959)=1.543 \times 10^{-3}$$

第 5 章 结构系统可靠性

第 3 章和第 4 章介绍的计算结构可靠性的近似方法和数值模拟方法，针对的是单个失效模式。对于具有多个失效模式的构件，或对于多构件结构系统，需要基于各失效模式的可靠性分析结果及它们之间的关联关系，分析求解结构系统的可靠度。

5.1 结构系统可靠性分析建模

对于多构件结构系统（或称为结构体系），需要对结构整体的可靠性进行评价，即基于各构件的可靠性分析结果及它们之间的关联关系，利用系统可靠性分析方法，计算结构系统的可靠度。即使对于单构件系统，若存在多个失效模式（即存在多个极限状态），同样需要用到系统可靠性分析方法。

实际结构的分析计算伴随巨大的成本，对结构系统可靠性进行分析计算时，还应考虑多个相互关联的极限状态，问题变得更为复杂。为便于分析，通常对荷载、结构系统、材料响应和强度特征进行简化。例如，关注最大荷载效应，考虑单次极值荷载的作用；对于多数延性结构，将荷载简化为与时间无关的随机变量，忽略荷载历程相关性，等等。

在结构系统中，一般存在多个失效路径。每一条路径对应若干个构件的同时失效或逐次失效。故障树的概念和方法可用来描述这一现象，即基本事件（单个构件失效）逐次引起不同层级子系统的失效，最终导致系统的失效。结构中每一种失效路径代表一个失效模式，结构整体的失效事件是所有 m 个失效模式的和集，即

$$p_{\mathrm{fs}} = \Pr\{F_{\mathrm{sys}}\} = \Pr\{F_1 \cup F_2 \cup \cdots \cup F_m\} \tag{5-1}$$

图 5-1 所示是二维问题密度函数 $f_X()$ 的等高线以及失效域的示意图。

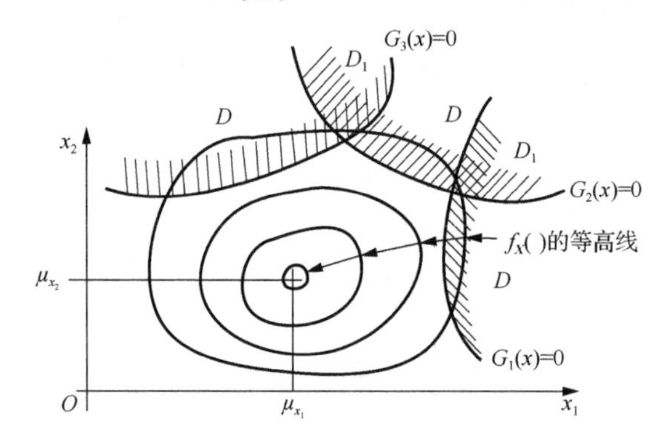

图 5-1 多失效模式下的失效域（D 及 D_1）示意图

5.1.1　串联系统-最弱链模型

串联结构系统又称为最弱链系统，或非冗余系统，即结构中没有多余的构件。其中任一构件发生失效，都构成结构的一种失效模式，都会导致结构系统的失效。此时，可利用串联结构模型分析其可靠性，如图 5-2（a）所示。设串联结构系统中有 n 个构件，第 i 个构件发生失效的事件记为 F_i，相应的余事件记为 $\overline{F}_i$，则结构的失效概率可以表示为

$$p_{\mathrm{fs}} = \Pr\left\{\bigcup_{i=1}^{n} F_i\right\} = 1 - \Pr\left\{\bigcap_{i=1}^{n} \overline{F}_i\right\} \tag{5-2}$$

$$p_{\mathrm{fs}} = \Pr\{Z_{\mathrm{S}} < 0\} = 1 - \Pr\{(Z_1 > 0) \cap (Z_2 > 0) \cap \cdots \cap (Z_n > 0)\} \tag{5-3}$$

式中，$Z_i(i = 1,2,\cdots,n)$ 表示第 i 个构件的极限状态函数，Z_{S} 是结构系统的极限状态函数。

当各构件的失效事件相互独立时，有

$$\begin{aligned} p_{\mathrm{fs}} &= 1 - (1 - p_{\mathrm{f1}})(1 - p_{\mathrm{f2}}) \cdots (1 - p_{\mathrm{f}n}) \\ &= 1 - \prod_{i=1}^{n} (1 - p_{\mathrm{f}i}) \end{aligned} \tag{5-4}$$

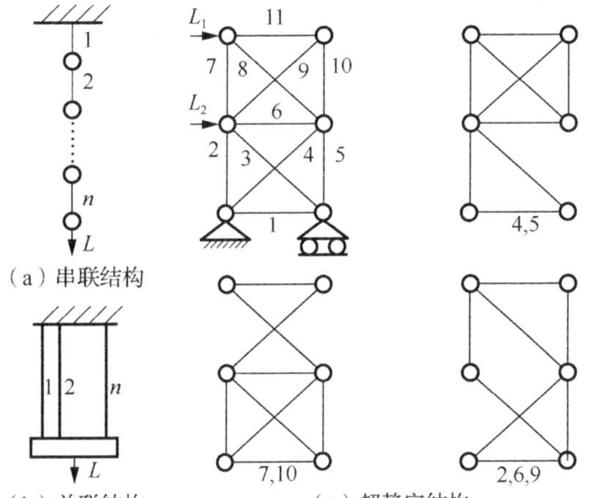

（a）串联结构

（b）并联结构

（c）超静定结构

图 5-2　结构系统类别

上述假设和公式适于描述构件或材料的脆性失效，也适于描述有少量冗余构件（冗余度小）的冗余结构，此时，某构件失效引起结构内部作用力再分配，往往导致其他构件随之失效。因此，首次失效基本决定了结构的失效。当结构的冗余度很大时，即使有个别或少数的构件发生失效，结构仍有较大的承载能力。此时，结构系统的可靠度宜采用其他模型来分析计算。

在串联结构系统中，当各构件的强度服从正态分布时，结构强度服从极值-III 型分布（即三参数韦布尔分布）。

5.1.2　并联系统

对于图 5-2（b）所示的由 n 个构件组成的并联系统，所有构件全部失效才会导致结构的失效，因此，结构失效可以表示为各构件失效的并集，有

$$p_{\mathrm{fs}}=\Pr\left\{\bigcap_{i=1}^{n}F_i\right\}=1-\Pr\left\{\bigcup_{i=1}^{n}\overline{F}_i\right\} \tag{5-5}$$

当各构件相互独立时，有

$$p_{\mathrm{fs}}=p_{\mathrm{f}1}p_{\mathrm{f}2}\cdots p_{\mathrm{f}n}=\prod_{i=1}^{n}p_{\mathrm{f}i} \tag{5-6}$$

例 5-1 考虑由 n 个构件组成的并联系统，各构件相互独立，强度（R_i）服从相同的正态分布，求结构系统的强度参数。

解 各构件参数假设为

$$\mu_i=\mu,\sigma_i=\sigma,\ V_i=\sigma/\mu=V\quad(i=1,2,\cdots,n)$$

对于并联结构系统，有

$$R_{\mathrm{S}}=\sum_{i=1}^{n}R_i,\ \mu_{\mathrm{S}}=n\mu,\ \sigma_{\mathrm{S}}^2=n\sigma^2$$

$$V_{\mathrm{S}}=\frac{\sigma_{\mathrm{S}}}{\mu_{\mathrm{S}}}=\frac{\sqrt{n}\sigma}{n\mu}=\left(\frac{1}{\sqrt{n}}\right)V$$

可见，随着构件数目的增加，结构强度的均值增大，变异系数变小。

5.1.3 串-并联模型

考虑图 5-2（c）所示的超静定结构的失效问题。当结构中的两个或两个以上的构件发生破坏时，会导致整个结构的失效，如构件 4 和 5，7 和 10，2、6 和 9 等。对于一般的超静定结构（冗余结构系统），结构的某一失效模式对应其中若干个构件同时失效。假定这样的失效模式有 m 个，第 i 个失效模式发生的事件记为 $F_i(i=1,2,\cdots,m)$，第 i 个失效模式对应最少 n_i 个构件的同时失效，则有

$$F_i=\bigcap_{j=1}^{n_i}F_{ij},\ p_{\mathrm{f}i}=\Pr\{F_i\}=\Pr\left\{\bigcap_{j=1}^{n_i}F_{ij}\right\} \tag{5-7}$$

任一失效模式的发生，都会导致结构的失效。假定各构件相互独立，且各模式相互独立，记 $p_{\mathrm{f}ij}=\Pr\{F_{ij}\}$，利用串-并联模型（图 5-3），有

$$\begin{aligned}p_{\mathrm{fs}}&=\Pr\left\{\bigcup_{i=1}^{m}F_i\right\}=\Pr\left\{\bigcup_{i=1}^{m}\bigcap_{j=1}^{n_i}F_{ij}\right\}\\&=1-\prod_{i=1}^{m}\left(1-\prod_{j=1}^{n_i}p_{\mathrm{f}ij}\right)\end{aligned} \tag{5-8}$$

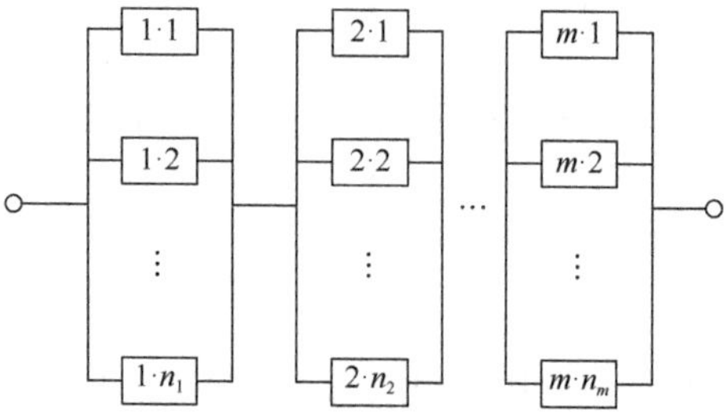

1·1 1·2 ⋮ $1\cdot n_1$ 2·1 2·2 ⋮ $2\cdot n_2$ … $m\cdot1$ $m\cdot2$ ⋮ $m\cdot n_m$

图 5-3 串-并联结构体系

例 5-2　考虑由 3 杆构成的桁架结构（图 5-4），计算各个失效模式的失效概率。已知各杆件的强度及荷载 P 相互独立，且均服从正态分布，拉伸和压缩强度相等，其特征参数如下（单位：kN）：

$$\mu_{R_1}=120,\ \sigma_{R_1}=6$$

$$\mu_{R_2}=\mu_{R_3}=60,\ \sigma_{R_2}=\sigma_{R_3}=3$$

$$\mu_P=25,\ \sigma_P=5$$

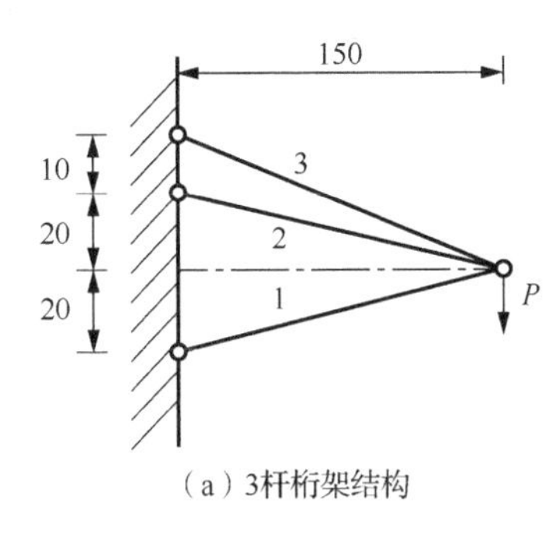

（a）3杆桁架结构

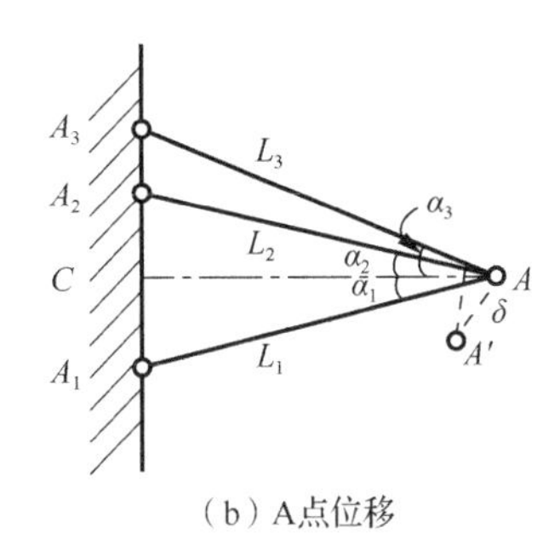

（b）A点位移

图 5-4　3 杆构成的桁架系统

解　对于该冗余结构，其中任意 2 杆同时失效，就形成结构的一个失效模式。基于虚功原理，得到以下各模式的功能函数（安全裕度）。

模式 1：杆 1 和杆 2 受压失效，$Z_1=R_1+0.2\times R_2-3.03\times P$；

模式 2：杆 1 受压、杆 3 受拉失效，$Z_2=R_1+0.25\times R_3-3.78\times P$；

模式 3：杆 2 和杆 3 受拉失效，$Z_3=R_2+1.24R_3-3.78\times P$。

上述功能函数表达式推导如下。

假定杆 3 不变形，加载点有虚位移 δ，其竖直位移分量为 $\delta\cos\alpha_3$，外力虚功为 $P\delta\cos\alpha_3$。杆 2 的缩短量为 $\delta\sin(\alpha_3-\alpha_2)$，杆 1 的缩短量为 $\delta\sin(\alpha_3-(2\pi-\alpha_1))=\delta\sin(\alpha_3+\alpha_1)$。根据外力虚功等于内力虚功，并利用已知几何关系，可得到模式 1 的功能函数。同理，可推导模式 2 及 3 的功能函数（见习题 5.10）。

计算各失效模式相应的均值、标准差和可靠度指标。模式 1 的结果为

$$\mu_{Z_1}=\mu_{R_1}+0.2\mu_{R_2}-3.03\mu_P=56.25$$

$$\sigma_{Z_1}=\sqrt{\sigma_{R_1}^2+0.2^2\sigma_{R_2}^2+3.03^2\sigma_P^2}=16.31$$

$$\beta_1=\mu_{Z_1}/\sigma_{Z_1}=3.45$$

同理，模式 2 和模式 3 的结果分别为

$$\mu_{Z_2}=40.5,\ \sigma_{Z_2}=19.84,\ \beta_2=2.04$$

$$\mu_{Z_3}=39.9,\ \sigma_{Z_3}=19.49,\ \beta_3=2.05$$

各失效模式对应的失效概率为

$$p_{f1}=\Phi(-3.45)=2.803\times10^{-4}$$

$$p_{f2}=\Phi(-2.04)=2.068\times10^{-2}$$

$$p_{f3}=\Phi(-2.05)=2.018\times10^{-2}$$

假定各失效模式之间不相关，根据串联系统可靠度的计算公式，有

$$p_{\mathrm{fs}}=1-(1-p_{\mathrm{f1}})(1-p_{\mathrm{f2}})(1-p_{\mathrm{f3}})=4.071\times10^{-2}$$

实际上，各失效模式之间并非是独立的，因此上述计算结果只是一种近似结果（见后续例 5-5 和例 5-9）。

5.1.4 并-串联模型

图 5-5 所示的并-串联结构系统是由 m 个（行）子系统并联而成的。第 i 个子系统由 n_i 个构件串联而成。

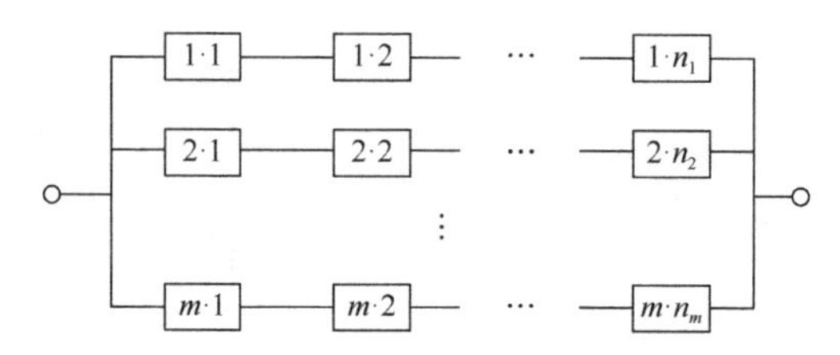

图 5-5 并-串联结构系统

假设第 i 个子系统的第 j 个构件发生失效的事件记为 $F_{ij}(i=1,2,\cdots,m,\ j=1,2,\cdots,n_i)$，则第 i 个子系统的失效概率为

$$p_{\mathrm{f}i}=\Pr\left\{\bigcup_{j=1}^{n_i}F_{ij}\right\}=1-\Pr\left\{\bigcap_{j=1}^{n_i}\overline{F}_{ij}\right\} \tag{5-9}$$

假定各构件相互独立，且各失效模式相互独立，则结构系统的失效概率为

$$p_{\mathrm{fs}}=\Pr\left\{\bigcap_{i=1}^{m}\bigcup_{j=1}^{n_i}F_{ij}\right\}=\prod_{i=1}^{m}\left[1-\prod_{j=1}^{n_i}(1-p_{\mathrm{f}ij})\right] \tag{5-10}$$

例 5-3 考虑 $m=5$，$n_1=n_2=\cdots=n_m=5$ 的串-并联结构系统和并-串联结构系统，若单个构件的失效概率均为 $p_{\mathrm{f}}=0.25$，且假定各构件相互独立，各失效模式相互独立，试分别求出这两种系统的失效概率。

解 对于串-并联结构系统，由式（5-8）可得

$$p_{\mathrm{fs}}=1-\prod_{i=1}^{m}\left(1-\prod_{j=1}^{n_i}p_{\mathrm{f}ij}\right)=1-(1-p_{\mathrm{f}}^5)^5\approx0.00487$$

对于并-串联结构系统，由式（5-10）可得

$$p_{\mathrm{fs}}=\prod_{i=1}^{m}\left[1-\prod_{j=1}^{n_i}(1-p_{\mathrm{f}ij})\right]=\left[1-(1-p_{\mathrm{f}})^5\right]^5\approx0.25808$$

计算结果表明，在构件数目及构件失效概率相同的情况下，串-并联结构系统的失效概率小于并-串联结构系统。

5.1.5 失效模式判别

对于实际结构，存在多种可能的失效模式。为评估结构系统的可靠性，首先要定义和判明结构的各种可能的失效模式（Melchers 和 Beck，2018；室津義定等，1996）。

图 5-6 所示的超静定刚架结构（两支座为固定支座）在受到集中力 L_1 和 L_2 作用时，形成塑性铰的可能位置有 7 处，对应 3 种可能的失效模式。其中，（1）为梁模式，含 4 种组合[1]～[4]；（2）为侧摆模式，含 4 种组合[5]～[8]；（3）为复合模式，含 2 种组合[9]、[10]。

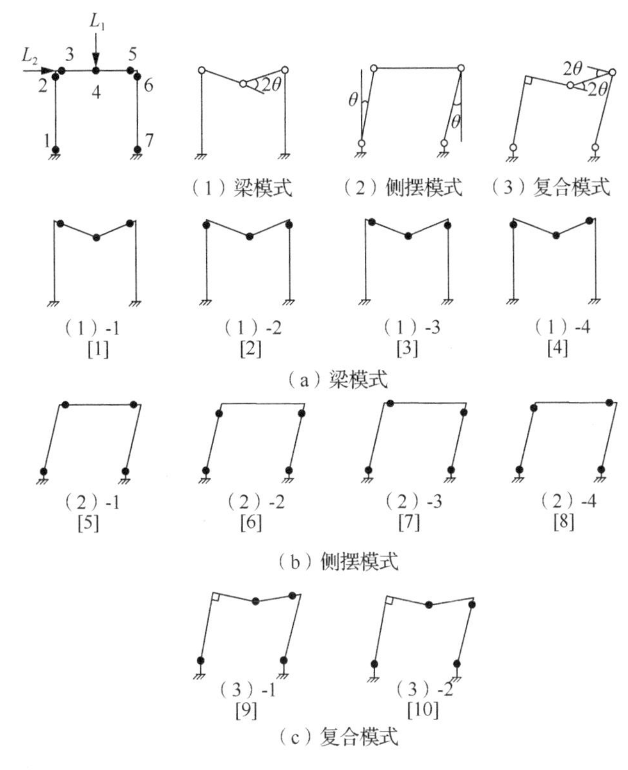

图 5-6　刚架结构的可能失效模式

判别失效模式通常采用故障树分析（fault tree analysis，FTA）方法。当所有可能的失效模式确定之后，通过事件树分析（event tree analysis，ETA）方法，将结构失效分解为若干子系统的失效，而子系统的失效进一步向下一层级分解，最终得到导致结构失效的事件集，这些基本的事件对应单元或截面的失效。对于图 5-7（a）所示的刚架结构，其故障树表示如图 5-7（b）所示，事件树如图 5-8 所示。

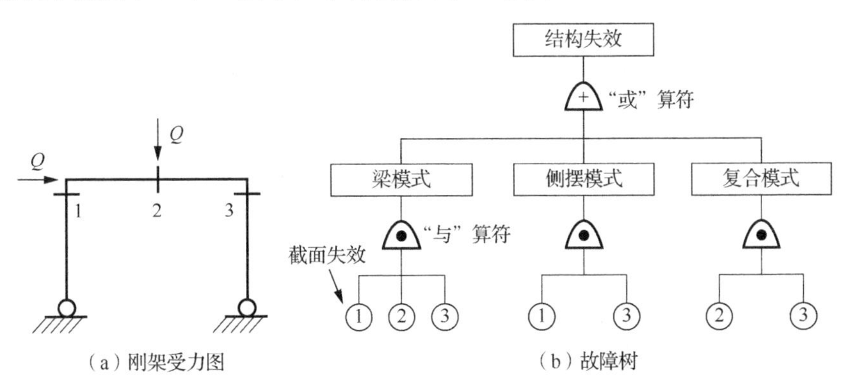

图 5-7　刚架的失效模式和故障树

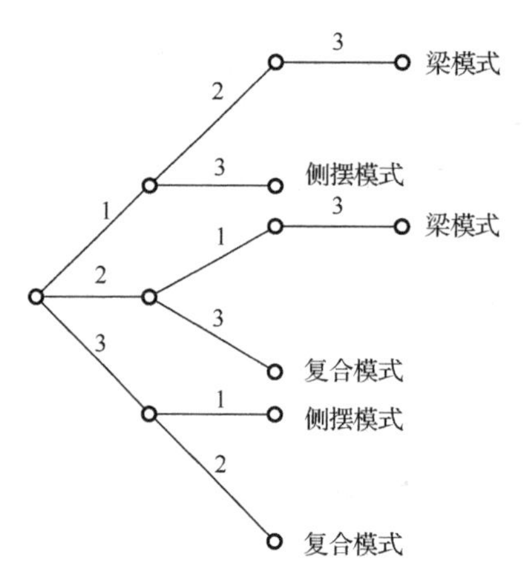

图 5-8 刚架失效的事件树

对于大型复杂结构，预先确定所有可能的失效模式是不现实的。另外，由事件树末端的构件失效，逐一确定相应的失效模式时，需要进行结构的重新建模和计算，涉及巨大的计算成本。因此，通常的做法是，仅关注和分析主要的失效模式。当主要的失效模式确定之后，根据事件的相互关系和概率理论，计算结构的失效概率。

5.2 结构可靠度的上下界求解方法

5.2.1 一阶界限法

对于一般的结构系统而言，结构的失效概率涉及和事件或积事件的概率计算。当事件数大于 3 时，计算非常复杂，有时难以得到精确的结果。因此，通常采用近似方法计算，如利用两个以下事件的和事件或积事件分析，估算可靠度的上下界。

考虑结构具有 m 个失效模式，计算其和事件的概率。在各失效模式中，一般含有某些共同的变量或影响因素，因此，各失效模式之间不是统计独立的。但可以通过分解的方式，写成如下形式：

$$\begin{aligned}p_{\mathrm{fs}} &= \Pr\left\{F_1 \cup F_2 \cup \cdots \cup F_m\right\} \\ &= \Pr\left\{F_1 \cup \left(\bar{F}_1 \cap F_2\right) \cup \left(\bar{F}_1 \cap \bar{F}_2 \cap F_3\right) \cup \cdots \cup \left(\bar{F}_1 \cap \bar{F}_2 \cap \bar{F}_3 \cap \cdots \cap \bar{F}_{m-1} \cap F_m\right)\right\} \\ &= \Pr\left\{F_1\right\} + \Pr\left\{\bar{F}_1 \cap F_2\right\} + \Pr\left\{\bar{F}_1 \cap \bar{F}_2 \cap F_3\right\} + \cdots + \Pr\left\{\bar{F}_1 \cap \bar{F}_2 \cap \bar{F}_3 \cap \cdots \cap \bar{F}_{m-1} \cap F_m\right\}\end{aligned} \tag{5-11}$$

其最后的等式基于概率公理得到，即相斥事件的和集的概率等于各事件概率之和，如图 5-9 所示。

然而，在很多情况下，即使做了如上分解，计算也是很困难的。利用事件之间的隶属关系，可以求得近似的上下界，即

$$\left(\bar{F}_1 \cap \bar{F}_2 \cap \bar{F}_3 \cap \cdots \cap \bar{F}_{k-1} \cap F_k\right) \subset \left(\bar{F}_i \cap F_k\right) \subset F_k \quad (i = 1, 2, \cdots, k-1) \tag{5-12}$$

因此，存在以下关系：

$$\Pr\left\{\bar{F}_1 \cap \bar{F}_2 \cap \bar{F}_3 \cap \cdots \cap \bar{F}_{k-1} \cap F_k\right\} \leqslant \min_{i \in \{1,2,\cdots,k-1\}} \Pr\left\{\bar{F}_i \cap F_k\right\} \leqslant \Pr\left\{F_k\right\} \tag{5-13}$$

对于失效概率，有

$$p_{\mathrm{fs}} \leqslant \Pr\left\{F_1\right\} + \sum_{k=2}^{m} \min_{i \in \{1,2,\cdots,k-1\}} \Pr\left\{\bar{F}_i \cap F_k\right\} \leqslant \sum_{i=1}^{m} \Pr\left\{F_i\right\} \tag{5-14}$$

式（5-14）给出了失效概率的上界。

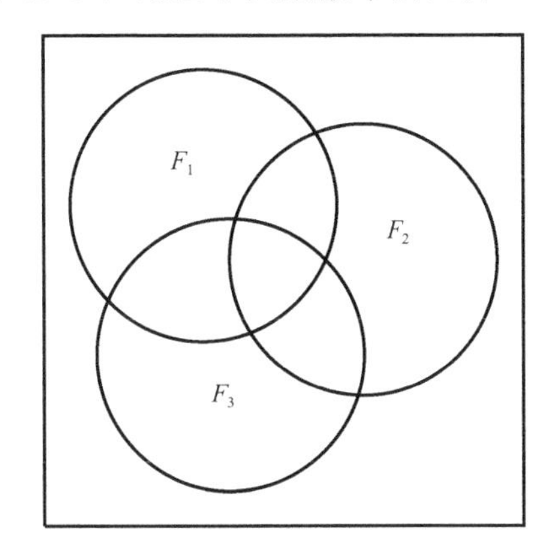

（a）事件的相互关系

（b）事件的分解

图 5-9　事件分解为相斥事件之和

另一方面，假设各事件（失效模式）相互独立，则有

$$p_{\mathrm{fs}} = 1 - \prod_{i=1}^{m} (1 - p_{\mathrm{f}i}) \tag{5-15}$$

各失效模式完全相关（最弱链模型）时，下式成立：

$$p_{\mathrm{fs}} = \max_{i \in \{1,2,\cdots,m\}} \left\{p_{\mathrm{f}i}\right\} \tag{5-16}$$

一般情况下的失效概率介于两者之间，即

$$\max_{i \in \{1,2,\cdots,m\}} \left\{p_{\mathrm{f}i}\right\} \leqslant p_{\mathrm{fs}} \leqslant 1 - \prod_{i=1}^{m} (1 - p_{\mathrm{f}i}) \approx \sum_{i=1}^{m} p_{\mathrm{f}i} \tag{5-17}$$

式（5-17）称为宽界限法，又称一阶界限法（Cornell，1967）。

5.2.2　二阶界限法

一阶界限法计算较为简便，但上下界之间可能相差较大，得不到有用的信息。以下介绍的二阶界限法（又称窄界限法）（Kounias，1968；Ditlevsen，1979）计算要复杂一些，但能够给出较好的近似。将事件概率按降序排列，即

$$\Pr\left\{F_1\right\} \geqslant \Pr\left\{F_2\right\} \geqslant \cdots \geqslant \Pr\left\{F_m\right\} \tag{5-18}$$

将和事件进行分解，表示如下：

$$
\begin{aligned}
p_{\mathrm{fs}} &= \Pr\{F_1 \cup F_2 \cup \cdots \cup F_m\} = \Pr\{F_1\} + \Pr\{F_2\} - \Pr\{F_1 \cap F_2\} \\
&\quad + \Pr\{F_3\} - \Pr\{F_1 \cap F_3\} - \Pr\{F_2 \cap F_3\} + \Pr\{F_1 \cap F_2 \cap F_3\} + \cdots \\
&= \sum_i \Pr\{F_i\} - \sum_{i<j} \Pr\{F_i \cap F_j\} + \sum_{i<j<k} \Pr\{F_i \cap F_j \cap F_k\} - \cdots
\end{aligned}
\tag{5-19}
$$

将单一事件、两事件并集、三事件并集的概率分别简记为 $p_{\mathrm{f}i}, p_{\mathrm{f}ij}, p_{\mathrm{f}ijk}$。注意到任一失效模式对 p_{f} 的贡献不会是负数，且 $p_{\mathrm{f}ij} \geqslant p_{\mathrm{f}ijk}$，利用不超过两个事件的和积的分析结果，可推导出结构系统失效概率的上限值。以三事件问题为例，扣除重叠部分的贡献后，第三模式对失效概率的贡献为

$$
\Pr\{U_3\} \approx p_{\mathrm{f}3} - \Pr\{F_{13} \cup F_{23}\} \leqslant p_{\mathrm{f}3} - \max\{p_{\mathrm{f}13}, p_{\mathrm{f}23}\}
\tag{5-20}
$$

因此，有

$$
\begin{aligned}
&\Pr\{F_1 \cup F_2 \cup F_3\} = \Pr\{F_1\} + \Pr\{F_2\} - \Pr\{F_{12}\} + \Pr\{U_3\} \\
&\leqslant p_{\mathrm{f}1} + p_{\mathrm{f}2} - p_{\mathrm{f}12} + p_{\mathrm{f}3} - \max\{p_{\mathrm{f}13}, p_{\mathrm{f}23}\} \\
&= \sum_{i=1}^{3} p_{\mathrm{f}i} - \sum_{i=2}^{3} \max\{p_{\mathrm{f}1i}, \cdots, p_{\mathrm{f}(i-1)i}\}
\end{aligned}
\tag{5-21}
$$

含 m 个构件的结构系统失效概率的上限为

$$
p_{\mathrm{fs}} \leqslant \sum_{i=1}^{m} p_{\mathrm{f}i} - \sum_{i=2}^{m} \max\{p_{\mathrm{f}1i}, \cdots, p_{\mathrm{f}(i-1)i}\}
\tag{5-22}
$$

考虑其下限值时，有

$$
p_{\mathrm{fs}} \geqslant p_{\mathrm{f}1} + \sum_{i=2}^{m} \max\left\{\left[p_{\mathrm{f}i} - \sum_{j=1}^{i-1} p_{\mathrm{f}ij}\right], 0\right\} \geqslant \max_i \{p_{\mathrm{f}i}\}
\tag{5-23}
$$

式（5-23）的详细推导如下。对任意 F_k，有

$$
\begin{aligned}
F_k &= F_k \cap (A \cup \bar{A}) = F_k \cap \left\{\left(\bigcup_{r=1}^{k-1} F_r\right) \cup \overline{\left(\bigcup_{r=1}^{k-1} F_r\right)}\right\} \\
&= \left[F_k \cap \left(\bigcup_{r=1}^{k-1} F_r\right)\right] \cup \left[F_k \cap \overline{\left(\bigcup_{r=1}^{k-1} F_r\right)}\right] = \left[F_k \cap \left(\bigcup_{r=1}^{k-1} F_r\right)\right] \cup \left[F_k \cap \left(\bigcap_{r=1}^{k-1} \bar{F}_r\right)\right] \\
&= \left[\bigcup_{r=1}^{k-1} (F_k \cap F_r)\right] \cup \left[F_k \cap \left(\bigcap_{r=1}^{k-1} \bar{F}_r\right)\right]
\end{aligned}
\tag{5-24}
$$

式中，倒数第二等式用到德・摩根（De Morgan）定律（即两个集合的并集的补集等于它们各自补集的交集）。最后的等式已表达为相斥事件的和集，因此有

$$
p_{\mathrm{f}k} = \Pr\left\{\bigcup_{r=1}^{k-1} (F_k \cap F_r)\right\} + \Pr\left\{F_k \cap \left(\bigcap_{r=1}^{k-1} \bar{F}_r\right)\right\}
\tag{5-25}
$$

或写成

$$
\begin{aligned}
\Pr\left\{F_k \cap \left(\bigcap_{r=1}^{k-1} \bar{F}_r\right)\right\} &= p_{\mathrm{f}k} - \Pr\left\{\bigcup_{r=1}^{k-1} (F_k \cap F_r)\right\} \\
&\geqslant p_{\mathrm{f}k} - \sum_{r=1}^{k-1} p_{\mathrm{f}kr}
\end{aligned}
\tag{5-26}
$$

特别地，当 k=2 时，以下关系成立：

$$\Pr\left\{\bar{F}_1 \cap F_2\right\} = p_{\mathrm{f}2} - p_{\mathrm{f}12} \tag{5-27}$$

将上述结果应用于式（5-11），得到

$$\begin{aligned} p_{\mathrm{fs}} &\geqslant p_{\mathrm{f}1} + \Pr\left\{\bar{F}_1 \cap F_2\right\} + \sum_{k=3}^{m} \max\left\{\left[p_{\mathrm{f}k} - \sum_{j<k} p_{\mathrm{f}kj}\right], 0\right\} \\ &= p_{\mathrm{f}1} + \sum_{i=2}^{m} \max\left\{\left[p_{\mathrm{f}i} - \sum_{j=1}^{i-1} p_{\mathrm{f}ij}\right], 0\right\} \end{aligned} \tag{5-28}$$

整合式（5-22）和式（5-28），得到如下基于二阶界限法的结构失效概率的上下界表达式：

$$\begin{aligned} p_{\mathrm{f}1} + \sum_{i=2}^{m} \max\left\{\left[p_{\mathrm{f}i} - \sum_{j=1}^{i-1} p_{\mathrm{f}ij}\right], 0\right\} &\leqslant p_{\mathrm{fs}} \\ &\leqslant \sum_{i=1}^{m} p_{\mathrm{f}i} - \sum_{i=2}^{m} \max\left\{p_{\mathrm{f}1i}, \cdots, p_{\mathrm{f}(i-1)i}\right\} \end{aligned} \tag{5-29}$$

类似地，还可以推导二阶以上的结构失效概率 p_{fs} 的上下界限（Greig，1992）。

在二阶上下界公式中，需要对 $p_{\mathrm{f}ij} = \Pr\left(F_i \cap F_j\right)$ 进行计算。借助 FORM，可以对其进行近似评价，说明如下。首先考虑如下线性功能函数，其中，$X_1 \sim N\left(\mu_1, \sigma_1^2\right)$，$X_2 \sim N\left(\mu_2, \sigma_2^2\right)$：

$$Z = g(\boldsymbol{X}) = a_0 + a_1 X_1 + a_2 X_2 = 0 \tag{5-30}$$

$$\mu_Z = a_0 + a_1\mu_1 + a_2\mu_2,\quad \sigma_Z^2 = a_1^2\sigma_1^2 + a_2^2\sigma_2^2 \tag{5-31}$$

将基本随机变量转换为标准正态随机变量，功能函数用其标准差归一化，得到如下形式：

$$\begin{aligned} &g(\boldsymbol{Y}) = \beta + \alpha_1 Y_1 + \alpha_2 Y_2 = 0,\quad Y_1 = \frac{X_1 - \mu_1}{\sigma_1},\quad Y_2 = \frac{X_2 - \mu_2}{\sigma_2}, \\ &\beta = \mu_Z / \sigma_Z,\quad \alpha_1 = a_1\sigma_1 / \sigma_Z,\quad \alpha_2 = a_2\sigma_2 / \sigma_Z \end{aligned} \tag{5-32}$$

式中，Y 与式（3-13）中的 U 具有相同的含义，将式（3-13）中的各项乘一负号，即得到与式（5-32）相同的结果。

对于两个有关联关系的 n 维非线性功能函数 $g_1(\boldsymbol{y})$ 和 $g_2(\boldsymbol{y})$，在各自的设计验算点 $\boldsymbol{y}_1^*$ 和 $\boldsymbol{y}_2^*$ 处，分别做线性化处理（图 5-10），得到线性极限状态方程 $g_{\mathrm{L}1}(\boldsymbol{y}) = 0$ 和 $g_{\mathrm{L}2}(\boldsymbol{y}) = 0$，与式（5-32）类似，有

$$g_{\mathrm{L}i}(\boldsymbol{y}) = \beta_i + \sum_{j=1}^{n} \alpha_{ij} y_j \quad (i = 1,2) \tag{5-33}$$

$$\rho_{12} = \frac{\mathrm{Cov}\left(g_{\mathrm{L}1}, g_{\mathrm{L}2}\right)}{\sqrt{\sigma_{g_{\mathrm{L}1}}^2 \sigma_{g_{\mathrm{L}2}}^2}} = \frac{\sum_{j=1}^{n} \alpha_{1j}\alpha_{2j}}{\sqrt{\sum_{j=1}^{n} \alpha_{1j}^2 \sum_{j=1}^{n} \alpha_{2j}^2}} \tag{5-34}$$

利用上述结果，由二维正态分布函数可以计算 $p_{\mathrm{f}12} = \Pr\left(F_1 \cap F_2\right)$：

$$p_{f12}=\Phi_2(-\boldsymbol{\beta};\rho_{12})=\frac{1}{2\pi\sqrt{1-\rho_{12}^2}}\int_{-\infty}^{-\beta_1}\int_{-\infty}^{-\beta_2}\exp\left(-\frac{1}{2}\cdot\frac{u^2+v^2-2\rho_{12}uv}{1-\rho_{12}^2}\right)\mathrm{d}u\mathrm{d}v \tag{5-35}$$

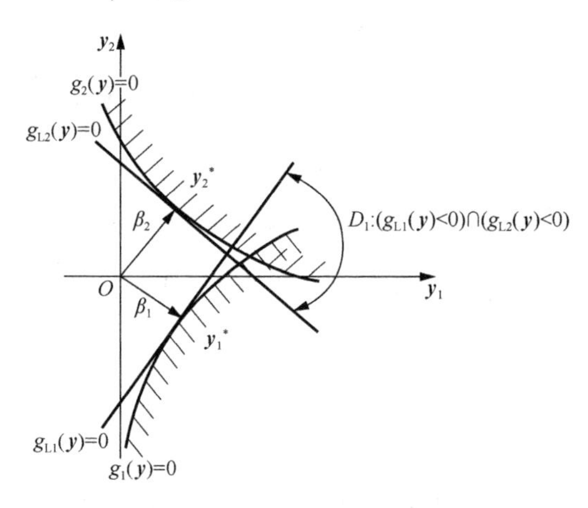

图 5-10 标准正态空间内极限状态的线性化

例 5-4 对于例 3-1 中的 2 杆桁架问题，求其失效概率的上下界。

解 利用一次二阶矩法求得各杆的失效概率分别为 $p_{f1}=p_{f2}=3.167\times10^{-3}$ 。由式（5-17）可得结构的一阶上下界为

$$\left(\max\{p_{f1},p_{f2}\},\,p_{f1}+p_{f2}\right)=(3.167\times10^{-3},\ 6.334\times10^{-3})$$

按公式计算得到如下准确结果：

$$Z_1=R_1-3.78P,\quad Z_2=R_2-3.78P,\quad \beta_1=\beta_2=2.73$$

$$\mathrm{Cov}(Z_1,\,Z_2)=3.78\times3.78\sigma_P^2=3.78\times3.78\times5^2=357.21$$

$$\rho_{12}=357.21/(20.33\times20.33)\approx0.864$$

$$\begin{aligned}p_{f12}&=\int_{-\infty}^{-\beta_1}\int_{-\infty}^{-\beta_2}\frac{1}{2\pi\sqrt{1-\rho_{12}^2}}\exp\left(-\frac{1}{2}\frac{x^2+y^2-2\rho_{12}xy}{1-\rho_{12}^2}\right)\mathrm{d}x\mathrm{d}y\\&=\Phi(-2.73,-2.73;0.864)=1.311\times10^{-3}\end{aligned}$$

$$\begin{aligned}p_{fs}&=p_{f1}+p_{f2}-p_{f12}\\&=3.167\times10^{-3}+3.167\times10^{-3}-1.311\times10^{-3}\\&=5.023\times10^{-3}\end{aligned}$$

例 5-5 对于例 5-2 中的 3 杆桁架问题，利用上下界方法计算结构体系可靠度。

解 由例 5-2 计算结果知 $\beta_1=3.45$，$\beta_2=2.04$，$\beta_3=2.05$，则有

$$p_{f1}=2.803\times10^{-4},\quad p_{f2}=2.068\times10^{-2},\quad p_{f3}=2.018\times10^{-2}$$

由式（5-17）可得，一阶上下界为

$$2.068\times10^{-2}\leqslant p_{fs}\leqslant\sum_{i=1}^{3}p_{fi}\approx4.114\times10^{-2}$$

考虑失效概率的二阶界限时，有如下结果：

$$\mathrm{Cov}(Z_1, Z_2) = \sigma_{R_1}^2 + (-3.03)\times(-3.78)\sigma_P^2 = 322.33$$

$$\rho_{12} = \frac{\mathrm{Cov}(Z_1, Z_2)}{\sigma_{Z_1}^2 \sigma_{Z_2}^2} = \frac{322.335}{16.31\times 19.84} \approx 0.996$$

$$\mathrm{Cov}(Z_1, Z_3) = 0.2\sigma_{R_2}^2 + (-3.03)\times(-3.78)\sigma_P^2 = 288.135$$

$$\rho_{13} = \frac{\mathrm{Cov}(Z_1, Z_3)}{\sigma_{Z_1}^2 \sigma_{Z_3}^2} = \frac{288.135}{16.31\times 19.49} \approx 0.906$$

$$\mathrm{Cov}(Z_2, Z_3) = 0.25\times 1.24\sigma_{R_3}^2 + (-3.78)\times(-3.78)\sigma_P^2 = 360.0$$

$$\rho_{23} = \frac{\mathrm{Cov}(Z_2, Z_3)}{\sigma_{Z_2}^2 \sigma_{Z_3}^2} = \frac{360}{19.84\times 19.49} \approx 0.931$$

$$p_{\mathrm{f}12} = \Pr\left\{(Z_1 \leqslant 0)\cap(Z_2 \leqslant 0)\right\} = \Phi(-\beta_1, -\beta_2; \rho_{12})$$
$$= \Phi(-3.45, -2.04; 0.996) = 2.803\times 10^{-4}$$

$$p_{\mathrm{f}13} = 2.797\times 10^{-4}，\ p_{\mathrm{f}23} = 1.326\times 10^{-2}$$

将失效概率按降序排列，有 $p_{\mathrm{f}2} > p_{\mathrm{f}3} > p_{\mathrm{f}1}$，由式（5-29）可知二阶下限值为

$$p_{\mathrm{fs}}^{\mathrm{L2}} = p_{\mathrm{f}2} + \left\{p_{\mathrm{f}3} - p_{\mathrm{f}23}\right\} + \max\left[\left\{p_{\mathrm{f}1} - p_{\mathrm{f}12} - p_{\mathrm{f}13}\right\}, 0\right]$$
$$= 2.760\times 10^{-2}$$

由式（5-29）可知二阶上限值为

$$p_{\mathrm{fs}}^{\mathrm{U2}} = \sum_{i=1}^{3} p_{\mathrm{f}i} - p_{\mathrm{f}23} - \max\left\{p_{\mathrm{f}12}, p_{\mathrm{f}13}\right\} = 2.760\times 10^{-2}$$

故 $p_{\mathrm{fs}} = 2.760\times 10^{-2}$。

例 5-6　刚架受竖直和水平集中力作用，如图 5-11 所示，各节点处的极限弯矩为 $M_i(i=1,2,3,4)$。记 $\boldsymbol{X} = (X_1, X_2, X_3, X_4, X_5, X_6) = (M_1, M_2, M_3, M_4, H, V)$，各随机变量均服从正态分布，均值 $\mu_{Xi} = 1.0(i=1,2,3,4,5,6)$，标准差 $\sigma_{Xi} = (0.15, 0.15, 0.15, 0.15, 0.17, 0.50)$。计算结构的可靠度指标。

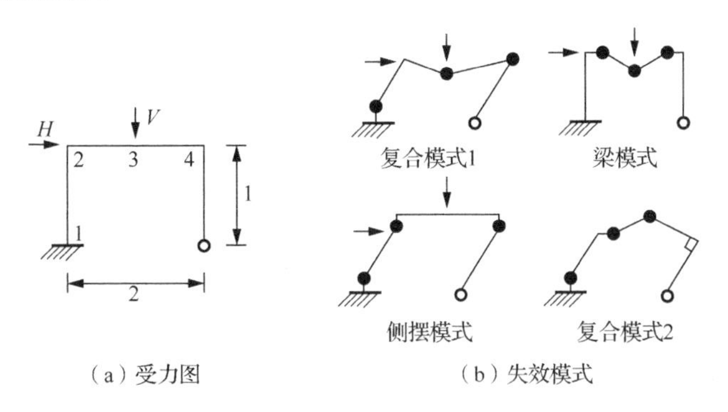

（a）受力图　　（b）失效模式

图 5-11　刚架受力图及失效模式

解　写出 4 种失效模式对应的极限状态方程如下。

复合模式 1：$M_1 + 2M_3 + 2M_4 - H - V = 0$；

梁模式：$M_2 + 2M_3 + M_4 - V = 0$；

侧摆模式：$M_1+M_2+M_4-H=0$；

复合模式 2：$M_1+2M_2+2M_3-H+V=0$。

对于复合模式 1，$G(\boldsymbol{X})=M_1+2M_3+2M_4-H-V$，求出

$$\mu_G=1.0+2.0+2.0-1.0-1.0=3.0$$

$$\sigma_G=\sqrt{0.15^2+2^2\times0.15^2+2^2\times0.15^2+0.17^2+0.5^2}=\sqrt{0.4814}\approx0.6938$$

$$\beta=\frac{\mu_G}{\sigma_G}=4.32,\quad p_{\mathrm{f}}=0.77\times10^{-5}$$

同理，求出其他 3 种失效模式的结果分别为$\beta=(4.83,6.44,7.21)$，$p_{\mathrm{f}}=(0.70\times10^{-6},0,0)$。失效概率量级在$10^{-10}$及以下时视为 0。结构失效概率的一阶上下界为$(0.77,0.84)\times10^{-5}$。

将基本随机变量进行归一化处理，忽略复合模式 2，前面 3 个功能函数转换为如下形式：

$$g_1=0.15m_1+0.30m_3+0.30m_4-0.17h-0.5v+3=0$$

$$g_2=0.15m_2+0.30m_3+0.15m_4-0.5v+3=0$$

$$g_3=0.15m_1+0.15m_2+0.15m_4-0.17h+2=0$$

计算各模式的方差、协方差及相关系数如下：

$$\sigma_{g_1}^2=0.481,\quad \sigma_{g_2}^2=0.385,\quad \sigma_{g_3}^2=0.096$$

$$\mathrm{Cov}(g_1,g_2)=0.385,\quad \mathrm{Cov}(g_1,g_3)=0.096,\quad \mathrm{Cov}(g_2,g_3)=0.045$$

$$\rho_{12}=0.895,\quad \rho_{13}=0.447,\quad \rho_{23}=0.234$$

经过运算，得到失效概率的二阶上下界为$(0.79,0.81)\times10^{-5}$。相比一阶上下界，二阶上下界的间隔变小，所得结果更加有用和准确。

5.3 概率网络法

无论是何种结构系统，求可靠度时都涉及各失效模式间的相关性问题。概率网络（probabilistic network，PNET）方法是一种考虑各失效模式相关性的分析方法，具体内容介绍如下（张新培，2001）。

设一结构系统有 n 个相关失效模式，现采用其中 m 个失效模式（可称为代表模式）代替整个系统的 n 个失效模式（$m<n$），认为 m 个代表模式相互独立，由式（5-4）可知

$$p_{\mathrm{fs}}=1-\prod_{i=1}^{m}(1-p_{\mathrm{f}i})\tag{5-36}$$

根据式（5-36）可知，若确定了 m 个代表模式的失效概率 $p_{\mathrm{f}i}(i=1,2,\cdots,m)$，则可求得系统失效概率 p_{fs}。

5.3.1 代表模式

代表模式的确定步骤如下。

步骤 1　针对系统的 n 个失效模式逐一计算其可靠度指标 β，取 β 最小者为第一失

效模式。

步骤 2　计算第一失效模式与其余失效模式之间的相关系数 $\rho_{i1}(i=2,\cdots,n)$。

步骤 3　确定代表模式。若 $\rho_{i1} > \rho_0$，则认为第 i 失效模式与第一失效模式高级（高度）相关（张明，2009），可被第一失效模式代表。若 $\rho_{i1} < \rho_0$，则两者相关程度较低，不能被第一失效模式代表。去掉被第一失效模式代表的失效模式，从剩余的失效模式中寻找 β 为最小者，重复上述步骤，可找出第二个代表模式。以此类推，即可找出 m 个代表模式。

5.3.2　失效模式间相关系数的计算

令 Z_i, Z_j 分别表示结构系统第 i, j 个失效模式的功能函数。设 Z_i, Z_j 均为独立基本随机变量 $X_i(i=1,2,\cdots,n)$ 的非线性函数，将 Z_i, Z_j 在各自设计验算点处泰勒展开，取线性项。则 Z_i, Z_j 的协方差及相关系数可写为

$$\mathrm{Cov}(Z_i Z_j)=\sum_{k=1}^{n}\left(\frac{\partial Z_i}{\partial X_k'}\right)_{x_i}\left(\frac{\partial Z_j}{\partial X_k'}\right)_{x_j}，\ X_k'=\frac{X_k-\mu_{X_k}}{\sigma_{X_k}} \tag{5-37}$$

$$\rho_{Z_i Z_j}=\frac{\mathrm{Cov}(Z_i Z_j)}{\sigma_{Z_i}\sigma_{Z_j}}=\frac{\displaystyle\sum_{k=1}^{n}\left(\frac{\partial Z_i}{\partial X_k'}\right)_{x_i}\left(\frac{\partial Z_j}{\partial X_k'}\right)_{x_j}}{\sqrt{\displaystyle\sum_{k=1}^{n}\left(\frac{\partial Z_i}{\partial X_k'}\right)_{x_i}^2}\sqrt{\displaystyle\sum_{k=1}^{n}\left(\frac{\partial Z_j}{\partial X_k'}\right)_{x_j}^2}} \tag{5-38}$$

若 Z_i, Z_j 均为独立基本随机变量 $X_i(i=1,2,\cdots,n)$ 的线性函数，则有如下结果：

$$Z_i=\sum_{k=1}^{n}a_{ik}X_k,\ Z_j=\sum_{k=1}^{n}b_{jk}X_k \tag{5-39}$$

$$\rho_{Z_i Z_j}=\frac{\displaystyle\sum_{k=1}^{n}a_{ik}b_{jk}\sigma_{X_k}^2}{\sigma_{Z_i}\sigma_{Z_j}} \tag{5-40}$$

5.3.3　界限值 ρ_0 的选择

PNET 方法的计算量及计算精度与 ρ_0 的取值有关。一般 ρ_0 越大，计算精度越高，计算量也越大，反之亦然。但若 ρ_0 取值过大（如 ρ_0 几乎等于 1，这等同于假定各失效模式相互独立），则得到的系统可靠度偏小，结果过于保守；若 ρ_0 取值过小（如 ρ_0 几乎等于 0，这等同于假定各失效模式完全相关），则得到的系统可靠度偏大，结果偏于危险。一般取界限值 $\rho_0=0.7\sim0.8$。

5.3.4　PNET 方法分析步骤

PNET 方法的分析步骤如下。

步骤 1　分析结构系统，列出 n 个主要失效模式及其功能函数 $Z_i(i=1,2,\cdots,n)$，求可靠度指标 β_i，按 β_i 从小到大排序。

步骤 2　取 β_i 最小者为第一失效模式，计算第一失效模式与其余失效模式之间的相关系数 $\rho_{i1}(i=2,\cdots,n)$。

步骤 3　选定界限值 ρ_0（一般取 0.7～0.8），若 $\rho_{i1}>\rho_0$，则认为第 i 失效模式被第一失效模式代表，将该失效模式删除，否则保留该模式。

步骤 4　取剩余失效模式中可靠度指标 β_i 最小者为第二失效模式，计算第二失效模式与剩余失效模式之间的相关系数 ρ_{i2}。

步骤 5　若 $\rho_{i2}>\rho_0$，则认为第 i 失效模式被第二失效模式代表，将其删除。重复上述步骤，直至所有失效模式均被代表。

步骤 6　利用式（5-36）计算结构体系的失效概率。

例 5-7　考虑图 5-12 所示的静定桁架结构问题。桁架各杆的极限承载力 $R_i(i=1,2,\cdots,9)$ 及外力 P 为相互独立的正态分布随机变量，分布特征如下。利用 PNET 方法求该结构的失效概率（张新培，2001）。

$$P:N(2000,450^2)$$

$$R_1,R_2,R_8,R_9:N(9000,550^2)$$

$$R_3,R_4,R_5,R_6,R_7:N(3000,200^2)$$

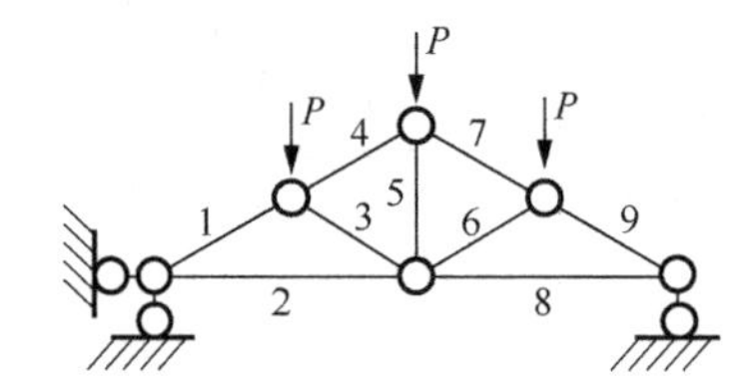

图 5-12　静定桁架结构受力图

解　1）首先计算各杆承载能力的可靠度指标。

图 5-12 所示的静定桁架由 9 根杆单元构成，任一杆失效都会造成此静定桁架失效。故此桁架有 9 个失效模式，相应有 9 个功能函数表达式。根据静力平衡条件求得各杆的荷载效应，从而可列出各功能函数表达式。针对各功能函数，采用一次二阶矩方法可求得各杆承载能力可靠度指标，按失效概率大小排列，结果如表 5-1 所示。

表 5-1　各杆承载能力可靠度指标

失效模式	杆号	功能函数	β	p_f
1	4	$Z_4=R_4-1.4142P$	0.26	39.74%
2	7	$Z_7=R_7-1.4142P$	0.26	39.74%
3	5	$Z_5=R_5-P$	2.03	2.12%
4	3	$Z_3=R_3-0.7071P$	4.22	0.0013%
5	6	$Z_6=R_6-0.7071P$	4.22	0.0013%
6	1	$Z_1=R_1-2.1213P$	4.32	0.0008%
7	9	$Z_9=R_9-2.1213P$	4.32	0.0008%
8	2	$Z_2=R_2-1.5P$	6.89	≈0
9	8	$Z_8=R_8-1.5P$	6.89	≈0

2）计算相关系数。

由表 5-1 可知，功能函数均为线性函数，利用式（5-40）计算相关系数，结果如表 5-2 所示。

表 5-2　各功能函数相关系数

失效模式	1	2	3	4	5	6	7	8	9
1	1.00	0.91	0.87	0.81	0.81	0.83	0.83	0.74	0.74
2		1.00	0.87	0.81	0.81	0.83	0.83	0.74	0.74
3			1.00	0.77	0.77	0.79	0.79	0.71	0.71
4				1.00	0.72	0.73	0.73	0.66	0.66
5					1.00	0.73	0.73	0.66	0.66
6						1.00	0.75	0.67	0.67
7							1.00	0.67	0.67
8								1.00	0.60
9									1.00

3）确定代表模式。

取 $\rho_0 = 0.8$，失效模式 1 的 β 值最小，取其为第一失效模式。由于 $\rho_{i1} > 0.8(i = 2,\cdots,7)$，故失效模式 $2,\cdots,7$ 均与第一失效模式高度相关，可被第一失效模式代表。而 ρ_{81} 和 ρ_{91} 均小于 0.8，不能被第一失效模式代表。再取失效模式 8 为第二个代表模式，由于 ρ_{89} 小于 0.8，故失效模式 9 不能被第二失效模式代表，失效模式 9 为第三个代表模式，即结构系统简化为 3 个独立的代表模式。

4）计算桁架的失效概率。

由式（5-36）可得

$$\begin{aligned} p_{\mathrm{fs}} &= 1 - \prod_{i=1}^{3}(1 - p_{\mathrm{f}i}) \\ &= 1 - (1 - 39.74\%)(1 - 0)(1 - 0) \\ &= 0.3974 \end{aligned}$$

5.4　求结构系统可靠度的 MCS 方法

参照第 4 章叙述，在运用 MCS 方法时，需要定义和计算结构系统功能函数的指示函数。对于串联系统和并联系统，指示函数 $I(\boldsymbol{x}^{(i)})$ 分别表达为

$$I(\boldsymbol{x}^{(i)}) = \begin{cases} 1, & \bigcup_{j=1}^{m} Z_j(\boldsymbol{x}^{(i)}) \leqslant 0 \\ 0, & \text{其他} \end{cases} \tag{5-41}$$

$$I(\boldsymbol{x}^{(i)}) = \begin{cases} 1, & \bigcap_{j=1}^{m} Z_j(\boldsymbol{x}^{(i)}) \leqslant 0 \\ 0, & \text{其他} \end{cases} \tag{5-42}$$

对于串-并联等混联系统或具有其他结构形式的系统，视具体结构形式定义其指示函数。利用 MCS 方法计算结构系统可靠度的流程如下。

步骤 1 确定结构系统的失效模式及相应功能函数 Z_j（或 G_j）$(j=1,2,\cdots,m)$。

步骤 2 根据输入变量 $\boldsymbol{X}$ 的分布产生容量为 $N(\geqslant 100/p_{\mathrm{f}})$ 的样本集 $\boldsymbol{x}^{(i)}(i=1,2,\cdots,N)$。

步骤 3 计算各功能函数值 $Z_j(\boldsymbol{x}^{(i)})$，并得到系统失效样本数 $N_{\mathrm{f}}=\sum_{i=1}^{N}I(\boldsymbol{x}^{(i)})$，其中 $I(\boldsymbol{x}^{(i)})$ 代表系统指示函数，若 $\boldsymbol{x}^{(i)}$ 位于系统失效域内，则 $I(\boldsymbol{x}^{(i)})=1$，否则，$I(\boldsymbol{x}^{(i)})=0$。

步骤 4 由 $p_{\mathrm{f}}=N_{\mathrm{f}}/N$ 得到结构系统的失效概率。

例 5-8 考虑一个简支梁结构，如图 5-13 所示。梁长 $L=5m$，梁受到均布荷载 w 的作用。梁的抗弯承载力和抗剪承载力分别为 M_0 和 V_0，荷载及结构性能参数列于表 5-3。利用 MCS 方法和传统解析方法求该结构的失效概率。

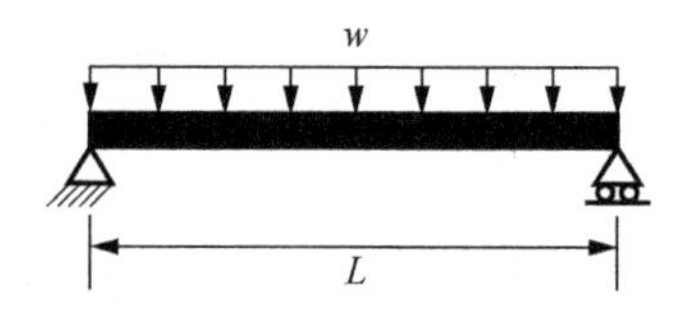

图 5-13 简支梁结构

表 5-3 简支梁结构随机参数分布表

参数	分布类型	均值	标准差
M_0	正态	700 kN·m	105 kN·m
V_0	正态	800 kN	80 kN
w	正态	90 kN/m	22.5 kN/m

解 将梁看作由两构件组成的串联系统，构件 1、2 的失效分别对应弯曲失效模式和剪切失效模式，对应的功能函数为

$$Z_1(\boldsymbol{X})=M_0-\frac{1}{8}wL^2$$

$$Z_2(\boldsymbol{X})=V_0-\frac{1}{2}wL$$

利用 MCS 方法计算时，产生 10^7 组输入随机变量 $\boldsymbol{X}$ 样本，计算各个样本点对应的各构件功能函数值 Z_1,Z_2，进而计算串联系统的可靠度。MCS 方法共需要 2×10^7 次函数调用，计算得到系统的失效概率为 4.6087×10^{-4}。

利用解析法求解，可得到与上述 MCS 方法相同的结果。具体计算过程如下。

计算各失效模式相应的均值、标准差和可靠度指标，有

$$\mu_1=\mu_{M_0}-\frac{25}{8}\mu_w=418.75$$

$$\sigma_1=\sqrt{\sigma_{M_0}^2+\left(\frac{25}{8}\right)^2\sigma_w^2}\approx126.37$$

$$\beta_1=\mu_1/\sigma_1\approx3.314,\quad p_{\mathrm{f}1}=4.6035\times10^{-4}$$

$$\mu_2 = \mu_{V_0} - \frac{5}{2}\mu_w = 575.00$$

$$\sigma_2 = \sqrt{\sigma_{V_0}^2 + \left(\frac{5}{2}\right)^2 \sigma_w^2} \approx 97.80$$

$$\beta_2 = \mu_2/\sigma_2 \approx 5.880,\ p_{f2} = 2.056\times10^{-9}$$

两个功能函数 Z_1, Z_2 的相关系数为

$$\rho_{12} = \frac{\mathrm{Cov}(Z_1, Z_2)}{\sigma_1\sigma_2} = \frac{\frac{25}{8}\times\frac{5}{2}\sigma_w^2}{\sigma_1\sigma_2} \approx 0.32$$

系统失效概率为

$$\begin{aligned} p_{f12} &= \int_{-\infty}^{-\beta_1}\int_{-\infty}^{-\beta_2} \frac{1}{2\pi\sqrt{1-\rho_{12}^2}} \exp\left(-\frac{1}{2}\frac{x^2+y^2-2\rho_{12}xy}{1-\rho_{12}^2}\right)\mathrm{d}x\mathrm{d}y \\ &= \Phi(-3.314, -5.880; 0.32) = 1.498\times10^{-10} \end{aligned}$$

$$\begin{aligned} p_{fs} &= p_{f1} + p_{f2} - p_{f12} \\ &= 4.6035\times10^{-4} + 2.056\times10^{-9} - 1.498\times10^{-10} \\ &\approx 4.6035\times10^{-4} \end{aligned}$$

例 5-9　对于例 5-2 中的 3 杆桁架问题，利用 MCS 方法计算结构体系可靠度。

解　3 种失效模式对应的功能函数如下：

$$Z_1 = R_1 + 0.2\times R_2 - 3.03\times P$$

$$Z_2 = R_1 + 0.25\times R_3 - 3.78\times P$$

$$Z_3 = R_2 + 1.24\times R_3 - 3.78\times P$$

该问题可视为 3“构件”（对应 3 种失效模式）的串联系统，任何一个“构件”失效，则该系统失效。利用 MCS 方法计算时，产生10^5组输入随机变量$\boldsymbol{X} = [R_1, R_2, R_3, P]$样本，计算各个样本点对应的功能函数值$Z_1, Z_2, Z_3$，利用式（5-41）得到对应指示函数值，进而计算串联系统的可靠度。MCS 方法共需要3×10^5次函数调用，计算得到系统的失效概率为2.770×10^{-2}，与例 5-5 中通过上下界方法得到的结果（2.760×10^{-2}）几乎相同。

例 5-10　对于例 5-7 中的 9 杆件桁架问题，利用上下界求解方法和 MCS 方法计算结构体系可靠度。

解　在例 5-7 中，按失效概率大小对失效模式进行编号，即表 5-1 和表 5-2。此处按杆件的编号定义失效模式，即模式 1 代表杆 1 的失效，等等。9 种失效模式对应的功能函数分别为

$$Z_1 = R_1 - 2.1213P;\quad Z_2 = R_2 - 1.5P;\quad Z_3 = R_3 - 0.7071P$$

$$Z_4 = R_4 - 1.4142P;\quad Z_5 = R_5 - P;\quad Z_6 = R_6 - 0.7071P$$

$$Z_7 = R_7 - 1.4142P;\quad Z_8 = R_8 - 1.5P;\quad Z_9 = R_9 - 2.1213P$$

由例 5-7 的计算结果可知，$\beta_1 = \beta_9 = 4.32$，$\beta_2 = \beta_8 = 6.89$，$\beta_3 = \beta_6 = 4.22$，$\beta_4 = \beta_7 = 0.26$，$\beta_5 = 2.03$；$p_{f1} = p_{f9} = 8\times10^{-6}$，$p_{f2} = p_{f8} = 0$，$p_{f3} = p_{f6} = 1.3\times10^{-5}$，$p_{f4} = p_{f7} = 0.3974$，$p_{f5} = 0.0212$。由式（5-17）知，一阶上下界为

$$0.3974 \leqslant p_{\mathrm{fs}} \leqslant \sum_{i=1}^{m} p_{\mathrm{f}i} \approx 0.8160$$

由此可知，例 5-7 中基于 PNET 方法求出的结果，对应失效概率的一阶下界。考虑二阶上下界时，将表 5-2 重组，相关系数如表 5-4 所示。

表 5-4 各功能函数相关系数

失效模式	1	2	3	4	5	6	7	8	9
1	1.00	0.67	0.73	0.83	0.79	0.73	0.83	0.67	0.75
2		1.00	0.66	0.74	0.71	0.66	0.74	0.60	0.67
3			1.00	0.81	0.77	0.72	0.81	0.66	0.73
4				1.00	0.87	0.81	0.91	0.74	0.83
5					1.00	0.77	0.87	0.71	0.79
6						1.00	0.81	0.66	0.73
7							1.00	0.74	0.83
8								1.00	0.67
9									1.00

根据式 $p_{\mathrm{f}ij} = \Phi(-\beta_i, -\beta_j; \rho_{ij})$ 计算二阶概率，得到如下结果（失效概率在10^{-12}量级或更小时，记为 0）：

$p_{\mathrm{f}2j} = 0(j = 1,3,4,5,6,7,8,9)$；

$p_{\mathrm{f}j8} = 0(j = 1,2,3,4,5,6,7,9)$；

$p_{\mathrm{f}13} = p_{\mathrm{f}16} = 7.5153 \times 10^{-7}$， $p_{\mathrm{f}14} = p_{\mathrm{f}17} = 7.8015 \times 10^{-6}$， $p_{\mathrm{f}15} = 7.748 \times 10^{-6}$， $p_{\mathrm{f}19} = 6.8373 \times 10^{-7}$；

$p_{\mathrm{f}34} = p_{\mathrm{f}37} = 1.2215 \times 10^{-5}$， $p_{\mathrm{f}35} = 1.2007 \times 10^{-5}$， $p_{\mathrm{f}36} = 9.0938 \times 10^{-7}$， $p_{\mathrm{f}39} = 7.5153 \times 10^{-7}$；

$p_{\mathrm{f}45} = 0.0212$， $p_{\mathrm{f}46} = 1.2215 \times 10^{-5}$， $p_{\mathrm{f}47} = 0.3317$， $p_{\mathrm{f}49} = 7.8015 \times 10^{-6}$；

$p_{\mathrm{f}56} = 1.2007 \times 10^{-5}$， $p_{\mathrm{f}57} = 0.0212$， $p_{\mathrm{f}59} = 7.748 \times 10^{-6}$；

$p_{\mathrm{f}67} = 1.2215 \times 10^{-5}$， $p_{\mathrm{f}69} = 7.5153 \times 10^{-7}$； $p_{\mathrm{f}79} = 7.8015 \times 10^{-6}$。

将失效概率按降序排列，有 $p_{\mathrm{f}4} = p_{\mathrm{f}7} > p_{\mathrm{f}5} > p_{\mathrm{f}3} = p_{\mathrm{f}6} > p_{\mathrm{f}1} = p_{\mathrm{f}9} > p_{\mathrm{f}2} = p_{\mathrm{f}8}$，由式(5-29)可知下限值为

$$\begin{aligned}
p_{\mathrm{fs}}^{\mathrm{L2}} = & p_{\mathrm{f}4} + \max\left[\{p_{\mathrm{f}7} - p_{\mathrm{f}47}\}, 0\right] + \max\left[\{p_{\mathrm{f}5} - p_{\mathrm{f}45} - p_{\mathrm{f}57}\}, 0\right] \\
& + \max\left[\{p_{\mathrm{f}3} - p_{\mathrm{f}34} - p_{\mathrm{f}37} - p_{\mathrm{f}35}\}, 0\right] + \max\left[\{p_{\mathrm{f}6} - p_{\mathrm{f}46} - p_{\mathrm{f}67} - p_{\mathrm{f}56} - p_{\mathrm{f}36}\}, 0\right] \\
& + \max\left[\{p_{\mathrm{f}1} - p_{\mathrm{f}14} - p_{\mathrm{f}17} - p_{\mathrm{f}15} - p_{\mathrm{f}13} - p_{\mathrm{f}16}\}, 0\right] \\
& + \max\left[\{p_{\mathrm{f}9} - p_{\mathrm{f}49} - p_{\mathrm{f}79} - p_{\mathrm{f}59} - p_{\mathrm{f}39} - p_{\mathrm{f}69} - p_{\mathrm{f}19}\}, 0\right] \\
& + \max\left[\{p_{\mathrm{f}2} - p_{\mathrm{f}24} - p_{\mathrm{f}27} - p_{\mathrm{f}25} - p_{\mathrm{f}23} - p_{\mathrm{f}26} - p_{\mathrm{f}12} - p_{\mathrm{f}29}\}, 0\right] \\
& + \max\left[\{p_{\mathrm{f}8} - p_{\mathrm{f}48} - p_{\mathrm{f}78} - p_{\mathrm{f}58} - p_{\mathrm{f}38} - p_{\mathrm{f}68} - p_{\mathrm{f}18} - p_{\mathrm{f}89} - p_{\mathrm{f}28}\}, 0\right] \\
= & 0.3974 + 0.0657 + 0 + 0 + 0 + 0 + 0 + 0 + 0 = 0.4631
\end{aligned}$$

由式（5-29）可知上限值为

$$
\begin{aligned}
p_{\mathrm{fs}}^{\mathrm{U2}} &= \sum_{i=1}^{9} p_{\mathrm{f}i} - p_{\mathrm{f}47} - \max\{p_{\mathrm{f}45}, p_{\mathrm{f}57}\} - \max\{p_{\mathrm{f}34}, p_{\mathrm{f}37}, p_{\mathrm{f}35}\} \\
&\quad - \max\{p_{\mathrm{f}46}, p_{\mathrm{f}67}, p_{\mathrm{f}56}, p_{\mathrm{f}36}\} - \max\{p_{\mathrm{f}14}, p_{\mathrm{f}17}, p_{\mathrm{f}15}, p_{\mathrm{f}13}, p_{\mathrm{f}16}\} \\
&\quad - \max\{p_{\mathrm{f}49}, p_{\mathrm{f}79}, p_{\mathrm{f}59}, p_{\mathrm{f}39}, p_{\mathrm{f}69}, p_{\mathrm{f}19}\} \\
&\quad - \max\{p_{\mathrm{f}24}, p_{\mathrm{f}27}, p_{\mathrm{f}25}, p_{\mathrm{f}23}, p_{\mathrm{f}26}, p_{\mathrm{f}12}, p_{\mathrm{f}29}\} \\
&\quad - \max\{p_{\mathrm{f}48}, p_{\mathrm{f}78}, p_{\mathrm{f}58}, p_{\mathrm{f}38}, p_{\mathrm{f}68}, p_{\mathrm{f}18}, p_{\mathrm{f}89}, p_{\mathrm{f}28}\} \\
&= 0.8160 - 0.3317 - 0.0212 - 1.22\times10^{-5} - 1.22\times10^{-5} - 7.80\times10^{-6} - 7.80\times10^{-6} - 0 - 0 \\
&\approx 0.4631
\end{aligned}
$$

故 $p_{\mathrm{fs}} = 0.4631$。

利用 MCS 方法求解时，该问题可视为 9 构件的串联系统，任何一个构件失效，则该系统失效。首先产生 10^5 组输入随机变量 $\boldsymbol{X} = [R_1, R_2, \cdots, R_9, P]$ 样本，计算各个样本点对应的各构件功能函数值 $Z_1, Z_2, \cdots, Z_9$，利用式（5-41）得到对应的指示函数值，进而计算串联系统的可靠度。运用 MCS 方法时共需要 9×10^5 次函数调用，计算得到的失效概率为 $p_{\mathrm{fs}} = 0.4639$。该结果与二阶上下界方法得到的结果几乎相等。

参考文献

张明，2009．结构可靠度分析：方法与程序[M]．北京：科学出版社．

张新培，2001．建筑结构可靠度分析与设计[M]．北京：科学出版社．

室津義定，米澤政昭，邵晓文，1996．システム信頼性工学[M]．东京：共立出版株式会社．

CORNELL C A, 1967. Bounds on the reliability of structural systems[J]. Journal of Structural Division, ASCE, 93(ST1): 171-200.

DITLEVSEN O, 1979. Narrow relibiality bounds for structural systems[J]. Journal of Structural Mechanics, 7(4): 453-472.

GREIG G L, 1992. An assessment of high-order bounds for structural reliability[J]. Structural Safety, 11(3-4): 213-225.

KOUNIAS E G, 1968. Bounds for the probability of a union with applications[J]. Annals of Mathematical Statistics, 39(6): 2154-2158.

MELCHERS R E, BECK A T, 2018. Structural reliability analysis and prediction[M]. 3rd ed. West Sussex: John Wiley & Sons Inc.

习　题

5.1 一个链条由焊接工艺连接而成，每个连接环节的强度均服从韦布尔分布，$\alpha = 5$，$\beta = 5000\mathrm{N}$。计算：

1）每个环节的平均强度；

2）具有 50 个或 100 个连接环节的链条的平均强度；

3）在 2）中，若失效概率为 0.01，则对应的作用荷载分别是多少？

5.2 图 5-14 中，设各杆强度相互独立，荷载与各杆强度相互独立，$R_i \sim N(60, 10^2)$ kN，$L \sim N(100, 25^2)$ kN，计算各杆的失效概率。

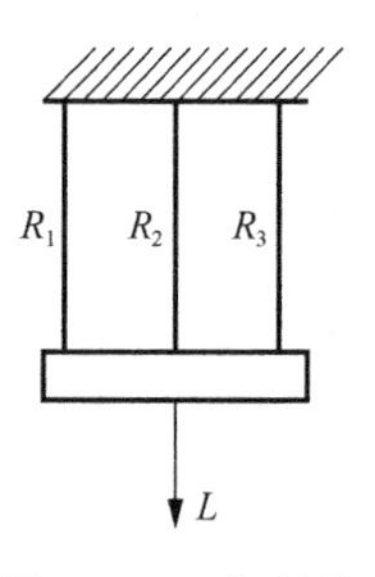

图 5-14　3 杆结构

5.3 对于习题 5.2，求初始失效（发生任一杆件的失效）概率的一阶上下界和二阶上下界。

5.4 对于习题 5.3，只有当所有杆件失效时，结构才失效，即将结构视为 3 杆并联系统，求系统的失效概率。

5.5 对于习题 5.3，利用 MCS 方法求系统的失效概率。

5.6 图 5-15 所示连续梁包含 AB 和 BC 两段，各有 4m 长，支座在 A,B,C 三处，Q_1 作用于 AB 的中点 D 处，Q_2 作用于 BC 的中点 E 处，$Q_i \sim N(30,0.3^2)(i=1,2)$（单位：kN），忽略向上作用的可能性。$D,B,E$ 各处的弯矩极限值均值分别为 31,45,25（单位：kN·m），服从正态分布，变异系数 V=0.1，计算结构失效概率的上界和下界。

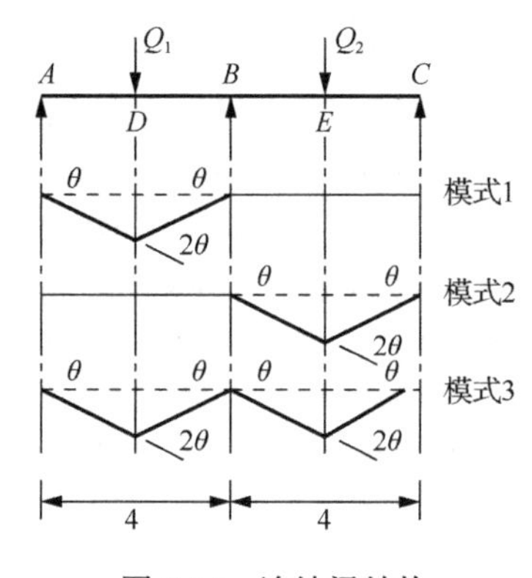

图 5-15　连续梁结构

5.7 有一多层建筑，设单个水泥预制板超过极限变形的概率均为 0.1。在首个板的变形超出极限值的条件下，相邻板超出极限值的概率为 0.7。计算以下事件的概率：

1）两相邻板至少有一个超出极限值。

2）两相邻板中，一个超出极限值，另一个未超出。

3）均超出极限值。

5.8 3 杆桁架静定结构可视为一串联系统，任一杆件失效会导致结构失效，各杆相互独立。已知 $p_{\mathrm{fA}}=0.01$，$p_{\mathrm{fB}}=0.02$，$p_{\mathrm{fC}}=0.03$，计算结构系统的失效概率。

5.9 在习题 5.8 中，若事件 C 和 B 相关，A 独立，$\Pr(C\,|\,B)=0.6$，计算结构系统的失效概率。

5.10 推导例 5-2 中各失效模式的极限状态方程。

第6章 时变可靠性与随机过程模型

在荷载、服役环境和材料内部因素的共同作用下，结构的可靠性会随着时间而逐渐降低。为了保证结构在服役期间的安全性，需要进行结构的时变可靠性分析和计算。本章概述结构时变可靠性的基本原理和分析方法，并给出几种具体的求解方法，包括随机变量转换方法、时间离散方法、随机过程模型及基于超越率的计算方法等。同时介绍基本的结构抗力模型及荷载效应模型。在第7章将进一步讲述求解时变可靠性的其他方法。

6.1 结构时变可靠性概述

6.1.1 时变问题

由于老化作用，结构的性能（强度、刚度等）将随时间发生退化。这是一种渐进、单调和长期的现象，如疲劳裂纹扩展、钢筋腐蚀和混凝土碳化。对结构性能退化有两种描述方法，其一是随机过程模型，其二是用随机变量乘以时间的确定性函数。以抗力为例，t 时刻的抗力可以表示为

$$R(t) = R_0\alpha(t) \tag{6-1}$$

$$\alpha(t) = 1 - a \cdot t^b \tag{6-2}$$

式中，R_0 是 t_0 时刻的初始抗力；$\alpha(t)$ 为时间的确定性函数，用来表示结构的退化规律，它与结构材料、结构类型、受力特点、使用条件、环境等因素有关。最常用的退化函数形式为式(6-2)，参数 a 和 b 通过实验或退化机理确定，如对应扩散控制型老化取 $b = 0.5$，对腐蚀取 $b = 1$，对硫酸盐侵蚀取 $b = 2$（Mori 和 Ellingwood，1993）。

抗力的随机过程模型可表示为

$$R(t) = R_0 - Y(t) \tag{6-3}$$

式中，R_0 是 t_0 时刻的初始抗力；$Y(t)$ 是一随机过程，表示 t 时刻的累积退化量。伽马过程是应用较广泛的随机过程模型，适于描述磨损、疲劳、腐蚀、裂纹扩展等渐进退化过程。

结构在服役期间，会遭遇各式各样的荷载作用，如风荷载、车辆荷载、爆炸、地震等。这些荷载作用的大小和作用时间一般是随机的，且随时间是变化的。荷载效应可利用随机过程 $S(t)$ 进行描述。因此，结构的功能函数可表示为（Melchers 和 Beck，2018）

$$Z(t) = R(t) - S(t) \tag{6-4}$$

功能函数 $Z(t)$ 是对未来结构响应的预测。对应 t 时刻的瞬时失效概率定义为

$$p_{\mathrm{f,i}}(t) = \Pr[Z(t) < 0] \tag{6-5}$$

在式（6-5）中，t 已固定为某一时刻点，可以将 $Z(t)$ 视为一随机变量，下标 i 表示瞬时

(instantaneous)的意思。瞬时失效概率可以通过传统的时不变可靠性计算方法求解得到，如 MCS 方法、一次二阶矩方法。

需要注意的是，抗力的符号 $R(t)$ 有时用来表示可靠性函数（如第 1 章），根据上下文，一般不会产生混淆。

6.1.2 时变可靠性的意义

时变可靠性关注的问题是，根据某时间区间 $[t_0,t_1](t_1\in(t_0,t_L])$ 内功能函数的取值情况（或强度和应力的干涉情况），求出该区间上的累积失效概率（图 6-1），即

$$p_{f,c}(t_0,t_1)=\Pr\{\exists t\in[t_0,t_1],Z(t)<0\} \tag{6-6}$$

在区间 $[t_0,t_1]$ 上的任意一个时刻，若出现功能函数为负值的情形，则表示结构发生失效。根据式（6-6）得到的结果，称为结构的时变可靠性，也就是用累积失效概率衡量结构在区间 $[t_0,t_1]$ 上的可靠性。

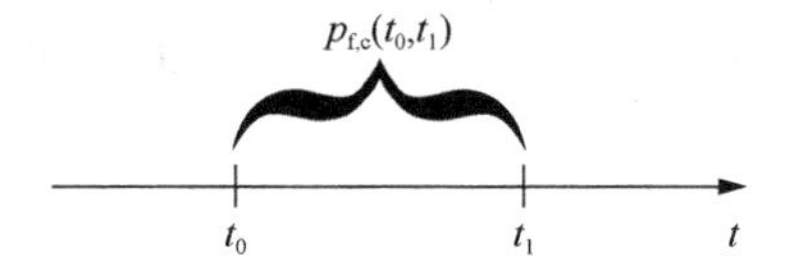

图 6-1 时变可靠性（区间$[t_0, t_1]$内的累积失效概率）

考虑结构设计寿命期内的未来任意两个时刻：$t_1<t_2$，$t_1,t_2\in[t_0,t_L]$。用 A 表示结构在区间 $[t_0,t_1]$ 上安全，用 C 表示结构在区间 $[t_0,t_2]$ 上安全，用 B 表示在 A 发生条件下，结构在区间 $[t_1,t_2]$ 上安全。根据概率理论，有

$$\begin{aligned}\Pr(C)&=\Pr(A)\Pr(C|A)+\Pr(\bar{A})\Pr(C|\bar{A})\\&=\Pr(A)\Pr(B)+\Pr(\bar{A})\times 0\end{aligned} \tag{6-7}$$

由此得到以下关系：

$$1-p_{f,c}(t_0,t_2)=[1-p_{f,c}(t_0,t_1)]\cdot[1-p_{f,c}(t_1,t_2)] \tag{6-8}$$

$$\begin{cases}p_2=p_1+p_{21}-p_1p_{21}\\p_2\equiv p_{f,c}(t_0,t_2),\ p_1\equiv p_{f,c}(t_0,t_1),\ p_{21}\equiv p_{f,c}(t_1,t_2)\end{cases} \tag{6-9}$$

式中，p_{21} 的含义是结构在区间 $[t_0,t_1]$ 上安全的条件下，在区间 $[t_1,t_2]$ 上发生失效的概率。

根据失效事件的包含关系可知，在指定的时间区间 $[t_0,t_2]$ 上，累积失效概率大于或等于其任意子区间的累积失效概率，累积失效概率大于或等于该区间上任一时刻的瞬时失效概率，即

$$p_2\geqslant p_1,p_2\geqslant p_{21},\ p_2\geqslant p_{f,i}(t),\ \forall t\in[t_0,t_2] \tag{6-10}$$

在可靠性理论的萌芽和发展早期，其研究背景是电子产品质量的稳定性。产品可靠度解释为产品存活概率。基于频率的观点，1.2 节所述可靠性函数 $R(t)$的含义可以解释为：在服役期内的任一时刻 t，数目很大的相同产品的现有存活数与初期（t=t_0）投入使用的产品总数的比值。故障概率表示为 $F(t)$=1−$R(t)$，它是区间$[t_0, t]$上产品失效可能性的一种度量。

对于结构可靠性问题，这样一种频率的解释在理论和实践上都存在困难，结构可靠性反映的是人们对于结构是否安全的一种信任程度。对于结构安全的这种信任程度本质上是一种主观判定，而结构可靠性理论为其提供了一种判定的基础和方法，即提供了一种合理的分析量化方法。

时变可靠性中的累积失效概率与上述故障概率的含义相当，瞬时失效概率则没有这样的含义。在定义和计算瞬时失效概率时，并未提及在时刻 t 之前结构处于何种状况，除了给出 t 时刻的功能函数，定义瞬时失效概率涉及的前提是，该结构存在且于 t_0 时刻开始服役。为表达简洁，以下用 $p_f(t_0, t)$表示区间$[t_0, t]$上的累积失效概率，用 $p_f(t)$表示时间节点 t 处的瞬时失效概率。

6.1.3　首次超越

与瞬时失效概率或时不变可靠性相比，时变可靠性的分析计算通常要复杂得多。将初始时刻设为 t_0=0，将瞬时失效概率在区间$[0, t]$上对时间积分，可得到该时间段内的累积失效概率。

功能函数 $Z(t)$在时间尺度上具有相关性，各时刻的瞬时失效概率之间也具有相关性，因此，直接运用积分的方法存在很大困难，基本不具有可行性。通常采用的近似处理方法是，用某一极值荷载（随机变量）代表时间区间$[0, t]$上的荷载效应，并假设抗力一定，将问题转换为传统的时不变可靠性问题。或利用首次超越的概念，对时变可靠性问题进行描述和分析。

对于式（6-4）所表示的功能函数，事件$\{Z(t)\leqslant 0\}$首次发生的时间是一随机变量，首次发生时间落在区间$[0, t_L]$上的概率称为首次超越概率。该事件发生与否，对应于结构在时间区间$[0, t_L]$上是否发生失效。因此，通过求解首次超越概率，就可以得到结构的时变可靠度。对于一维和二维问题，首次超越现象的示意图如图 6-2 和图 6-3 所示。首次超越方法对功能函数的形式没有限制，但需要用到随机过程的相关知识和相应的分析计算方法（见 6.6 节）。

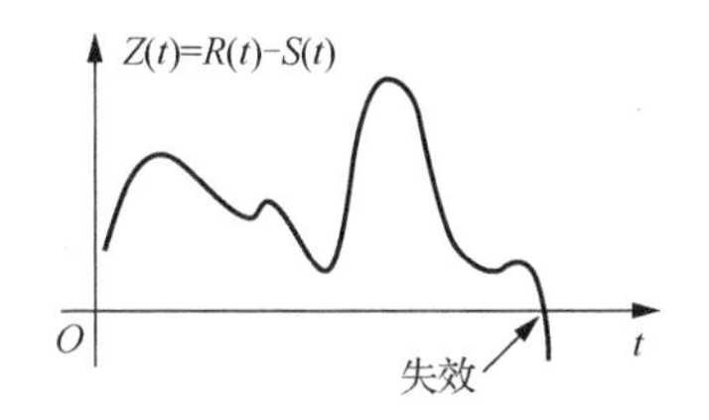

图 6-2　首次超越现象（一维）

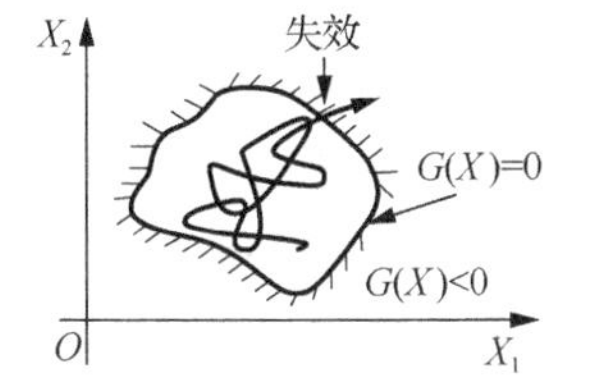

图 6-3　首次超越现象（二维）

6.2　随机变量转换方法

随机变量转换方法的原理是，基于时间区间上荷载的最大效应，将时变问题转换为时不变问题来处理。考虑时间区间$[0, t_L]$，假定抗力和荷载效应均为稳态过程，区间上有 n 次荷载的作用。设荷载作用服从独立同分布 $F_S(x)$，区间$[0, t_L]$上荷载效应的最大值记为 $S^* = S_{\max}(0,t_L)$，其分布函数可以表示为

$$F_{S^*}(x)=\Pr(S^*<x)=\Pr(S_1<x)\Pr(S_2<x)\cdots\Pr(S_n<x)=[F_S(x)]^n \tag{6-11}$$

又假定抗力 R 是不随时间变化的随机变量，其分布函数已知，则失效概率表示为

$$\begin{aligned}p_{\mathrm{f}}(0,t_{\mathrm{L}})&=\Pr[R\leqslant S_{\max}(0,t_{\mathrm{L}})]=\Pr[R\leqslant S^*]\\&=\int_0^{\infty}[1-F_{S^*}(y)]f_R(y)\mathrm{d}y\\&=\int_0^{\infty}F_R(y)f_{S^*}(y)\mathrm{d}y\end{aligned} \tag{6-12}$$

上面的结果在形式上与传统的可靠度计算公式完全相同，只是将荷载效应分布函数替换为荷载效应最大值分布函数。通过这一转换，可以利用传统的时不变可靠性方法求解时变可靠性问题。当存在多种荷载作用时，通常采用某种组合方法，将这些荷载效应转换为单一等效荷载效应，然后应用上述方法求解。

对于更一般的功能函数的情形，失效概率表示为

$$p_{\mathrm{f}}(0,t_{\mathrm{L}})=\Pr\{G[R,S_{\max}(0,t_{\mathrm{L}})]<0\} \tag{6-13}$$

直接求解式(6-13)通常是很困难的，可以采用 MCS 方法进行模拟计算(见第 7 章)(Chen，1989)，或应用条件概率的方法（Wen 和 Chen，1987）进行计算，即

$$p_{\mathrm{f}}(0,t_{\mathrm{L}})=\int_r p_{\mathrm{f}}[(0,t_{\mathrm{L}})|r]f_R(r)\mathrm{d}r \tag{6-14a}$$

$$p_{\mathrm{f}}[(0,t_{\mathrm{L}})|r]=1-F_{S_{\max}(0,t_{\mathrm{L}})}(r) \tag{6-14b}$$

当存在多种荷载效应时，首选方法是基于随机过程的分析方法(见 6.4 节及之后的内容)。

6.3 时间离散方法

6.3.1 等分离散方法

应用离散方法的求解思路是，将时间区间离散为多个小区间，如 1 天、1 个月、1 年，或某事件（如暴风）持续的时间。用得最多的时间单位是 1 年。设通过观测已知 1 年内的荷载极值（风载、波浪等），将荷载的极值效应记为 S_1^*，由式（6-12）得到年度失效概率为

$$p_{\mathrm{f}_1}=\int_0^{\infty}[1-F_{S_1^*}(y)]f_R(y)\mathrm{d}y=\int_0^{\infty}F_R(y)f_{S_1^*}(y)\mathrm{d}y \tag{6-15}$$

设各年度的荷载极值效应服从独立同分布，且年度失效概率及总的失效概率都非常小，结合泰勒展开，可以导出 n 年内荷载极值的分布函数如下：

$$\begin{aligned}F_{S_n^*}(y)&=\Pr\{S_n^*\leqslant y\}=\left[F_{S_1^*}(y)\right]^n=\left[1-\bar{F}_{S_1^*}(y)\right]^n\\&\approx 1-n\bar{F}_{S_1^*}(y)\quad\left(n\bar{F}_{S_1^*}(y)<<1\right)\end{aligned} \tag{6-16}$$

因此，可以导出 n_{L} 年内的失效概率为

$$
\begin{aligned}
p_{\mathrm{f}}(0,n_{\mathrm{L}}) &= \int_0^{\infty}\left\{1-\left[F_{S_1^*}(y)\right]^{n_{\mathrm{L}}}\right\}f_R(y)\mathrm{d}y \\
&\approx \int_0^{\infty}\left\{1-\left[1-n_{\mathrm{L}}\bar{F}_{S_1^*}(y)\right]\right\}f_R(y)\mathrm{d}y \\
&= n_{\mathrm{L}}p_{\mathrm{f}_1}
\end{aligned} \tag{6-17}
$$

另外，将结构的寿命记为 T，其累积分布函数记为 $F_T(t)$，则区间[0, t]上结构的失效概率可以等效地表示为

$$
\Pr(T<t)=F_T(t) \tag{6-18}
$$

将区间[0, t]等分为单位时间间隔，在各区间上，假定失效事件的发生相互独立，发生概率相同，$p_i=p$（p 很小），则有

$$
\begin{aligned}
\Pr(T<t) &= 1-\prod_{i=1}^{t}(1-p_i)=1-(1-p)^t \\
&\approx 1-\exp(-tp)
\end{aligned} \tag{6-19}
$$

若将单位时间间隔选为 1 年，且年度失效概率 p_{f_1} 足够小，则求得区间[0, t_{L}]的失效概率为

$$
p_{\mathrm{f}}(0,t_{\mathrm{L}})=1-\exp(-t_{\mathrm{L}}p_{\mathrm{f}_1})\approx t_{\mathrm{L}}p_{\mathrm{f}_1} \tag{6-20}
$$

得到与式（6-17）相一致的结果。因此，由式（6-18）定义的寿命分布函数等于区间[0, t]的累积失效概率。

6.3.2　基于事件延续时间的离散方法

根据实际需要，还有另一种对时间区间进行离散的方法，即将单位时间间隔选为特定事件发生的延续时间（Melchers 和 Beck，2018），如单次暴风的持续时间。在区间[0, t]上，事件的发生是随机的，事件发生 k 次的概率记为 $p_k(t)$，单次事件引起的最大荷载效应记为 S_{e}^*，事件服从独立同分布，则区间[0, t]上的失效概率按下式求出：

$$
p_{\mathrm{f}}(0,t)=F_T(t)=\int_0^{\infty}\sum_{k=0}^{\infty}p_k(t)\left\{1-\left[F_{S_{\mathrm{e}}^*}(y)\right]^k\right\}f_R(y)\mathrm{d}y \tag{6-21}
$$

若事件相互独立，事件的平均发生率 v 很小，则利用泊松分布描述事件的发生次数，即

$$
p_k(t)=\frac{(vt)^k\,\mathrm{e}^{-vt}}{k!} \tag{6-22}
$$

将其代入式（6-21），并对其中大括号进行泰勒展开，保留一次项，经过运算和简化，得到

$$
p_{\mathrm{f}}(0,t)\approx 1-\exp(-vtp_{\mathrm{fe}}) \tag{6-23}
$$

$$
p_{\mathrm{fe}}=\int_0^{\infty}F_R(y)f_{S_{\mathrm{e}}^*}(y)\mathrm{d}y \tag{6-24}
$$

上述结果与等分离散方法的结果式（6-19）或式（6-20）相一致，其中，p_{fe} 表示单次事件导致的失效概率，vp_{fe} 为单位时间间隔内的平均失效概率。

单次事件导致的失效概率 p_{fe} 可以通过条件概率的方法来计算，如考虑近海结构遭受暴风时，需要评估单次暴风引起的波浪高度 H_k，以此确定最大荷载效应 S_{e}^*，则有

$$p_{\mathrm{fe}}\Big|_{(H_k=h)}=\int_0^{\infty}F_R(y)f_{S_e^*|H_k}(y)\mathrm{d}y \tag{6-25}$$

$$p_{\mathrm{fe}}=\int_0^{\infty}p_{\mathrm{fe}}\Big|_{(H_k=h)}f_{H_k}(h)\mathrm{d}h \tag{6-26}$$

式中，$f_{H_k}()$可以由场的观测数据推出，而条件概率密度的确定，需要用到波浪高度数据，以及相应的结构分析。

例 6-1 求近海洋平台的失效概率，其设计寿命为 15 年，每年平均遭遇暴风 2.5 次，相关的观测数据如表 6-1 所示（第 2 列）。

解 分析结果列于表 6-1 后面 2 列。求单次事件导致的失效概率时，积分运算用求和来近似，如表 6-1 中的第 4 列。求得区间[0, 15]的失效概率为

$$p_{\mathrm{f}}(0,15)=1-\exp[-(2.5)(15)(2.65\times10^{-9})]$$
$$\approx(2.5)(15)(2.65\times10^{-9})\approx10^{-7}$$

表 6-1 失效概率分析、计算结果

特征波高 H_k/m	$f_{H_k}\Delta h$	$p_{\mathrm{fe}}\vert H_k=h$	$\sum p_{\mathrm{fe}\vert H_k=h}f_{H_k}\Delta h$
24	0.100	0.2×10^{-9}	0.020×10^{-9}
26	0.640	0.9×10^{-9}	0.576×10^{-9}
28	0.180	4.0×10^{-9}	0.720×10^{-9}
30	0.060	12.0×10^{-9}	0.720×10^{-9}
32	0.015	24.0×10^{-9}	0.360×10^{-9}
34	0.005	50.0×10^{-9}	0.250×10^{-9}
Δh=2 m	$\sum=1.00$		$\sum=2.65\times10^{-9}$

6.4 随机过程的定义及基本类型

在时变可靠性分析中，最一般的方法是利用随机过程模型来描述功能函数中的变量（如荷载效应、结构抗力等）。

6.4.1 随机过程及统计特征值

设随机试验的样本空间为 S，如果对于每一个 $s\in S$，都有一个确定的函数 $y(t)=x(s,t)$ 与之对应，从而可以得到一族定义在 S 上的关于参数 t 的函数，即定义一个随机过程，记为 $\{X(t),t\in T\}$，T 称为参数集，通常表示时间。

一般地，对于任意固定的 $t_1,t_2,\cdots,t_n\in T$，$X(t_1),X(t_2),\cdots,X(t_n)$ 是 n 个随机变量，则有

$$F_X(x_1,t_1;x_2,t_2;\cdots;x_n,t_n)=\Pr[X(t_1)\leqslant x_1\cap X(t_2)\leqslant x_2\cap\cdots\cap X(t_n)\leqslant x_n] \tag{6-27}$$

称为随机过程 $\{X(t),t\in T\}$ 的 n 维分布函数。相应的密度函数为

$$f_X(x_1,t_1;x_2,t_2;\cdots;x_n,t_n)=\frac{\partial^n F_X(x_1,t_1;x_2,t_2;\cdots;x_n,t_n)}{\partial x_1\partial x_2\cdots\partial x_n} \tag{6-28}$$

随机过程 $X(t)$的平均值函数、自相关函数和自协方差函数分别为

$$\mu_X(t)=E\left[X(t)\right]=\int_{-\infty}^{\infty}xf_X(x,t)\mathrm{d}x \tag{6-29}$$

$$\begin{aligned}R_X(t_1,t_2)&=E\left[X(t_1)X(t_2)\right]\\&=\int_{-\infty}^{\infty}\int_{-\infty}^{\infty}x_1x_2f_X(x_1,t_1;x_2,t_2)\mathrm{d}x_1\mathrm{d}x_2\end{aligned} \tag{6-30}$$

$$\begin{aligned}C_X(t_1,t_2)&=E\left\{\left[X(t_1)-\mu_X(t_1)\right]\left[X(t_2)-\mu_X(t_2)\right]\right\}\\&=R_X(t_1,t_2)-\mu_X(t_1)\mu_X(t_2)\end{aligned} \tag{6-31}$$

当 $t_1=t_2=t$ 时，自协方差函数即为在 t 时刻的方差，表示如下：

$$D_X(t)=C_X(t,t)=R_X(t,t)-\mu_X^2(t) \tag{6-32}$$

随机过程 $X(t)$与 $Y(t)$的互相关函数和互协方差函数定义如下：

$$R_{XY}(t_1,t_2)=E\left[X(t_1)Y(t_2)\right] \tag{6-33}$$

$$C_{XY}(t_1,t_2)=E\left\{\left[X(t_1)-\mu_X(t_1)\right]\left[Y(t_2)-\mu_Y(t_2)\right]\right\} \tag{6-34}$$

互相关系数为

$$\rho_{XY}(t_1,t_2)=\frac{C_{XY}(t_1,t_2)}{\sqrt{D_X(t_1)D_Y(t_2)}} \tag{6-35}$$

相关系数随时间间隔（$\Delta t=t_1-t_2$）增大而变小，当时间重合（即 $t_1=t_2$）时，相关系数 $\rho_{XY}=1$。相关系数的典型形式为

$$\rho_{XY}(t_1,t_2)=\exp[-k(t_1-t_2)(x-y)] \tag{6-36}$$

6.4.2　平稳过程与各态历经性

设 $\{X(t),t\in T\}$ 是随机过程，如果对于任意常数 τ，都存在如下关系：

$$F_X(x_1,t_1;x_2,t_2;\cdots;x_n,t_n)=F_X(x_1,t_1+\tau;x_2,t_2+\tau;\cdots;x_n,t_n+\tau) \tag{6-37}$$

则称 $\{X(t),t\in T\}$ 为狭义平稳过程，也称为严平稳过程。如果

$$\mu_X(t)=E[X(t)]=\text{const}<\infty，\ E[X^2(t)]<\infty \tag{6-38}$$

且对于任意的 $t,t+\tau\in T$，有

$$R_X(t,t+\tau)=E[X(t)X(t+\tau)]=R_X(\tau) \tag{6-39}$$

则称 $\{X(t),t\in T\}$ 为广义平稳过程，简称平稳过程。在实际应用中，广义平稳过程更为重要。

对于许多工程问题，常常从直观上判断其平稳性。例如，建筑物所受到的风荷载，就其作用的全过程来说，先从小到大，然后又从大到小，显然是一个非平稳过程。但就其风力最强的时段，风压总是围绕其平均值变化，故一般将风压分为平均风压与脉动风压之和。平均风压作为随机变量，而脉动风压则视为平稳随机过程。地震时地面运动的持续时间很短，通常仅十余秒或数十秒，在此过程中，地面运动变化激烈，因而是一个非平稳过程。

各态历经性又称遍历性，通俗地说，就是指经历各种状态。对于一个平稳随机过程，如果样本平均值等于时间平均值，样本自相关函数等于时间自相关函数，称为具有各态

历经性的平稳随机过程，即

$$\mu_X = \lim_{T\to\infty}\left[\frac{1}{T}\int_0^T x(t)\mathrm{d}t\right] \tag{6-40}$$

$$R_{XX}(\tau) = \lim_{T\to\infty}\left[\frac{1}{T}\int_0^T x(t+\tau)x(t)\mathrm{d}t\right] \tag{6-41}$$

基于这一性质，利用在时间区间的观测记录，可以方便地确定随机过程的特征函数。

在时变可靠性的超越率计算中，会用到随机过程的导数过程，其定义如下：

$$\dot{x}(t) = \frac{\mathrm{d}\left[x(t)\right]}{\mathrm{d}t} \tag{6-42}$$

上述导数存在的条件是，自相关函数 $R_{XX}(\tau)$ 具有连续的二阶导数，该二阶导数在 $\tau=0$ 时存在。若 $X(t)$ 具有相关平稳性，则导数过程也具有相关平稳性，即有如下关系：

$$\begin{aligned} R_{X\dot{X}}(t_1,t_2) &= E\left[X(t_1)\dot{X}(t_2)\right] \\ &= \lim_{\mathrm{d}t_2\to 0}\left\{E\left[X(t_1)\frac{X(t_2+\mathrm{d}t_2)-X(t_2)}{\mathrm{d}t_2}\right]\right\} = \frac{\partial R_{XX}(t_1,t_2)}{\partial t_2} \end{aligned} \tag{6-43}$$

$$R_{\dot{X}\dot{X}}(t_1,t_2) = \frac{\partial^2 R_{XX}(t_1,t_2)}{\partial t_1 \partial t_2} \tag{6-44}$$

$$R_{X\dot{X}}(\tau) = \frac{\mathrm{d}R_{XX}(\tau)}{\mathrm{d}\tau},\quad \tau = t_2 - t_1 \tag{6-45}$$

$$R_{\dot{X}\dot{X}}(\tau) = -\frac{\mathrm{d}^2 R_{XX}(\tau)}{\mathrm{d}\tau^2} \tag{6-46}$$

由于 $R_{XX}(\tau)$ 是偶函数，故在 $\tau=0$ 处，$R_{XX}(\tau)$ 对 τ 的一阶导数等于 0。由此可知，X 与其导数过程在任意时刻不相关。

6.4.3 马尔可夫过程

设 $\{X(t),t\in T\}$ 是随机过程，若对于任意正整数 n 及 $t_1<t_2<\cdots<t_n$，都有

$$\begin{aligned} &\Pr[X(t_n)\leqslant x_n \mid X(t_1)=x_1, X(t_2)=x_2,\cdots,X(t_{n-1})=x_{n-1}] \\ &= \Pr[X(t_n)\leqslant x_n \mid X(t_{n-1})=x_{n-1}] \end{aligned} \tag{6-47}$$

则称 $\{X(t),t\in T\}$ 为马尔可夫过程。式（6-47）称为随机过程的马尔可夫性（或无后效性）。它表示系统未来所处状态的概率规律性只依赖于系统的现在状态，与系统是如何到达现在状态的无关。马尔可夫过程由马尔可夫于 1906 年所创，它在自然科学和工程科学中有重要的应用。例如，物理学中的布朗（Brown）运动、工程系统中的噪声和信号过程、通信网络和运送现象等，均可以利用马尔可夫过程来模拟。

6.4.4 独立增量过程

设 $\{X(t),t\in T\}$ 是随机过程，若对于任意正整数 n 和 $t_1<t_2<\cdots<t_n\in T$，随机变量 $X(t_2)-X(t_1),X(t_3)-X(t_2),\cdots,X(t_n)-X(t_{n-1})$ 是相互独立的，则称 $\{X(t),t\in T\}$ 是独立增量过程，又称可加过程。这种过程的特点是：在任一个时间间隔上过程的改变，不影响任

一个与它不相重叠的时间间隔上状态的改变。在实际生活中，如服务系统在某段时间间隔内的“顾客”数，电话传呼站电话的“呼叫”数等均可用这种过程来描述。因为在不相重叠的时间间隔内，来到的“顾客”数、“呼叫”数都是相互独立的。

独立增量过程 $\{X(t), t \in T\}$ 属于马尔可夫过程，说明如下。不失一般性，设 $\Pr[X(0)=0]=1$，令 $Y_k = X(t_k) - X(t_{k-1})$，$t_0 = 0$，则有 $X(t_j) = \sum_{k=1}^{j} Y_k = X(t_{j-1}) + Y_j$。因 Y_j 是独立随机变量，故 $X(t)$在时刻 t_j 的性质仅取决于 $X(t)$在时刻 t_{j-1} 的性质，从而证明了 $X(t)$为马尔可夫过程。

设 $\{X(t), t \in T\}$ 是独立增量过程，若对任意 $s < t$，随机变量 $X(t) - X(s)$ 的分布仅依赖于 $t - s$，则称 $\{X(t), t \in T\}$ 是平稳独立增量过程。平稳独立增量过程是一类重要的随机过程，维纳（Wiener）过程和均匀（或齐次）泊松（homogeneous Poisson）过程都是平稳独立增量过程。

6.5　时变可靠性分析中的随机过程模型

1. 泊松过程

泊松过程是一种具有离散状态连续时间的马尔可夫（无记忆）过程。在时间区间[0, t]上到达次数 $N(t)$为一泊松过程，则其概率分布为

$$\Pr[N(t)=n] = \Pr(n,t) = \frac{(\nu t)^n \mathrm{e}^{-\nu t}}{n!} \tag{6-48}$$

式中，ν 代表单位时间内事件发生的次数，称为泊松过程的强度，ν 为常数时，称为均匀（或齐次）泊松过程。上述分布的推导基于以下假设：事件发生概率与微小时间段成比例关系；在微小时间段内，事件发生 2 次以上的概率可忽略，即事件的发生不会重叠，并假设 $N(0)=0$。

对于均匀泊松过程，其增量过程 $N(t_2)-N(t_1), N(t_3)-N(t_2), \cdots, N(t_n)-N(t_{n-1})$ 与各时间段端点 $t_i (i=1,2,\cdots,n)$ 无关，构成平稳独立增量过程，$N(t)$的均值为 νt，方差也等于 νt。若 ν 是时间的函数，则称为非均匀泊松过程，此时，式（6-48）中的 νt 替换为 $\int_0^t \nu(\tau)\mathrm{d}\tau$，其增量过程变为非平稳过程。

通常，称 $W_n = \sum_{k=1}^{n} T_k$ 为第 n 次事件出现的时刻或第 n 次事件的等待时间，T_k 是第 k 个时间间隔，它们都是随机变量，如图 6-4 所示。其中，T_k 的累积分布函数为

$$F_{T_k}(t) = \Pr(T_k \leqslant t) = \begin{cases} 1-\exp(-\nu t), & t \geqslant 0 \\ 0, & t < 0 \end{cases} \tag{6-49}$$

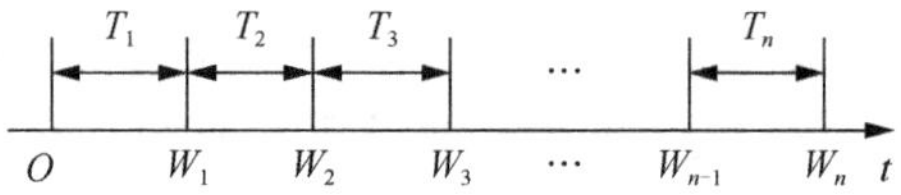

图 6-4 等待时间与时间间隔

W_n 的分布函数和密度函数分别为

$$F_{W_n}(t)=1-\Pr(W_n>t)=1-\Pr\left[N(t)<n\right]$$
$$=1-\sum_{k=0}^{n-1}\frac{(\nu t)^k\mathrm{e}^{-\nu t}}{k!} \tag{6-50}$$

$$f_{W_n}(t)=\begin{cases}\nu\dfrac{(\nu t)^{n-1}}{(n-1)!}\exp(-\nu t), & t\geqslant 0\\ 0, & t<0\end{cases} \tag{6-51}$$

式（6-51）又称爱尔兰（Erlang）分布，它是 n 个相互独立且服从指数分布的随机变量之和的概率密度（Chatfield 和 Goodhardt，1973）。在时变可靠性问题中，最关注的是区间[0, t]上事件首次发生（$n=1$）前的等待时间，$F_{W_1}(t)=\Pr\{W_1<t\}$ 是区间[0, t]上发生首次超越的概率，因此有

$$p_{\mathrm{f}}(0,t)=F_{W_1}(t)=1-\mathrm{e}^{-\nu t} \tag{6-52}$$

2. 滤过泊松过程

滤过泊松过程 $\{X(t),t\geqslant 0\}$ 表示为如下形式：

$$X(t)=\sum_{j=0}^{N(t)}w(t,\tau_j,Y_j),\quad t\geqslant 0 \tag{6-53}$$

式中，$N(t)$是强度为 ν 的泊松过程，在 t_j 时刻产生大小为 Y_j、持续时间为 τ_j 的事件；Y_j 是独立同分布的随机变量；$w(\cdot)$是响应函数，体现 Y_j 对于 X 的贡献。在工程结构研究中，常常采用如下响应函数：

$$w(t,\tau_j,Y_j)=\begin{cases}Y_j, & t\in\tau_j\\ 0, & t\notin\tau_j\end{cases}\quad (j=0,1,2,\cdots) \tag{6-54}$$

若持续时间 τ_j 为一定值，就得到泊松脉冲过程（图 6-5）。若持续时间 τ_j 为一随机变量，则得到泊松方波过程（图 6-6）。在时变可靠性问题中，它们常用来描述荷载效应。

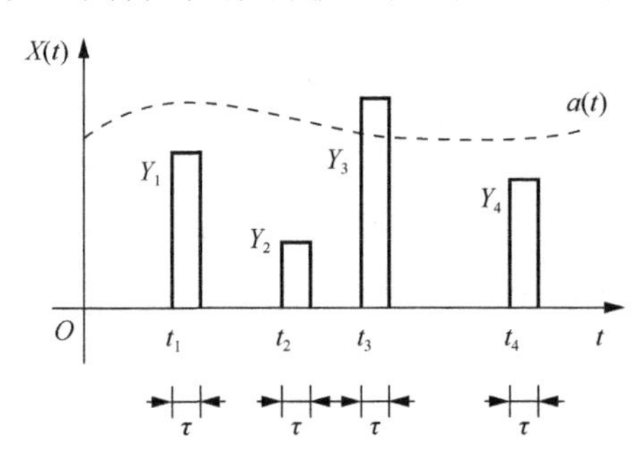

图 6-5 泊松脉冲过程

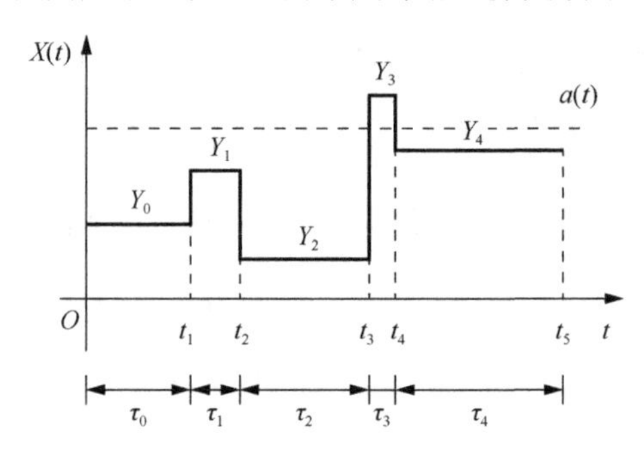

图 6-6 泊松方波过程

泊松脉冲过程表示为

$$w(t,t_k,Y_k)=\begin{cases}Y_k, & 0<t-t_k<\tau\\ 0, & \text{其他}\end{cases} \tag{6-55}$$

随着 τ 趋近于 0，可以求出向上超越率为

$$\begin{aligned}\nu_a^+(t)&=\lim_{\Delta t\to 0}\left[\frac{\nu}{\Delta t}\Big(\Pr\big\{[Y(t)\leqslant a(t)]\cap[Y(t+\Delta t)>a(t)]\big\}\Big)\right]\\ &=F_Y[a(t)]\{1-F_Y[a(t)]\}\nu\end{aligned} \tag{6-56}$$

当 a 与时间无关时，参考式（6-52）求得失效概率（出现超越 a 的首个脉冲的概率）为

$$p_{\mathrm{f}_1}(0,t_{\mathrm{L}})=1-\exp\{-F_Y(a)[1-F_Y(a)]\nu t_{\mathrm{L}}\} \tag{6-57}$$

泊松方波过程表达式为

$$X(t)=\sum_{j=0}^{N(t)}Y_jI_{\tau_j}(t)\quad(t\geqslant 0) \tag{6-58}$$

$$I_{\tau_j}(t)=\begin{cases}1, & t\in\tau_j\\ 0, & t\notin\tau_j\end{cases}\quad(j=0,1,2,\cdots) \tag{6-59}$$

式中，$\{\tau_j,j=0,1,2,\cdots\}$ 为区间[0, ∞]的一族时间区间，表示随机变量 Y_j 持续的时间。对任意的 $t\geqslant 0$，$N(t)$与 Y_j 相互独立。与前面的推导类似，得到区间[0, t_{L}]的首次超越概率为

$$p_{\mathrm{f}_1}(0,t_L)=F_{Y_0}(a)\Big(1-\exp\{-F_Y(a)[1-F_Y(a)]\nu t_{\mathrm{L}}\}\Big) \tag{6-60}$$

3. 平稳二项随机过程

平稳二项随机过程也称为等时段方波过程（Heywood 和 Nowak，1991），其样本函数如图 6-7 所示。

时间区间[0, T]可划分为 k 个长度为 τ 的时段，即 $\tau=T/k$；在每一时段 τ 内，事件发生（$X(t)$>0）的概率为 p，其幅值为非负随机变量，符合独立同分布，称为任意时点事件的概率分布，记为 $F_i(x)=\Pr[X(t)\leqslant x,t\in\tau]$；任一时段 τ 上事件发生与否与幅值随机变量是相互独立的；时间区间[0, T]上事件出现的次数服从二项分布，即

$$\Pr(N_X=n)=\mathrm{C}_k^n p^n(1-p)^{k-n}\quad(n=0,1,2,\cdots,k) \tag{6-61}$$

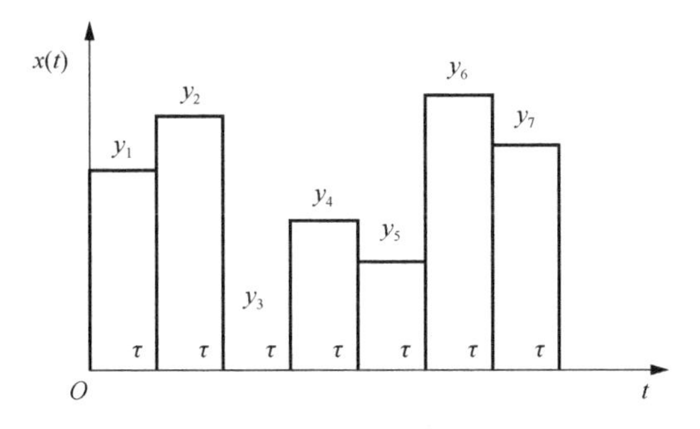

图 6-7　平稳二项随机过程的样本函数

根据上述假设，推导出任一时段τ内事件幅值的概率分布$F_\tau(x)$如下（$x \geqslant 0$）：

$$\begin{aligned}F_\tau(x) &= \Pr[X(t) \leqslant x, t \in \tau] \\ &= \Pr[X(t) \leqslant x, t \in \tau \mid X(t) > 0] \cdot \Pr[X(t) > 0] \\ &\quad + \Pr[X(t) \leqslant x, t \in \tau \mid X(t) \leqslant 0] \cdot \Pr[X(t) \leqslant 0] \\ &= F_i(x) \cdot p + 1 \cdot (1-p) \\ &= 1 - p \cdot [1 - F_i(x)]\end{aligned} \tag{6-62}$$

在区间[0, T]上，$X(t)$的最大值记为X_T，其概率分布函数推导如下：

$$\begin{aligned}F_{X_T}(x) &= \Pr[X_T \leqslant x] = \Pr[\max X(t) \leqslant x, t \in T] \\ &= \prod_{j=1}^{k} \Pr[X(t_j) \leqslant x, t_j \in \tau] = \prod_{j=1}^{k} \{1 - p \cdot [1 - F_i(x)]\} \\ &= \{1 - p \cdot [1 - F_i(x)]\}^k\end{aligned} \tag{6-63}$$

在区间[0, T]上，事件发生的平均次数N为

$$N = E[N_X] = kp \tag{6-64}$$

当$p = 1$时，$N = k$，有

$$F_{X_T}(x) = [F_i(x)]^N \tag{6-65}$$

当$p < 1$时，如果式（6-63）中的$p \cdot [1 - F_i(x)]$这一项充分小，$[1 - F_i(x)]$这一项也充分小，则利用$\mathrm{e}^{-x} \approx 1 - x (x << 1)$，有

$$\begin{aligned}F_{X_T}(x) &= \left\{\mathrm{e}^{-p \cdot [1 - F_i(x)]}\right\}^k = \left\{\mathrm{e}^{-[1 - F_i(x)]}\right\}^{kp} \\ &= \left\{1 - [1 - F_i(x)]\right\}^{kp} = [F_i(x)]^N\end{aligned} \tag{6-66}$$

由此可知，不论p的取值，最大值X_T的概率分布函数是任意时点概率分布函数$F_i(x)$的N次方，在描述荷载效应时常常会用到这一结果（Nowak，1993）。

4. 高斯过程

高斯过程$X(t)$的定义是，对于任意的n和任意的时刻$t_1, t_2, \cdots, t_n$，随机变量$[X(t_1), X(t_2), \cdots, X(t_n)]^{\mathrm{T}} = [X_1, X_2, \cdots, X_n]^{\mathrm{T}}$服从$n$维联合正态分布，即

$$f_{\boldsymbol{X}}(\boldsymbol{x}) = \frac{1}{(\sqrt{2\pi})^n \sqrt{|\boldsymbol{C}_{\boldsymbol{X}}|}} \exp\left[-\frac{1}{2}(\boldsymbol{x} - \boldsymbol{\mu}_{\boldsymbol{X}})^{\mathrm{T}} \boldsymbol{C}_{\boldsymbol{X}}^{-1} (\boldsymbol{x} - \boldsymbol{\mu}_{\boldsymbol{X}})\right] \tag{6-67}$$

式中，$\boldsymbol{\mu}_{\boldsymbol{X}} = \left[\mu_{X_1}, \mu_{X_2}, \cdots, \mu_{X_n}\right]^{\mathrm{T}}$为平均值向量；$\boldsymbol{C}_{\boldsymbol{X}}$为$\boldsymbol{X}$的协方差矩阵，即

$$\boldsymbol{C}_{\boldsymbol{X}} = \left[\rho_{ij} \sigma_{X_i} \sigma_{X_j}\right]_{n \times n} \quad (i, j = 1, 2, \cdots, n) \tag{6-68}$$

$$\rho_{ij} = \frac{\mathrm{Cov}(X_i, X_j)}{\sigma_{X_i} \sigma_{X_j}} \tag{6-69}$$

$$\begin{aligned}\mathrm{Cov}(X_i, X_j) &= E[(X_i - \mu_{X_i})(X_j - \mu_{X_j})] \\ &= E[X_i X_j] - \mu_{X_i} \mu_{X_j}\end{aligned} \tag{6-70}$$

高斯过程的联合概率密度函数完全由其平均值函数$\mu_X(t_i) (i = 1, 2, \cdots, n)$和协方差函

数 $C_X(t_i,t_j)(i,j=1,2,\cdots,n)$ 确定，所以如果高斯过程是平稳的，就一定是严平稳的。高斯过程是工程中最常用的随机过程。例如，脉动风速、脉动风压和海洋波浪通常处理为平稳高斯过程；而地震地面运动加速度则视为非平稳高斯过程。

5. 伽马（Gamma）过程

形状函数为 $v(t)$、尺寸参数为 $u>0$ 的伽马过程记为 $X(t)$，其概率密度函数为

$$f_X(x)=Ga[x\,|\,v(t),u]=\frac{u^{v(t)}}{\Gamma[v(t)]}x^{v(t)-1}\exp(-ux),\quad x>0 \tag{6-71}$$

式（6-71）右端的分母项表示伽马函数，其定义为

$$\Gamma(a)=\int_0^{\infty}x^{a-1}\mathrm{e}^{-x}\mathrm{d}x\quad (a>0) \tag{6-72}$$

$X(t)$的期望和方差分别为

$$E[X(t)]=v(t)/u,\quad D[X(t)]=v(t)/u^2 \tag{6-73}$$

伽马过程是独立增量过程，且 $\Pr[X(0)=0]=1$。

通常，采用幂函数作为 $X(t)$的期望函数，即 $E[X(t)]=at^b/u$，$b=1$对应平稳伽马随机过程。图 6-8 所示为一伽马随机过程 $X(t)(t\geqslant 0)$ 的示意图。伽马过程常用来描述疲劳、腐蚀、裂纹扩展、磨损等自然老化现象（Van Noortwijk 等，2007）。

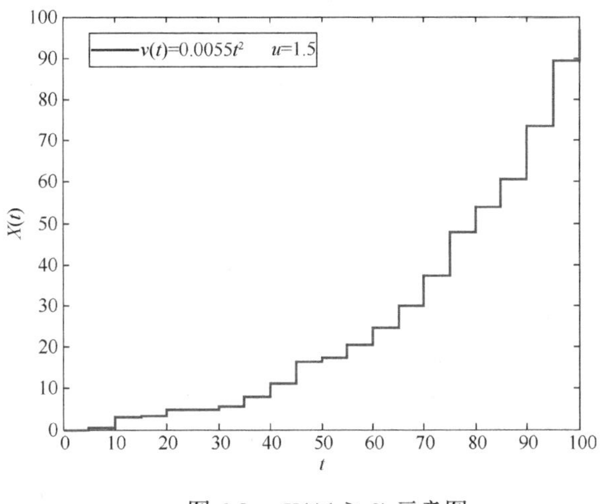

图 6-8　$X(t)(t\geqslant 0)$ 示意图

6.6　基于超越率的时变可靠性分析方法

6.6.1　首次超越和超越率

超越事件的概念由 Rice 首次提出（Rice，1944）。一旦结构的功能函数 $G(\boldsymbol{X},\boldsymbol{Y}(t),t)$ 超过某安全界限，则超越事件发生，结构从可靠状态转变为失效状态。用 $N^{+}(0,T)$表示时间区间[0, T]上结构由可靠状态到失效状态的超越次数，则区间[0, T]的失效概率可以

表达为

$$p_{\mathrm{f}}(0,T)=\Pr\left\{\left[G(\boldsymbol{X},\boldsymbol{Y}(0),0)<0\right]\cup\left[N^{+}(0,T)>0\right]\right\} \tag{6-74}$$

在实际问题中，所关注的超越事件是稀有事件，可以假设事件之间及事件与初始状态之间相互独立，且利用泊松过程来描述时间区间[0, T]内超越事件发生的次数，即有

$$\Pr\left[N^{+}(0,T)=0\right]=\frac{(\nu^{+}T)^{0}}{0!}\mathrm{e}^{-\nu^{+}T}=\mathrm{e}^{-\nu^{+}T} \tag{6-75}$$

式中，ν^{+}表示超越事件发生的超越率。由式（6-74）和式（6-75）得到

$$\begin{aligned}p_{\mathrm{f}}\left(0,T\right)&=\Pr\{G(\boldsymbol{X},\boldsymbol{Y}(0),0)<0\}+\Pr\{G(\boldsymbol{X},\boldsymbol{Y}(0),0)\geqslant 0\}\cdot\Pr\{N^{+}(0,T)>0\}\\&=p_{\mathrm{f}}(0)+\left[1-p_{\mathrm{f}}(0)\right](1-\mathrm{e}^{-\nu^{+}T})\end{aligned} \tag{6-76}$$

若超越率是时间的函数，则用$\int_0^T \nu^{+}(t)dt$替代上式中的$\nu^{+}T$。当超越是稀有事件时，以上结果具有很好的精度，数值模拟也证实了这一结果。更严密的推导见文献（Leadbetter等，1983），各种改进表达式见文献（Engelund等，1995）。当$\nu^{+}T$接近零，且初始失效概率远小于$\nu^{+}T$时，得到如下结果：

$$p_{\mathrm{f}}(0,T)\approx 1-\mathrm{e}^{-\nu^{+}T}\approx\nu^{+}T \tag{6-77}$$

利用首次超越方法求解时变可靠度的关键在于以下超越率的计算：

$$\nu^{+}(t)=\lim_{\Delta t\to 0}\frac{\Pr\left\{\left[G(\boldsymbol{X},\boldsymbol{Y}(t),t)\geqslant 0\right]\cap\left[G(\boldsymbol{X},\boldsymbol{Y}(t+\Delta t),t+\Delta t)<0\right]\right\}}{\Delta t} \tag{6-78}$$

在计算超越率时，一般都假定：时间区间[0, T]上发生的超越事件相互独立，区间[t, $t+\Delta t$]上发生两次或更多次超越事件的概率可忽略。

6.6.2 PHI2方法

在基于超越率的方法中，应用最广泛的是Rice/FORM方法。首先离散时间区间，在每个时间节点上，随机过程被转变为随机变量。在应用FORM时，将功能函数转换到标准正态空间$\boldsymbol{U}$中，然后利用优化算法确定最可能失效点（MPP），即

$$G(\boldsymbol{X},\boldsymbol{Y}(t),t))\Rightarrow G(\boldsymbol{U}_{\boldsymbol{X}},\boldsymbol{U}_{\boldsymbol{Y}}(t),t) \tag{6-79}$$

$$\boldsymbol{U}^{*}(t)=\left(\boldsymbol{U}_{\boldsymbol{X}}^{*},\boldsymbol{U}_{\boldsymbol{Y}}^{*}(t)\right) \tag{6-80}$$

利用FORM计算时间节点τ对应的可靠度指标$\beta(\tau)$，通过两个相邻时间节点对应的可靠度指标近似得到超越率。

Andrieu-Renaud等提出的PHI2方法（Andrieu-Renaud等，2004）也属于Rice/FORM方法。将式（6-78）的分子类比为两元件的并联系统，时刻t处的超越率可以表示为

$$\begin{aligned}\nu_{\mathrm{PHI2}}^{+}(t)&=\lim_{\Delta t\to 0}\frac{\Pr\left\{\left[G(\boldsymbol{X},\boldsymbol{Y}(t),t)\geqslant 0\right]\cap\left[G(\boldsymbol{X},\boldsymbol{Y}(t+\Delta t),t+\Delta t)<0\right]\right\}}{\Delta t}\\&=\lim_{\Delta t\to 0}\frac{\Phi_{2}[\beta(t),-\beta(t+\Delta t);\rho_{G}(t,t+\Delta t)]}{\Delta t}\end{aligned} \tag{6-81}$$

$$\rho_{G}(t,t+\Delta t)=-\boldsymbol{\alpha}^{\mathrm{T}}(t)\cdot\boldsymbol{\alpha}(t+\Delta t),\boldsymbol{\alpha}(t)=-\boldsymbol{U}^{*}(t)/\beta(t) \tag{6-82}$$

式中，Φ_2表示二维标准正态分布的累积分布函数；$\rho_G(t,t+\Delta t)$为描述事件

$\{G(\boldsymbol{X},\boldsymbol{Y}(t),t)\geqslant 0\}$ 和 $\{G(\boldsymbol{X},\boldsymbol{Y}(t+\Delta t),t+\Delta t)<0\}$ 的相关系数；$\boldsymbol{\alpha}(t)$ 是极限状态曲面的单位法线矢量；$\boldsymbol{U}^*$ 为标准正态空间中的设计验算点。设计验算点与可靠度指标之间的关系满足式（3-35），$\boldsymbol{U}^*=-\boldsymbol{\alpha}\beta$，即式（6-82）的第二式。

PHI2 方法的计算效率较高，在精度方面则会存在一些问题。原因之一是对于许多工程实际应用问题，超越事件相互独立且服从泊松分布的假设并不成立；原因之二是利用 FORM 得到的可靠度指标本身是近似的，使得超越率的计算精度受到影响。

6.6.3 PHI2+方法

基于 6.6.2 节的 PHI2 方法，Sudret 结合超越率的数值表达，发展了 PHI2+方法（Sudret，2008）。记 $f_t(\Delta t)=\Pr\{G(\boldsymbol{X},\boldsymbol{Y}(t),t)\geqslant 0\cap G(\boldsymbol{X},\boldsymbol{Y}(t+\Delta t),t+\Delta t)<0\}=\Phi_2[\beta(t),-\beta(t+\Delta t);\rho_G(t,t+\Delta t)]$，因为 $f_t(0)=0$，于是超越率表达式（6-81）可写为 $\nu^+_{\text{PHI2+}}(t)=\lim\limits_{\Delta t\to 0}\left[\left(f_t(\Delta t)-f_t(0)\right)/\Delta t\right]=f_t'(0)$。利用泰勒级数展开可推导出超越率的如下公式（见附录 A）：

$$\nu^+_{\text{PHI2}}(t)=\left\|\boldsymbol{\alpha}'(t)\right\|\varphi\left(\beta(t)\right)\Psi\left(\frac{\beta'(t)}{\left\|\boldsymbol{\alpha}'(t)\right\|}\right) \tag{6-83}$$

式中，

$$\boldsymbol{\alpha}'(t)=\lim_{\Delta t\to 0}\frac{\boldsymbol{\alpha}(t+\Delta t)-\boldsymbol{\alpha}(t)}{\Delta t} \tag{6-84}$$

$$\beta'(t)=\lim_{\Delta t\to 0}\frac{\beta(t+\Delta t)-\beta(t)}{\Delta t} \tag{6-85}$$

函数 $\Psi(\cdot)$的定义如下：

$$\Psi(x)=\varphi(x)-x\Phi(-x) \tag{6-86}$$

式中，φ 和 Φ 分别是标准正态分布的概率密度函数和累积分布函数。基于 PHI2+方法的结果对时间步长 Δt 不敏感，计算精度得到有效提高。

6.6.4 改进的超越方法

上述基于超越率的方法的适用条件是：超越事件相互独立，事件发生的次数服从泊松分布。若假设不成立，则可靠度计算结果会存在误差。针对这个问题，Qian 等提出了改进的超越方法（Qian 等，2019），说明如下。

基于式（1-10）可知，区间[0, T]的失效概率可通过故障率（失效率）$\lambda(t)$ 求得，即

$$p_{\mathrm{f}}(0,T)=1-[1-p_{\mathrm{f}}(0)]\exp\left[-\int_0^T\lambda(t)\mathrm{d}t\right] \tag{6-87}$$

以下推导失效率 $\lambda(t)$ 和超越率 $\nu^+(t)$ 之间的关系，而不是将两者简单近似为相等（Mourelatos 等，2015；Wang 和 Chen，2017）。根据定义，有

$$\begin{aligned}\lambda(t)&=\lim_{\Delta t\to 0}\frac{\Pr(t<T_{\mathrm{f}}<t+\Delta t\,|\,T_{\mathrm{f}}>t)}{\Delta t}\\&\approx\lim_{\Delta t\to 0}\frac{\Pr\{G(\boldsymbol{X},\boldsymbol{Y}(t+\Delta t),t+\Delta t)<0\,|\,G(\boldsymbol{X},\boldsymbol{Y}(t),t)\geqslant 0\}}{\Delta t}\end{aligned} \tag{6-88}$$

式中，T_{f}表示失效时间。又根据式（6-78），有

$$\begin{aligned}
\nu^{+}(t) &= \lim_{\Delta t\to 0}\frac{\Pr\{[G(\boldsymbol{X},\boldsymbol{Y}(t),t)\geqslant 0]\cap[G(\boldsymbol{X},\boldsymbol{Y}(t+\Delta t),t+\Delta t)<0]\}}{\Delta t}\\
&= \Pr\{G(\boldsymbol{X},\boldsymbol{Y}(t),t)\geqslant 0\}\times\lim_{\Delta t\to 0}\frac{\Pr\{G(\boldsymbol{X},\boldsymbol{Y}(t+\Delta t),t+\Delta t)<0\mid G(\boldsymbol{X},\boldsymbol{Y}(t),t)\geqslant 0\}}{\Delta t}\\
&= [1-p_{\mathrm{f}}(t)]\times\lambda(t)
\end{aligned}\tag{6-89}$$

式中，$p_{\mathrm{f}}(t)$表示时间节点t处的瞬时失效概率。将上面的关系代入式（6-87），得

$$p_{\mathrm{f}}(0,T)=1-[1-p_{\mathrm{f}}(0)]\exp\left[-\int_0^T\frac{\nu^{+}(t)}{1-p_{\mathrm{f}}(t)}\mathrm{d}t\right]\tag{6-90}$$

改进的超越方法无须假设超越事件相互独立且服从泊松分布，只需基于瞬时失效概率和超越率，便可得到时变可靠度的准确表达式(6-90)。当$p_{\mathrm{f}}(t)=0$及$\nu^{+}(t)$为常数ν^{+}时，所得结果与式（6-77）相一致。

6.7 荷 载 模 型

6.7.1 作用与荷载

作用分为直接作用和间接作用。直接作用是指结构上的集中力或分布荷载，如结构构件的自重、楼面或桥面上人群或车辆的重力、风压和雪压等。间接作用是指结构的外加变形或约束变形。温度变化、基础不均匀沉陷等都会引起这类变形。在结构可靠度分析中，作用又分为永久作用（permanent action）、可变作用（variable action）和偶然作用（accidental action）。随时间不变化或其变化与均值相比可忽略不计、持续施加于结构的作用称为永久作用，如结构的自重等。可变作用是指随时间变化且其变化与均值相比不能忽略的作用，如建筑物楼面上的人员、设备、家具，或作用于结构的风、雪等。在特定的结构上不太可能出现，而一旦出现，其量值很大且持续时间很短的作用称为偶然作用，如撞击、爆炸等。根据相关统计资料，冲击、雪、风和地震作用既可以是可变作用，又可以是偶然作用。按照工程实用习惯，以下统一用“荷载”来表示作用。

6.7.2 荷载分析模型

对于永久荷载（恒载）G，一般采用正态分布随机变量作为其分析模型。永久荷载的随机性主要源于施工阶段不确定因素的影响。可变荷载（活荷载）的大小在设计使用年限内随机变化，与时间相关，需要采用随机过程分析模型。图 6-9 所示给出了 5 个典型的随机过程分析模型（JCSS，2001），即连续可导过程、随机序列、随机时段的点脉冲过程、随机时段的矩形波过程、等时段的矩形波过程。

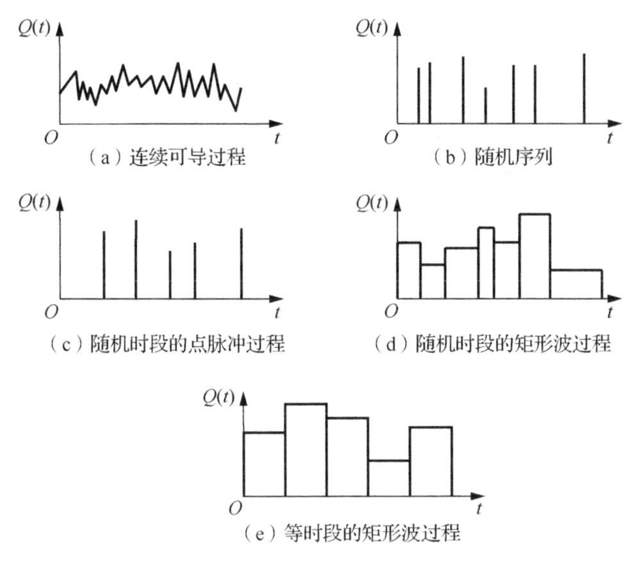

图 6-9　可变荷载的随机过程分析模型

当各时段的荷载分布相互独立时，第 5 个分析模型化为 FBC 模型（Ferry Borges Castanheta model，FBC）（Ferry Borges 和 Castanheta，1971），即等时段的平稳二项矩形波过程，常用来对荷载进行组合分析。将设计使用年限 T 分为 k 个长度为ΔT 的时段，荷载 Q 在每一时段内出现的概率设为 p，服从独立同分布，参考式（6-64）～式（6-66），荷载的最大值分布与时点概率分布之间存在如下关系：

$$F_{Q,T}(x) \approx F_Q^m(x),\quad m = kp \tag{6-91}$$

式中，m 为荷载 Q 在设计使用年限 T 内出现的平均次数。

可变荷载 Q 任意时点的概率分布一般取为极值 I 型分布，因此，可变荷载 Q 在设计使用年限 T 内最大值的分布亦为极值 I 型分布，其均值 $\mu_{Q,T}$、标准差 $\sigma_{Q,T}$ 与任意时点的均值 $\mu_Q(t)$、标准差 $\sigma_Q(t)$ 之间存在如下关系（见习题 6.3）：

$$\mu_{Q,T} = \mu_Q(t) + \frac{\sigma_Q(t)}{1.2826}\ln m,\quad \sigma_{Q,T} = \sigma_Q(t) \tag{6-92}$$

相对于任意时点的分布，可变荷载 Q 在设计使用年限 T 内最大值的均值增大，而标准差相同。在分析荷载效应组合时，会用到这一结果（例 6-2）。

有统计数据表明，作用于结构的任意时点风荷载可以由极值 I 型分布来描述。从实用的角度，取年度最大值为统计对象，即一次持续施加的时段长度取为ΔT =1 年，在设计使用年限（T=50 年）内，风荷载的平均出现次数 m=50 次。雪荷载的建模与风荷载相似。任意时点住宅（或办公楼）楼面活荷载服从极值 I 型分布，一次持续施加的时段长度取为 10 年，在设计使用年限（50 年）内的平均出现次数 m=5 次（贡金鑫和魏巍巍，2007；张新培，2001）。

6.7.3 荷载效应

荷载效应是指荷载在结构上产生的效果，如内力（轴力、弯矩、剪力、转矩等）、变形、裂缝等，一般用 S 表示。例如，考虑一钢筋混凝土梁，在中间截面处承受集中力 F，同时承受均布荷载 q，所产生的最大弯矩、最大挠度、危险处的裂缝等都是荷载效应。荷载效应是一个综合随机变量，可通过结构计算或实验得到。

对于线弹性问题，不管结构是静定的还是超静定的，荷载效应 S 与荷载 Q 保持线性关系，荷载效应的概率分布与荷载的概率分布是相同的，在这种情况下，无须对结构的实际荷载效应进行分析，而代之以较为简便的荷载分析。

6.7.4 荷载效应组合

1. 基本原理

一般情况下，结构上的荷载不止一种，并且还是可变的。例如，房屋可能同时作用有活荷载、风荷载、雪荷载等。组合荷载效应为

$$S(t)=\sum_{i=1}^{n}S_i(t),\quad t\in T \tag{6-93}$$

式中，$S(t)$为组合后的荷载效应；$\{S_i(t),t\in T\}\ (i=1,2,\cdots,n)$ 为第 i 个荷载效应。

对于环境和自身条件良好的结构，一般可忽略结构抗力 $R(t)$在设计使用年限 T 内的变化，将其近似简化为随机变量 R，这时结构的失效概率表示为

$$\begin{aligned}p_{\mathrm{f}}(0,T)&=\Pr\left\{\min_{t\in T}\left[Z(t)=R(t)-S(t)\right]<0\right\}\\&=\Pr\left\{\left(R-S_{\mathrm{c}}(T)\right)<0\right\}\end{aligned} \tag{6-94a}$$

$$S_{\mathrm{c}}(T)=\max_{t\in T}\sum_{i=1}^{n}S_i(t) \tag{6-94b}$$

式中，$S_{\mathrm{c}}(T)$ 为 n 个荷载效应组合在设计使用年限 T 内的最大值。因此，可靠性分析计算的关键是，通过适当的规则确定最大荷载效应 $S_{\mathrm{c}}(T)$。

2. Turkstra 组合规则

考虑两种荷载的效应组合问题，设 $X=\max\{X_1,X_2\}$，有如下关系：

$$\begin{aligned}\Pr(X>a)&=\Pr(X_1>a)\cup\Pr(X_2>a)\\&=\Pr(X_1>a)+\Pr(X_2>a)-\Pr(X_1>a)\Pr(X_2>a)\end{aligned} \tag{6-95}$$

若边界值 a 较大，事件（$X_1>a$）或（$X_2>a$）发生的概率很小，则式（6-95）中的最后一项可以忽略，由此得到如下效应组合最大值的近似表达式：

$$\max X\approx\max\left[(\max X_1+\bar{X}_2);(\bar{X}_1+\max X_2)\right] \tag{6-96}$$

式（6-96）称为 Turkstra 原理或 Turkstra 组合规则（Turkstra 和 Madesen，1980）。这一组合规则计算相对简单，便于应用，虽然没有严格的理论基础，但是多数情况下都能给出合理的结果。

对于多个荷载相加的情形，有

$$\max X \approx \max\left(\max X_i + \sum_{j=1, j\neq i}^{n} \bar{X}_j\right) \quad (i=1,2,\cdots,n) \tag{6-97}$$

当 X_i 为平稳过程时，式（6-97）括号内的最大值取为荷载效应的 95%分位点值，另一项取其平均值或时点值。在设计使用年限 T 内，求得荷载效应的最大值 $S_c(T)$ 为

$$S_c(T) = \max\{S_{c1}(T), S_{c2}(T), \cdots, S_{cn}(T)\},$$

$$S_{ci}(T) = \max_{t\in T} S_i(t) + \sum_{j=1, j\neq i}^{n} S_j(t^*) \quad (i=1,2,\cdots,n) \tag{6-98}$$

例 6-2　有一结构同时承受 3 种可变荷载的作用，其效应 S_1、S_2 和 S_3 均服从极值 I 型分布。根据这些荷载的特点，统计中划分的时段数分别为 5、10 和 10，时段内最大值的均值和标准差分别为 $\mu_{S_{1\tau}}=10.0$，$\sigma_{S_{1\tau}}=3.3$；$\mu_{S_{2\tau}}=20.0$，$\sigma_{S_{2\tau}}=7.5$；$\mu_{S_{3\tau}}=15.0$，$\sigma_{S_{3\tau}}=3.5$。设结构设计使用年限为 50 年，试根据 Turkstra 组合规则确定最不利组合。

解　$m_1=5$，$m_2=10$，$m_3=10$。S_1、S_2 和 S_3 在设计使用年限内最大值概率分布的参数分别为

$$\alpha_{S_{1T}} = \alpha_{S_{1\tau}} = \frac{\pi}{\sqrt{6}\sigma_{S_{1\tau}}} \approx \frac{3.1416}{\sqrt{6}\times 3.3} \approx 0.3887$$

$$\alpha_{S_{2T}} = \alpha_{S_{2\tau}} \approx 0.1710$$

$$\alpha_{S_{3T}} = \alpha_{S_{3\tau}} \approx 0.3664$$

S_1、S_2 和 S_3 在设计使用年限内最大值的均值分别为

$$\mu_{S_{1T}} = \mu_{S_{1\tau}} + \frac{\ln m_1}{\alpha_{S_{1T}}} = 10.0 + \frac{\ln 5}{0.3887} \approx 14.1407$$

$$\mu_{S_{2T}} = \mu_{S_{2\tau}} + \frac{\ln m_2}{\alpha_{S_{2T}}} = 20.0 + \frac{\ln 10}{0.1710} \approx 33.4654$$

$$\mu_{S_{3T}} = \mu_{S_{3\tau}} + \frac{\ln m_3}{\alpha_{S_{3T}}} = 15.0 + \frac{\ln 10}{0.3664} \approx 21.2843$$

根据 Turkstra 组合规则，有 3 种组合方式，即

$$S_{c1}(T) = S_{1T} + S_{2\tau} + S_{3\tau}$$

$$S_{c2}(T) = S_{1\tau} + S_{2T} + S_{3\tau}$$

$$S_{c3}(T) = S_{1\tau} + S_{2\tau} + S_{3T}$$

对于极值 I 型分布，$\sigma_{S_{1T}}=\sigma_{S_{1\tau}}$，$\sigma_{S_{2T}}=\sigma_{S_{2\tau}}$，$\sigma_{S_{3T}}=\sigma_{S_{3\tau}}$，因此有 $\sigma_{S_{c1}}=\sigma_{S_{c2}}=\sigma_{S_{c3}}$，这样一来，确定上面 3 种组合中的最不利组合，只需比较如下 3 个组合的平均值：

$$\mu_{S_{c1}} = \mu_{S_{1T}} + \mu_{S_{2\tau}} + \mu_{S_{3\tau}} = 14.1407 + 20.0 + 15.0 = 49.1407$$

$$\mu_{S_{c2}} = \mu_{S_{1\tau}} + \mu_{S_{2T}} + \mu_{S_{3\tau}} = 10.0 + 33.4654 + 15.0 = 58.4654$$

$$\mu_{S_{c3}} = \mu_{S_{1\tau}} + \mu_{S_{2\tau}} + \mu_{S_{3T}} = 10.0 + 20.0 + 21.2843 = 51.2843$$

由于 $\mu_{S_{c2}}$ 最大，因此最不利组合为第二种组合。

3. Ferry Borger 组合规则

1972 年，Ferry Borger 和 Castanheta 根据 Turkstra 组合规则的基本思想，提出基于等时段平稳二项矩形波过程的组合规则（Ferry Borges 和 Castanheta，1972）。设 n 个荷载均为等时段的平稳二项矩形波过程，彼此相互独立，且荷载与荷载效应之间为线性关系。第 i 个荷载效应 $S_i(t)$ 的时段长度为 τ_i，在设计使用年限 T 内的时段数恰好为

$$r_i = \frac{T}{\tau_i} \quad (i=1,2,\cdots,n) \tag{6-99}$$

并设定 $r_1 \leqslant r_2 \leqslant \cdots \leqslant r_n$，且 $r_n / r_{n-1},\cdots,r_2 / r_1$ 均为整数。考虑如下 n 个荷载效应的和

$$S_1(t)+\cdots+S_{n-1}(t)+S_n(t) \tag{6-100}$$

令

$$S_{c(n-1)}(\tau_{n-1}) = S_{n-1}(t)+\max_{t\in\tau_{n-1}} S_n(t) = S_{n-1}(t)+S_n(\tau_{n-1}) \tag{6-101}$$

式中，$S_n(\tau_{n-1})$ 为 $S_n(t)$ 在时段长度 τ_{n-1} 内的最大值；$S_{c(n-1)}(\tau_{n-1})$ 为 $S_n(\tau_{n-1})$ 及 $S_{n-1}(t)$ 在 τ_{n-1} 内的组合值，它同样为等时段的平稳二项矩形波过程。这样 n 个荷载效应的组合问题就转化为 $n-1$ 个荷载效应的组合问题，即

$$S_1(t)+\cdots+S_{n-2}(t)+S_{c(n-1)}(\tau_{n-1}) \tag{6-102}$$

类似地，可以确定时段长度 τ_{n-2} 内 $S_{c(n-1)}(\tau_{n-1})$ 与 $S_{n-2}(t)$ 的组合值，以此类推，最终可得

$$S_{c1}(\tau_1) = S_1(t)+S_{c2}(\tau_1) \tag{6-103}$$

在设计使用年限 T 内，n 个荷载效应的最不利组合为

$$\begin{aligned} S_c(T) &= S_{c1}(\tau_1) \\ &= S_1(t)+\max_{t\in\tau_1}\{S_2(t)+\ldots+\max_{t\in\tau_{n-2}}[S_{n-1}(t)+\max_{t\in\tau_{n-1}} S_n(t)]\} \end{aligned} \tag{6-104}$$

4. JCSS 组合规则

JCSS 在《结构统一标准规范的国际体系》（1976）中推荐了荷载效应的 JCSS 组合规则，其基本假定是：荷载 $Q(t)$是等时段的平稳随机过程，与荷载效应 $S(t)$之间满足线性关系；当一种荷载取设计使用年限最大值或时段最大值时，其他参与组合的荷载仅在该最大值的持续时间内取相对最大值，或取任意时点值。

将各种荷载 $Q_i(t)$ 在设计使用年限 T 内的时段数 r_i 按照从小到大的顺序排列，即 $r_1 \leqslant r_2 \leqslant \cdots \leqslant r_n$。将任意一种最大荷载效应 $\max S_i(t)$ 与其他荷载效应进行组合，可得出如下 n 个最大荷载效应：

$$\begin{cases} S_{c1}(T) = \max\limits_{t\in T} S_1(t)+\max\limits_{t\in\tau_1} S_2(t)+\max\limits_{t\in\tau_2} S_3(t)+\cdots+\max\limits_{t\in\tau_{n-1}} S_n(t) \\ S_{c2}(T) = S_1(t^*)+\max\limits_{t\in T} S_2(t)+\max\limits_{t\in\tau_2} S_3(t)+\cdots+\max\limits_{t\in\tau_{n-1}} S_n(t) \\ \qquad\vdots \\ S_{cn}(T) = S_1(t^*)+S_2(t^*)+S_3(t^*)+\cdots+\max\limits_{t\in T} S_n(t) \end{cases} \tag{6-105}$$

式中，$S_i(t^*)$ 为第 i 种荷载效应 $S_i(t)$ 的任意时点随机变量，其概率分布函数为 $F_{Si}(x)$；τ_i 为第 i 种荷载效应的持续时段长度。可靠度指标最小所对应的组合即为最不利组合。

例如，设计基准期 $T=50$，每种荷载的时段数和时段长分别为 $r_1=5$，$r_2=10$，$r_3=25$，$\tau_1=50/5=10$，$\tau_2=5$，$\tau_3=2$。如图 6-10（a）所示，在第一种组合中，$S_1(t)$ 取整个设计使用年限内的最大值（τ_1 时段），$S_2(t)$ 和 $S_3(t)$ 分别在 τ_1 和 τ_2 时段内取相对最大值。第二种组合和第三种组合示意图如图 6-10（b）、（c）所示。

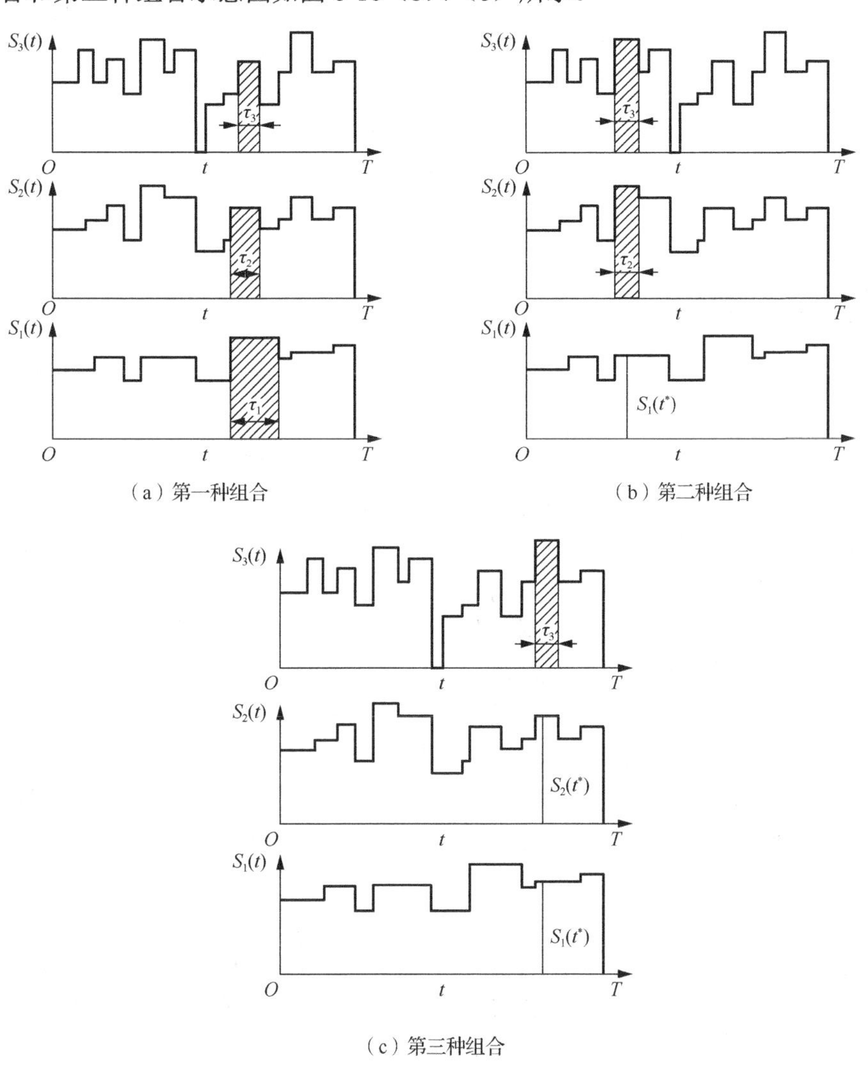

（a）第一种组合　（b）第二种组合

（c）第三种组合

图 6-10　三种荷载效应组合示意图

6.8 抗力分析模型

结构抗力 R 是指结构或结构构件抵抗作用效应的能力。在进行结构设计时，需要验算构件截面的强度及构件的刚度，此时，强度和刚度都属于结构抗力。结构在设计使用年限内，如果环境及结构自身的条件能够保证其性能不劣化，可以将结构抗力视为与时间无关的随机变量。《工程结构可靠性设计统一标准》（GB/T 50153—2008）等对结构抗力均采用了这种简化模型。

在工程实际中，有时不可忽略结构抗力随时间的变化。例如，在不利的环境或维护不良的条件下，混凝土的强度将逐渐下降。处于恶劣环境条件下的工业建筑或邻海建筑，其结构抗力也会随时间发生显著退化。此时，应采用随机过程模型对这类结构的抗力进行描述。

6.8.1 抗力的随机过程建模原则

分析抗力的简便方法是，不考虑各时点抗力之间的自相关性，任意时点抗力的概率分布设为对数正态分布，利用均值函数和方差函数就可以描述抗力随时间变化的概率特性。实际上，某时点的抗力 $R(t)$ 在相当大的程度上决定着后期抗力 $R(t+\Delta t)$ 的数值，两者之间存在着正相关性。另外，若假设各时点的抗力之间完全相关，则得到的结果又将偏于冒进。因此，需要根据抗力之间实际存在的相关性，建立合理的抗力模型。

在没有修复的情况下，结构抗力的随机过程分析模型应具备以下特征：①均值函数为单调减函数；②方差函数为单调增函数；③自相关系数为时段长度的单调减函数。满足上述特征的抗力模型应是非平稳的随机过程，其概率特性（一阶矩和二阶矩）随时间而变化。方差函数反映了抗力的离散性，随着时间的推移，如环境温度、湿度、各种侵蚀性介质等因素的影响会逐渐显露和加剧，其随机性也越来越强，使得结构抗力的方差随着时间而逐渐增大。自相关系数反映了任意两时点抗力之间的相关性，时段越长或时间间隔越大，两时点抗力之间的联系相对越弱，相关性越小。

6.8.2 独立增量过程模型

通过对观测数据的统计分析，有可能获得结构抗力的均值及方差的变化规律。要确定自相关系数的变化规律，不仅需要对结构抗力进行跟踪测试，还需要考虑时点变化的多样性，这几乎是不可能的。为解决抗力建模的困难，可假设结构抗力为独立增量过程。

设抗力 $\{R(t),t\in[t_0,t_0+T]\}$ 为独立增量过程，即对于 $[t_0,t_0+T]$ 上任意的 $t_1<t_2<\cdots<t_n$，抗力增量 $R(t_n)-R(t_{n-1}),R(t_{n-1})-R(t_{n-2}),\cdots,R(t_2)-R(t_1),R(t_1)$ 相互独立，即

$$
\begin{aligned}
&E\{[R(t_n)-R(t_{n-1})]\cdots[R(t_2)-R(t_1)]\cdot R(t_1)\}\\
&=E[R(t_n)-R(t_{n-1})]\cdots E[R(t_2)-R(t_1)]\cdot E[R(t_1)]
\end{aligned}
\tag{6-106}
$$

已知抗力的均值函数 $\mu_R(t)$ 和方差函数 $\sigma_R^2(t)$，两者分别为时间的单调减函数和单调

增函数。根据独立增量过程的性质，求出抗力的协方差函数为

$$\begin{aligned}&\mathrm{Cov}[R(t+\Delta t),R(t)]=\mathrm{Cov}[R(t+\Delta t)-R(t)+R(t),R(t)]\\&=\mathrm{Cov}[R(t+\Delta t)-R(t),R(t)]+\mathrm{Cov}[R(t),R(t)]\\&=\sigma_R^2(t)\end{aligned} \tag{6-107}$$

由此得到抗力的自相关系数为

$$\rho_R(t,t+\Delta t)=\frac{\mathrm{Cov}[R(t+\Delta t),R(t)]}{\sigma_R(t)\sigma_R(t+\Delta t)}=\frac{\sigma_R(t)}{\sigma_R(t+\Delta t)} \tag{6-108}$$

即抗力的自相关系数由方差函数完全确定。当方差函数为时间的单调增函数时，自相关系数为时段长度Δt的单调减函数，满足相应的模型特征。

例 6-3　若抗力衰减模型为$R(t)=R_0 g(t)$，在$(t_{i-1},t_i]$时间段内，抗力的退化增量服从伽马分布$G_i \sim Ga(v_i,u)$。其中，v_i为形状参数，u为尺寸参数。问：如何利用检测数据确定模型参数？

解　根据假设，t_k时刻的抗力可以描述为

$$R(t_k)=R_0\cdot g(t_k)=R_0\cdot\left(1-\sum_{i=1}^{k}G_i\right)$$

$$g(t_k)=1-\sum_{i=1}^{k}G_i \quad (k=1,2,\cdots,n)$$

由于$G_i \sim Ga(v_i,u)$，因此有$\sum_{i=1}^{k}G_i \sim Ga\left(\sum_{i=1}^{k}v_i,u\right)$，故$g(t_k)$的均值、方差分别为

$$\mathrm{Mean}[g(t_k)]=1-\frac{1}{u}\cdot\sum_{i=1}^{k}v_i,\quad \mathrm{Var}[g(t_k)]=\frac{1}{u^2}\cdot\sum_{i=1}^{k}v_i$$

设v_i的形式可以表示为

$$v_i=\kappa(t_i^b-t_{i-1}^b) \quad (i=1,2,\cdots,n)$$

式中，κ表示退化率参量；b的取值对应不同的退化机理（参见 6.1.1 节和 6.5 节）。知道b的值后，需要确定的模型参数变为u和κ。如果已知退化函数在t^*时刻的均值和方差分别为m^*和v^*，则有

$$m^*=1-\frac{1}{u}\cdot\sum_{i=1}^{k}v_i=1-\frac{1}{u}\cdot\kappa(t^*)^b,\quad v^*=\frac{1}{u^2}\cdot\kappa(t^*)^b$$

由此得到退化模型中参数的估计值为

$$\hat{u}=\frac{1-m^*}{v^*},\quad \hat{\kappa}=\frac{(1-m^*)^2}{v^*\cdot(t^*)^b}$$

例如，已知 $g(20)$的均值为 0.7，变异系数为 0.3，则模型参数的计算结果如表 6-2 所示。根据式（6-108），相关系数表示为

$$\rho_{i,j}=\sqrt{\frac{\mathrm{Var}[g(t_i)]}{\mathrm{Var}[g(t_j)]}}=\frac{\sqrt{\sum_{l=1}^{i}v_l}}{\sqrt{\sum_{l=1}^{j}v_l}}=\sqrt{t_i^b/t_j^b},\quad t_i<t_j$$

线性退化函数（$b=1$）对应平稳伽马随机过程。此时，退化函数 $g(t)$的 10 次模拟轨迹和特征轨迹如图 6-11 所示，$g(t_i)$ 和 $g(t_j)$ 的相关系数 $\rho_{i,j}$ 如图 6-12 所示。

表 6-2 不同退化机理下的参数估计值

退化机理	b	$1/\hat{u}$	$\hat{\kappa}$
线性退化	1.0	0.147	0.102
平方根退化	0.5	0.147	0.456
抛物线退化	2.0	0.147	0.005

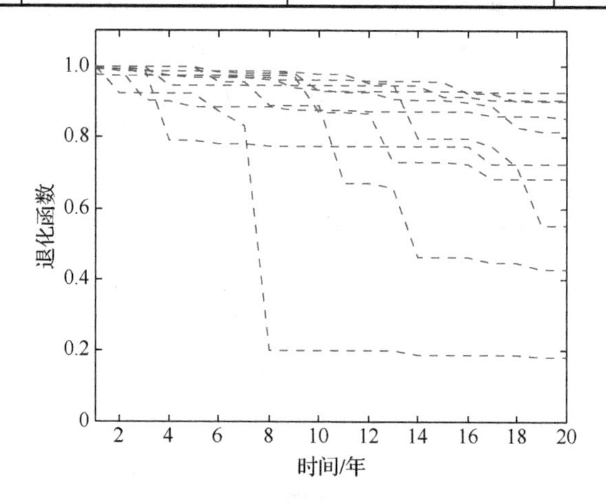

（a）样本轨迹（10次模拟）

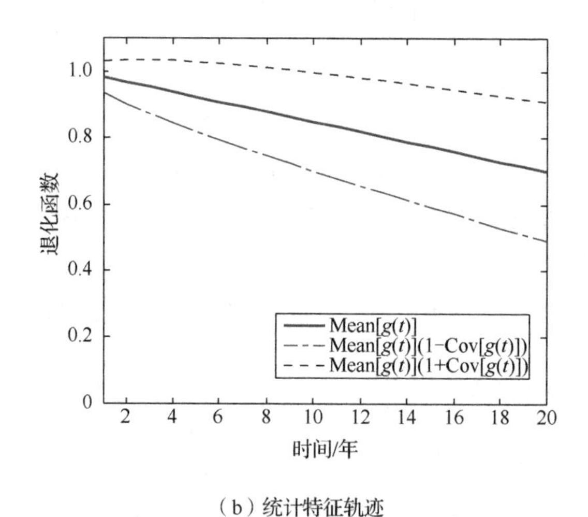

（b）统计特征轨迹

图 6-11 线性退化函数的模拟结果

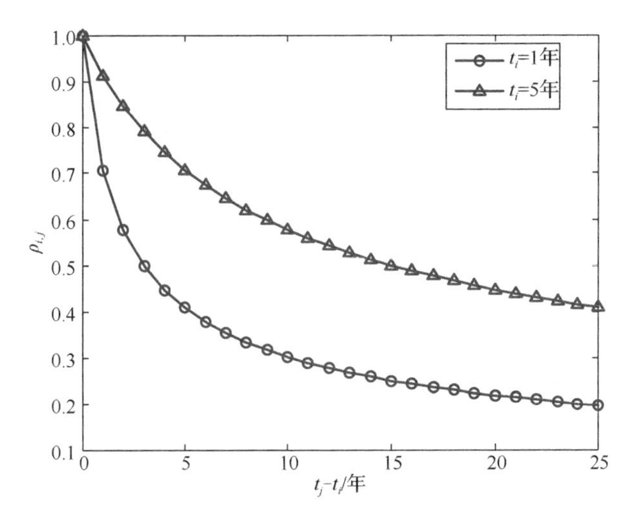

图 6-12　线性退化函数的相关系数

参 考 文 献

贡金鑫，魏巍巍，2007．工程结构可靠性设计原理[M]．北京：机械工业出版社．

张新培，2001．建筑结构可靠度分析与设计[M]．北京：科学出版社．

ANDRIEU-RENAUD C, SUDRET B, LEMAIRE M, 2004. The PHI2 method: a way to compute time-variant reliability[J]. Reliability Engineering & System Safety, 84(1): 75-86.

CHATFIELD C, GOODHARDT G J, 1973. A consumer purchasing model with Erlang interpurchase times[J]. Journal of the American Statistical Association, 68: 828-835.

CHEN Y M, 1989. Reliability of structural systems subjected to time variant loads[J]. ZAMM-Zeitschrift fur Angewandte Mathematik und Mechanik, 69: 64-66.

ENGELUND S, RACKWITZ R, LANGE C, 1995. Approximations of first-passage times for differentiable processes based on higher-order threshold crossings[J]. Probabilistic Engineering Mechanics, 10(1): 53-60.

FERRY BORGES J, CASTANHETA M, 1971. Structural safety[M]. Lisbon: Laboratorio Nacional de Engenharia Civil.

FERRY BORGES J, CASTANHETA M, 1972. Structural safety[M]. 2nd ed. Lisbon: Laboratorio Nacional de Engenharia Civil.

HEYWOOD R J, NOWAK A S, 1991. Bridge live load models[J]. Journal of Structural Engineering, 117(9): 2757-2767.

Joint Committee on Structural Safety (JCSS), 2001. JCSS probabilistic model code[S/OL]. https://www.jcss-lc.org/jcss-probabilistic-model-code/.

LEADBETTER M R, LINDGREN G, ROOTZEN H, 1983. Extremes and related properties of random sequences and processes[M]. New York: Springer.

MELCHERS R E, BECK A T, 2017. Structural reliability analysis and prediction[M]. 3rd ed. West Sussex: John Wiley & Sons Inc.

MORI Y, ELLINGWOOD B R, 1993. Reliability-based service-life assessment of aging concrete structures[J]. Journal of Structural Engineering, 119(5): 1600-1621.

MOURELATOS Z P, MAJCHER M, PANDEY V, et al., 2015. Time-dependent reliability analysis using the total probability theorem[J]. Journal of Mechanical Design, 137(3): 031405.

NOWAK A S, 1993. Load model for highway bridges[J]. Structural Safety, 13(1): 53-66.

QIAN H M, HUANG H Z, HUANG P, et al., 2019. Time-variant reliability analysis based on the approximate relationship between the outcrossing rate and failure rate[C]// European Safety and Reliability Association(ESRA).Proceedings of the 29th European Safety and Reliability Conference (ESREL).Singapore: Research Publishing, 1041-1047.

RICE S O, 1944. Mathematical anslysis of random noise[J]. Bell System Technical Journal, 23(3): 282-332.

SUDRET B, 2008. Analytical derivation of the outcrossing rate in time-variant reliability problems[J]. Structure & Infrastructure engineering, 4(5): 353-362.

TURKSTRA C J, MADESEN H O, 1980. Load combination in codified structural design[J]. Journal of the Structural Division. Proc. ASCE, 106(12): 2527-2543.

VAN NOORTWIJK J M, VAN DER WEIDE, J A M, KALLEN M J, et al., 2007. Gamma processes and peaks-over-threshold distributions for time-dependent reliability[J]. Reliability Engineering & System Safety, 92(12): 1651-1658.

WANG Z, CHEN W, 2017. Confidence-based adaptive extreme response surface for time-variant reliability analysis under random excitation[J]. Structural Safety, 64:76-86.

WEN Y K, CHEN H C, 1987. On fast intergration for time variant structural reliability[J]. Probabilistic Engineering Mechanics, 2(3): 156-162.

习 题

6.1 结构上作用有两个泊松脉冲过程的荷载，$Q_1(t) \sim N(1.8, 0.4^2)\text{kPa}$，$\nu_1 = 2/$年，平均作用时长$\varDelta_1 = 1.5$天；$Q_2 \sim N(2.5, 0.5^2)\text{kPa}$，$\nu_2 = 5/$年，$\varDelta_2 = 1.1$天。根据组合近似［参考（Melchers 和 Beck，2018）中的式 6.146（c）］，总的到达频率$\nu = \nu_1\nu_2(\varDelta_1 + \varDelta_2) = 2 \times 5 \times (1.5 + 1.1)/365 = 0.071/$年，组合效应为$(Q_1+Q_2) \sim N(4.3, 0.64^2)$。

1）阈值取为 5.2kPa，分别计算各单个荷载及组合效应的年度超越概率；

2）在 100 年设计寿命区间上，求组合效应超过 5.2kPa 的概率；

3）在 50 年内，求组合效应超过 6kPa 的概率。

6.2 结构抵抗地震地基加速度的抗力：$\mu_R = 10\text{m/s}^2$，$\sigma_R = 2\text{m/s}^2$。通过谱分析，将地震波简化为 3 个不同水平的共同作用，即$\{a_1, a_2, a_3\} = \{4, 6, 8\}\text{m/s}^2$，各自的年度发生频率分别为$\{\nu_1, \nu_2, \nu_3\} = \{0.0608, 0.0150, 0.0037\}$。

1）求在 100 年内发生地震的次数；

2）求在 100 年内至少发生一次a_3水平的地震的概率；

3）求结构的年度失效概率；

4）求在 100 年内结构的失效概率。

6.3 利用式（1-36）、式（6-91），证明式（6-92）成立。

6.4 时点分布函数与最大值分布函数之间满足关系式（6-65）和式（6-66）。在式（6-105）中，各荷载的时点分布函数记为$F_{si}(x)$，假设各荷载之间是相互独立的。写出第一种组合中前面两项之和的分布函数及各荷载组合效应的分布函数。

6.5 证明：由式（6-50）求导，得到式（6-51）的爱尔兰（Erlang）分布。

第 7 章 时变可靠性分析的数值方法

相比时不变可靠性，结构的时变可靠性分析要复杂得多。继上一章之后，本章进一步讲述结构时变可靠度的计算分析方法，包括数值模拟方法、准静态方法、极值方法及结合代理模型的分析方法。通过算例分析，验证和比较各种方法的适用性。

7.1 功能函数的类别

结构的功能函数通常表示为

$$Z(t)=R(t)-S(t) \tag{7-1}$$

式中，$R(t)$为结构抗力；$S(t)$为荷载效应，后者通常采用随机过程来描述。若 $R(t)$（如临界变形）不随时间发生变化，则 $R(t)=R_0$。对于随时间退化的情形，最简便的方法是假设 $R(t)=R_0\alpha(t)$，其中 $\alpha(t)$ 为确定性函数，称为抗力退化函数，R_0 为随机变量。利用常用的抗力退化模型，将功能函数写为

$$Z(t)=R_0\alpha(t)-S(t)=R_0(1-a\cdot t^b)-S(t) \tag{7-2}$$

式中，a 和 b 是退化函数的形状参数。一般通过退化机理来确定参数 b，如腐蚀$(b=1)$、硫酸盐侵蚀$(b=2)$、扩散控制型老化$(b=0.5)$。若 $a=0$，则式（7-2）可表示为

$$Z(t)=R_0-S(t) \tag{7-3}$$

对于不同形式的功能函数问题，需要选取适当的求解方法。功能函数最一般的形式为 $G(\boldsymbol{X}, \boldsymbol{Y}(t), t)$，同时包含随机变量（矢量）$\boldsymbol{X}=[X_1,X_2,\cdots,X_m]^{\mathrm{T}}$，随机过程（矢量）$\boldsymbol{Y}(t)=[Y_1(t), Y_2(t),\cdots,Y_n(t)]^{\mathrm{T}}$ 及时间参量 t。式（7-2）属于这一类，其中 $\boldsymbol{X}=[R_0]$，$\boldsymbol{Y}(t)=[S(t)]$。当不显含时间参量 t 时，功能函数形式为 $G(\boldsymbol{X}, \boldsymbol{Y}(t))$，如式（7-3）。最简单的情形仅包含随机变量和时间参量，功能函数呈 $G(\boldsymbol{X}, t)$的形式（Hu 和 Du，2013）。

7.2 计算时变可靠度的数值模拟方法

由于结构抗力及荷载随时间而变化，时变可靠度的解析求解方法基本不具有可行性。求解时变可靠度的可行方法中，除第 6 章讲述的首次超越方法等方法外，还有本章介绍的数值模拟方法、准静态方法、极值方法以及结合代理模型的各种分析方法。

MCS 方法是计算时变可靠度最直接的方法。若功能函数为 $G(\boldsymbol{X}, t)$的形式，则可以直接利用 MCS 方法进行数值计算。将时间区间$[0, T]$离散为 s 等份，时间间隔 $\Delta t=T/s$，$s+1$

个时间节点为$t_i = i\Delta t(i=0,1,\cdots,s)$。通过随机抽样产生样本点$(\boldsymbol{X}^{(1)},\boldsymbol{X}^{(2)},\cdots,\boldsymbol{X}^{(N)})$，对于样本$\boldsymbol{X}^{(k)}(k=1,2,\cdots,N)$，计算各时间节点处的功能函数值$G(\boldsymbol{X}^{(k)},t_i)(i=0,1,\cdots,s)$。若$(s+1)$个功能函数值的极小值小于 0，则类比式（4-1），相应的状态指示函数取值为 1。最后，按式（4-4）计算样本均值，该结果即为时变可靠度的近似解。

当功能函数包含随机过程时，在应用 MCS 方法之前，需要将随机过程进行转换，从而将功能函数转化为$G(\boldsymbol{X}, t)$的形式。

7.2.1 随机过程的展开

时变可靠度数值求解的关键在于随机过程的转换和重建。如文献（Hu 和 Du，2015a）所述，存在两种表示随机过程的方法：样本轨迹法和级数展开法。样本轨迹法广泛应用于天气预报、财务风险评估和洪水风险预测等。在级数展开法中，随机过程被转换为随机变量级数求和的形式，有 K-L（Karhunen-Loève）展开、正交级数展开（orthogonal series expansion，OSE）、扩展最优线性估计（expansion optimal linear estimation，EOLE）等方法。

1. *K-L 展开方法*

将时间区间$[t_0,t_s]$离散为 s 等份，时间间隔$\Delta t=(t_s-t_0)/s$，$s+1$个时间节点为$t_i=t_0+i\Delta t(i=0,1,\cdots,s)$。考虑一随机过程 $Y(t)$，其均值函数为$\mu_Y(t)$，标准差函数为$\sigma_Y(t)$，自相关系数为$\rho_Y(t_i,t_j)$。基于其协方差函数的谱分析，随机过程 $Y(t)$的 K-L 展开（Loève，1977）结果为

$$Y(t)\approx\mu_Y(t)+\sum_{k=1}^{p}\sqrt{I_k}\varPhi_k(t)Z_k \tag{7-4}$$

$$\begin{cases}I_k\varPhi_k(t)=\int C(t,u)\varPhi_k(u)\mathrm{d}u \quad (k=1,2,\cdots,s+1)\\ C(t_i,t_j)=\rho_Y(t_i,t_j)\sigma_Y(t_i)\sigma_Y(t_j) \quad (i,j=0,1,\cdots,s)\end{cases} \tag{7-5}$$

式中，I_k和$\varPhi_k(t)$分别为协方差函数 $C(t,u)$的特征值和特征函数；$\boldsymbol{Z}=[Z_1,Z_2,\cdots,Z_p]^{\mathrm{T}}$中的各分量是互不相关的标准正态分布随机变量。通过式（7-4），随机过程 $Y(t)$重建为相互独立的标准正态随机变量的线性求和形式，即将特征值按降序排序，选择前面p个主导特征值（$p\leqslant s+1$）和对应的特征函数来表示随机过程。确定p值大小的方法可参考文献（Wang 和 Chen，2016b）。

2. *OSE 方法*

由 Zhang 和 Ellingwood 提出的 OSE 方法（Zhang 和 Ellingwood，1994）将高斯过程 $Y(t)$近似为如下形式：

$$Y(t)=\mu_Y(t)+\sum_{i=1}^{M}\gamma_i h_i(t) \tag{7-6}$$

$$\begin{cases}\int_0^T h_i(t)h_j(t)\mathrm{d}t=\delta_{ij} \quad (i,j=1,2,\cdots,M)\\ \gamma_j=\int_0^T\left[Y(t)-\mu_Y(t)\right]h_j(t)\mathrm{d}t \quad (j=1,2,\cdots,M)\end{cases} \tag{7-7}$$

式中，$h_i(t)(i=1,2,\cdots,M)$ 是选定的正交函数，可以选择勒让德函数作为正交函数；$\boldsymbol{\Gamma}=[\gamma_1,\gamma_2,\cdots,\gamma_M]^{\mathrm{T}}$ 是零均值高斯随机变量矢量。截断项数 M 的确定方法如下。

高斯过程 $Y(t)$的自协方差函数和近似自协方差函数可以分别表示为

$$C_{YY}(t,\tau)=\sum_{i=1}^{\infty}\sum_{j=1}^{\infty}E[\gamma_i\gamma_j]h_i(t)h_j(\tau) \tag{7-8}$$

$$\hat{C}_{YY}(t,\tau)=\sum_{i=1}^{M}\sum_{j=1}^{M}E[\gamma_i\gamma_j]h_i(t)h_j(\tau) \tag{7-9}$$

因此，二者之间的误差可以写为

$$\varepsilon_M(t,\tau)=C_{YY}(t,\tau)-\hat{C}_{YY}(t,\tau) \tag{7-10}$$

将 ε_M 的绝对值在 t 和 τ 的全域积分，可得全域误差为

$$\int_0^T\int_0^T\left|\varepsilon_M(t,\tau)\right|\mathrm{d}t\mathrm{d}\tau=\int_0^T\int_0^T\left|C_{YY}(t,\tau)-\hat{C}_{YY}(t,\tau)\right|\mathrm{d}t\mathrm{d}\tau \tag{7-11}$$

将全域误差做归一化处理，有

$$\varepsilon_M=\frac{1}{A}\int_0^T\int_0^T\frac{1}{\sigma_Y^2}\left|C_{YY}(t,\tau)-\hat{C}_{YY}(t,\tau)\right|\mathrm{d}t\mathrm{d}\tau \tag{7-12}$$

式中，A 为全域的面积（$A=T^2$）；σ_Y^2 为高斯过程 $Y(t)$的方差，表示如下：

$$\sigma_Y^2=C_{YY}(t,t)=\sum_{i=1}^{\infty}\sum_{j=1}^{\infty}E[\gamma_i\gamma_j]h_i(t)h_j(t) \tag{7-13}$$

给定误差允许值 ε_0，由条件 $\varepsilon_M\leqslant\varepsilon_0$，即可求解得到项数 M 的值。

按下述步骤，进一步将随机变量矢量 $\boldsymbol{\Gamma}$ 转换为相互独立的标准正态随机变量矢量 $\boldsymbol{Z}=[Z_1,Z_2,\cdots,Z_M]^{\mathrm{T}}$。由 $\boldsymbol{\Sigma}$ 的特征向量构成的矩阵记为 $\boldsymbol{\Lambda}$，则有

$$\boldsymbol{\Gamma}=\boldsymbol{\Lambda Z} \tag{7-14}$$

$$\boldsymbol{\Sigma}=\left[\Sigma_{ij}\right]_{M\times M},\quad \Sigma_{ij}=\int_0^T\int_0^T C_{YY}(t,\tau)h_i(t)h_j(\tau)\mathrm{d}t\mathrm{d}\tau \tag{7-15}$$

在应用 OSE 方法时，无须利用时间间隔 Δt 来划分时间区间，其精度不受 Δt 的影响。

3. *EOLE 方法*

基于最优线性估计理论，Li 和 Kiureghian 提出了 EOLE 方法（Li 和 Kiureghian，1993）。考虑一个高斯过程 $Y(t)$，其均值函数为 $\mu_Y(t)$，标准差函数为 $\sigma_Y(t)$，自相关函数为 $\rho_Y(t_i,t_j)$。将时间区间 $[t_0,t_s]$ 离散为 s 个时间段，$s+1$ 个时间节点为 $t_i=t_0+i\Delta t(i=0,1,\cdots,s)$，$\Delta t=(t_s-t_0)/s$ 为时间间隔。高斯过程 $Y(t)$重建为

$$\begin{cases} Y(t) \approx \mu_Y(t) + \sigma_Y(t) \sum_{i=1}^{p} \dfrac{Z_i}{\sqrt{I_i}} \cdot \boldsymbol{\varphi}_i^{\mathrm{T}} \cdot \boldsymbol{C}_Y(t) \\ \boldsymbol{C}_Y(t) = \left[\rho_Y(t,t_0), \rho_Y(t,t_1), \cdots, \rho_Y(t,t_s) \right]^{\mathrm{T}} \\ \boldsymbol{C} = \left[\rho_Y(t_i,t_j) \right]_{(s+1)\times(s+1)} \quad (i,j = 0,1,\cdots,s) \end{cases} \tag{7-16}$$

式中，$Z_i(i=1,2,\cdots,p)$ 表示相互独立的标准正态随机变量；$I_i, \boldsymbol{\varphi}_i$ 分别是相关矩阵 $\boldsymbol{C}$ 的特征值和特征向量；$p(p \leqslant s+1)$ 表示求和的项数，对应相关矩阵 $\boldsymbol{C}$ 的 p 个主导特征值；$\boldsymbol{C}_Y(t)$ 是一个时变矢量。项数 p 的确定可参考文献（Li 和 Chen，2019）。

值得注意的是，EOLE 方法的精度与 Δt 的选取有关，Δt 越小，结果越准确，相应的计算量也就越大。Δt 的选择取决于随机过程的相关长度，对于指数平方相关函数，EOLE 方法的精度优于 K-L 展开方法和 OSE 方法。

7.2.2 MCS 步骤

应用随机过程的级数展开法，对于任一指定的时间 t，$Y(t)$表示为标准正态随机变量的级数和，也是一正态随机变量。与时不变可靠度的蒙特卡洛模拟相比，时变可靠度的蒙特卡洛模拟多了时间尺度，模拟过程类似，具体步骤如下。

步骤 1 初始化参数，即总样本数 N，当前样本 $i=1$，失效样本数 $k=0$。

步骤 2 在时间节点 $t_0,t_1,\cdots,t_s$ 产生 $\boldsymbol{X}$ 和 $\boldsymbol{Y}(t)$的随机样本：$X_i, Y(t_0), Y(t_1), \cdots, Y(t_s)$。

步骤 3 计算各时间节点处的功能函数值，并确定时间区间 $[t_0,t_s]$ 的响应极值为

$$G_{mi} = \min_{0 \leqslant j \leqslant s} G(X_i, Y(t_j), t_j) \tag{7-17}$$

步骤 4 检查 G_{mi} 的值：如果 $G_{mi} < 0$，则说明当前样本 i 失效，$k=k+1$，反之，$k=k$。

步骤 5 $i=i+1$，若 $i<N$，回到步骤 2；反之，继续步骤 6。

步骤 6 利用如下公式计算 $[t_0,t_s]$ 的失效概率：

$$p_{\mathrm{f}}(t_0,t_s) = k/N \tag{7-18}$$

MCS 方法的精度取决于 N 和 s，总的模拟次数为 $N \times (s+1)$。当处理小失效概率（如 $p_{\mathrm{f}} = 10^{-4} \sim 10^{-6}$）问题时，为了保证结果精度，需要大量的模拟计算。

7.3 准静态方法

随机过程离散方法（improved time-variant reliability analysis method based on stochastic process discretization，iTRPD）（Jiang 等，2014；2018）是一种准静态方法，通过离散时间区间，将时变可靠度问题转换为串联系统时不变可靠度问题。设 $\boldsymbol{X}$ 是 m 维随机变量向量，$\boldsymbol{Y}(t)$是 n 维随机过程向量。在 iTRPD 中，首先将时间区间[0, T]用 $\Delta t = T/p$ 等分为 p 个时间段，于是时变功能函数 $G(\boldsymbol{X}, \boldsymbol{Y}(t), t)$ 被离散为 p 个时不变功能函数 $G(\boldsymbol{X}, \boldsymbol{Y}_i, t_i)$，$t_i = (i-1/2)\Delta t$，$\boldsymbol{Y}_i = \left[Y_1(t_i), Y_2(t_i), \cdots, Y_n(t_i) \right]^{\mathrm{T}}$，$i=1,2,\cdots,p$。区间[0, T]时

变可靠度 $p_s(0,T)=[1-p_f(0,T)]$ 的表达式可以写为

$$p_s(0,T)=\Pr\left\{\bigcap_{i=1}^{p}\left[G(\boldsymbol{X},\boldsymbol{Y}_i,t_i)>0,\ t_i=\left(i-\frac{1}{2}\right)\Delta t,\ \Delta t=\frac{T}{p}\right]\right\} \tag{7-19}$$

利用 Nataf 变换（Liu 和 Der Kiureghian，1986），将 $(\boldsymbol{X},\boldsymbol{Y}_i)$ 转换为独立标准正态空间中的 $(\boldsymbol{U},\boldsymbol{V}_i)$，式（7-19）变为

$$p_s(0,T)=\Pr\left\{\bigcap_{i=1}^{p}\left[G'(\boldsymbol{U},\boldsymbol{V}_i,t_i)>0,\ t_i=\left(i-\frac{1}{2}\right)\Delta t,\ \Delta t=\frac{T}{p}\right]\right\} \tag{7-20}$$

式中，$G'(\boldsymbol{U},\boldsymbol{V}_i,t_i)=G(\mathrm{Nataf}^{-1}(\boldsymbol{U}),\mathrm{Nataf}^{-1}(\boldsymbol{V}_i),t_i)$ 为标准正态空间 $(\boldsymbol{U},\boldsymbol{V}_i)$ 的功能函数。利用 FORM 将 $G'(\boldsymbol{U},\boldsymbol{V}_i,t_i)(i=1,2,\cdots,p)$ 在 MPP（最有可能失效点）处线性展开，有

$$\begin{aligned}p_s(0,T)&=\Pr\left\{\bigcap_{i=1}^{p}\left[\beta_i+\boldsymbol{\alpha}_{U,i}^{\mathrm{T}}\boldsymbol{U}+\boldsymbol{\alpha}_{V,i}^{\mathrm{T}}\boldsymbol{V}_i>0\right]\right\}\\&=\Pr\left\{\bigcap_{i=1}^{p}\left[-\left(\boldsymbol{\alpha}_{U,i}^{\mathrm{T}}\boldsymbol{U}+\boldsymbol{\alpha}_{V,i}^{\mathrm{T}}\boldsymbol{V}_i\right)<\beta_i\right]\right\}\end{aligned} \tag{7-21}$$

式中，β_i 表示 $G'(\boldsymbol{U},\boldsymbol{V}_i,t_i)$ 的可靠度指标；$\boldsymbol{\alpha}_{U,i}$ 是 $\boldsymbol{U}$ 的 m 维梯度向量，$\boldsymbol{\alpha}_{V,i}$ 是 $\boldsymbol{V}_i$ 的 n 维梯度向量。

将时变可靠度问题视为等效时不变串联系统（equivalent time invariant series system，ETISS）可靠度问题。利用 FORM 计算 ETISS 各元件的可靠度指标 β_i，以及系统各元件之间的相关系数矩阵 $\boldsymbol{\rho}=[\rho_{i,j}]_{p\times p}(i=1,2,\cdots,p,\ j=1,2,\cdots,p)$。记 $\boldsymbol{\beta}=[\beta_1,\beta_2,\cdots,\beta_p]^{\mathrm{T}}$，根据串联系统可靠度问题的一阶方法（Hohenbichler 和 Rackwitz，1982），式（7-21）可进一步写为

$$\begin{aligned}p_s(0,T)&=\Phi_p(\boldsymbol{\beta},\boldsymbol{\rho})=\int_{-\infty}^{\boldsymbol{\beta}}\varphi_p(\boldsymbol{s},\boldsymbol{\rho})\mathrm{d}\boldsymbol{s}\\&=\int_{-\infty}^{\boldsymbol{\beta}}\frac{1}{(2\pi)^{p/2}\sqrt{\det\boldsymbol{\rho}}}\exp\left(-\frac{1}{2}\boldsymbol{s}^{\mathrm{T}}\boldsymbol{\rho}^{-1}\boldsymbol{s}\right)\mathrm{d}\boldsymbol{s}\end{aligned} \tag{7-22}$$

式中，$\Phi_p(\cdot)$ 和 $\varphi_p(\cdot)$ 为 p 维标准正态累积分布函数和概率密度函数。求解式（7-22）的关键步骤在于相关系数矩阵 $\boldsymbol{\rho}$ 的计算。令 $L_i=\beta_i+\boldsymbol{\alpha}_{U,i}^{\mathrm{T}}\boldsymbol{U}+\boldsymbol{\alpha}_{V,i}^{\mathrm{T}}\boldsymbol{V}_i$，式（7-21）可表示为

$$p_s(0,T)=\Pr\left\{\bigcap_{i=1}^{p}(L_i>0)\right\} \tag{7-23}$$

由于 $\boldsymbol{U}$ 和 $\boldsymbol{V}_i$ 是独立标准高斯向量，$\boldsymbol{\alpha}_{U,i}$ 和 $\boldsymbol{\alpha}_{V,i}$ 分别为它们的梯度向量，故 L_i 是一个均值为 β_i，标准差为 1 的高斯变量。系统元件 L_i 和 L_j 的相关系数为

$$\begin{aligned}\rho_{i,j}&=\frac{\mathrm{Cov}(L_i,L_j)}{\sigma_{L_i}\sigma_{L_j}}=\mathrm{Cov}(L_i,L_j)\\&=\mathrm{Cov}(\beta_i+\boldsymbol{\alpha}_{U,i}^{\mathrm{T}}\boldsymbol{U}+\boldsymbol{\alpha}_{V,i}^{\mathrm{T}}\boldsymbol{V}_i,\ \beta_j+\boldsymbol{\alpha}_{U,j}^{\mathrm{T}}\boldsymbol{U}+\boldsymbol{\alpha}_{V,j}^{\mathrm{T}}\boldsymbol{V}_j)\\&=\mathrm{Cov}(\boldsymbol{\alpha}_{U,i}^{\mathrm{T}}\boldsymbol{U}+\boldsymbol{\alpha}_{V,i}^{\mathrm{T}}\boldsymbol{V}_i,\ \boldsymbol{\alpha}_{U,j}^{\mathrm{T}}\boldsymbol{U}+\boldsymbol{\alpha}_{V,j}^{\mathrm{T}}\boldsymbol{V}_j)\end{aligned} \tag{7-24}$$

注意到 $\boldsymbol{U}$ 和 $\boldsymbol{V}_i$ 及 $\boldsymbol{U}$ 和 $\boldsymbol{V}_j$ 相互独立，式（7-24）可进一步化简为

$$
\begin{aligned}
\rho_{i,j} &= \mathrm{Cov}(\boldsymbol{\alpha}_{U,i}^{\mathrm{T}}\boldsymbol{U},\boldsymbol{\alpha}_{U,j}^{\mathrm{T}}\boldsymbol{U}) + \mathrm{Cov}(\boldsymbol{\alpha}_{V,i}^{\mathrm{T}}\boldsymbol{V}_i,\boldsymbol{\alpha}_{V,j}^{\mathrm{T}}\boldsymbol{V}_j) \\
&= \boldsymbol{\alpha}_{U,i}^{\mathrm{T}}\boldsymbol{\alpha}_{U,j} + \mathrm{Cov}(\boldsymbol{\alpha}_{V,i}^{\mathrm{T}}\boldsymbol{V}_i,\boldsymbol{\alpha}_{V,j}^{\mathrm{T}}\boldsymbol{V}_j)
\end{aligned} \tag{7-25}
$$

该方法的计算流程图如图 7-1 所示。

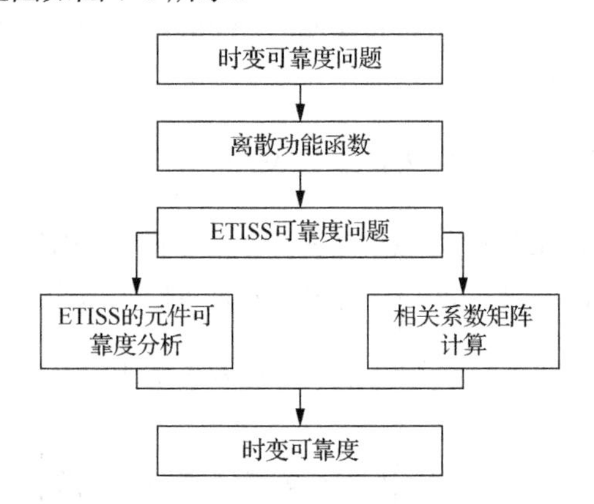

图 7-1 iTRPD 方法的计算流程图

7.4 极 值 方 法

7.4.1 极值的概念

时变可靠度由响应的全局极值决定。在给定时间段内，一旦极值响应超过规定的门槛值，就会导致结构失效。假定 $G(\boldsymbol{X}, \boldsymbol{Y}(t), t)<0$ 表示结构失效，则关注时间区间 $[t_0,t_s]$ 上功能函数的极小值，即

$$
G_{\mathrm{e}}(\boldsymbol{X}) = \min_{t\in[t_0,t_s]} G(\boldsymbol{X},\boldsymbol{Y}(t),t) \tag{7-26}
$$

式中，G_{e} 表示系统响应极值。由于输入变量 $\boldsymbol{X}$ 和 $\boldsymbol{Y}(t)$ 的随机性，G_{e} 是一个随机变量。于是，失效概率表示为

$$
p_{\mathrm{f}}(t_0,t_s) = \Pr[G_{\mathrm{e}}(\boldsymbol{X})<0] \tag{7-27}
$$

$$
p_{\mathrm{f}}(t_0,t_s) = \int_{-\infty}^{0} f_{G_{\mathrm{e}}}(x)\mathrm{d}x = F_{G_{\mathrm{e}}}(0) \tag{7-28}
$$

极值方法的关键是得到响应极值 G_{e} 的统计信息。一旦得到极值的概率分布，时变可靠度问题就转换为时不变可靠度问题。

用抽样的方法求极值的分布很直接，但计算效率低，对于具有复杂功能函数的问题尤其如此。基于 Kriging 模型和支持向量机等代理模型技术，构建极值的代理模型，之后便可利用蒙特卡罗模拟进行时变可靠度计算，无须再调用原功能函数。以下介绍两类代表性的极值方法：复合极限状态方法（离散化方法）和极值分布方法（概率密度演化方法和鞍点近似方法）。

7.4.2　复合极限状态方法

Singh 等提出的复合极限状态（composite limit state，CLS）方法，其主要思想是离散时间区间，将所有时间节点上的瞬时极限状态视为串联形式，进而构造一个复合极限状态（Singh 等，2010）。

将时间区间 $[t_0,t_s]$ 用时间间隔 Δt 离散为 s 个时间段，于是对应的 $s+1$ 个时间节点为 $t_i=t_0+i\Delta t(i=0,1,\cdots,s)$。时间节点 t_i 上的功能函数表示为 $G(\boldsymbol{X},\boldsymbol{Y}(t_i),t_i)(i=0,1,\cdots,s)$。复合极限状态定义为所有瞬时极限状态的联合事件 $\bigcup\limits_{i=0}^{s}(G(\boldsymbol{X},\boldsymbol{Y}(t_i),t_i)<0)$，因此，失效概率可以表示为

$$p_{\mathrm{f}}(t_0,t_s)=\Pr\left\{\bigcup_{i=0}^{s}\left(G(\boldsymbol{X},\boldsymbol{Y}(t_i),t_i)<0\right)\right\} \tag{7-29}$$

任意一个时间节点的瞬时极限状态小于零，都会导致结构失效。因此有

$$p_{\mathrm{f}}(t_0,t_s)=\Pr\left\{\min_{t_0\leqslant t_i\leqslant t_s}G(\boldsymbol{X},\boldsymbol{Y}(t_i),t_i)<0\right\} \tag{7-30}$$

式（7-30）是式（7-27）的离散形式。根据样本数据，在极值响应 G_{e} 与 $\boldsymbol{X}$ 之间建立代理模型，之后可以由代理模型计算可靠度。利用 CLS 方法计算 $p_{\mathrm{f}}(t_0,t_s)$ 的步骤如下。

步骤 1　将时间区间 $[t_0,t_s]$ 用 Δt 离散为 $s+1$ 个时间节点 $t_i(i=0,1,\cdots,s)$，产生 N 个 MCS 样本点。

步骤 2　利用 LHS，在每个时间节点产生 n 个初始样本点。

步骤 3　计算各时间节点上初始样本点对应的响应值 $G(\boldsymbol{X},\boldsymbol{Y}(t_i),t_i)(i=0,1,\cdots,s)$，根据式（7-31）求得如下时间区间的响应极值 $G_{\mathrm{e}}(\boldsymbol{X})$，利用 n 组 $\{\boldsymbol{X},G_{\mathrm{e}}(\boldsymbol{X})\}$ 数据构造极值响应代理模型 $\hat{G}_{\mathrm{e}}(\mathbf{X})$：

$$G_{\mathrm{e}}(\boldsymbol{X})=\min_{0\leqslant i\leqslant s}G(\boldsymbol{X},\boldsymbol{Y}(t_i),t_i) \tag{7-31}$$

步骤 4　在 N 个 MCS 样本点中，基于 U 准则寻找最优样本点 $\boldsymbol{X}^*$，计算 $G(\boldsymbol{X}^*,\boldsymbol{Y}(t_i),t_i)(i=0,1,\cdots,s)$ 和如下相应的响应极值 $G_{\mathrm{e}}(\boldsymbol{X}^*)$，利用 $\{\boldsymbol{X}^*,G_{\mathrm{e}}(\boldsymbol{X}^*)\}$ 更新代理模型，直至满足精度要求：

$$G_{\mathrm{e}}(\boldsymbol{X}^*)=\min_{0\leqslant i\leqslant s}G(\boldsymbol{X}^*,\boldsymbol{Y}(t_i),t_i) \tag{7-32}$$

步骤 5　将更新后的极值代理模型用于失效概率 $p_{\mathrm{f}}(t_0,t_s)$ 的计算，即

$$p_{\mathrm{f}}(t_0,t_s)=\frac{1}{N}\sum_{i=1}^{N}I(\boldsymbol{X})\big|_{[t_0,t_s]},\quad I(\boldsymbol{X})\big|_{[t_0,t_s]}=\begin{cases}1, & \hat{G}_{\mathrm{e}}(\boldsymbol{X})<0\\ 0, & \text{其他}\end{cases} \tag{7-33}$$

式中，$\hat{G}_{\mathrm{e}}(\boldsymbol{X})$ 是基于代理模型得到的 N 个 MCS 样本点处的预测值。

在 CLS 方法中，对于每个随机输入，需要计算各个时间节点上的瞬时极限状态，因此复合极限状态的确定伴随很大的计算量，若时变极限状态在时间尺度上具有高度非线性，该方法会产生较大误差。

例 7-1　考虑一个不包含随机过程的数值算例，时变功能函数 $G(\boldsymbol{X},t)$ 表示如下：

$$G(\boldsymbol{X},t)=50+X_1^2X_2-5X_1t+(X_2+1)t^2,\quad t\in[0,5]$$

式中，随机变量 $\boldsymbol{X}=[X_1,X_2]$ 服从正态分布，具体分布参数如表 7-1 所示。分别用 MCS 和 CLS 求解上述算例。

表 7-1 数学算例的分布参数

变量	分布	均值	标准差
X_1	正态	−2	2
X_2	正态	−2	2

解 首先，利用 $\Delta t=0.5$ 离散时间区间[0, 5]，可以得到 s=11 个离散时间节点。图 7-2 展示了时间节点 $t=0,1,\cdots,5$ 对应的 LSF（G=0）和 CLS（G_e=0）曲线。真实的复合极限状态 CLS_t 与利用 CLS 方法构造的近似复合极限状态 CLS_K 的对比如图 7-3 所示。可以看出，由 CLS 方法构造的 CLS_K 有很好的精度。

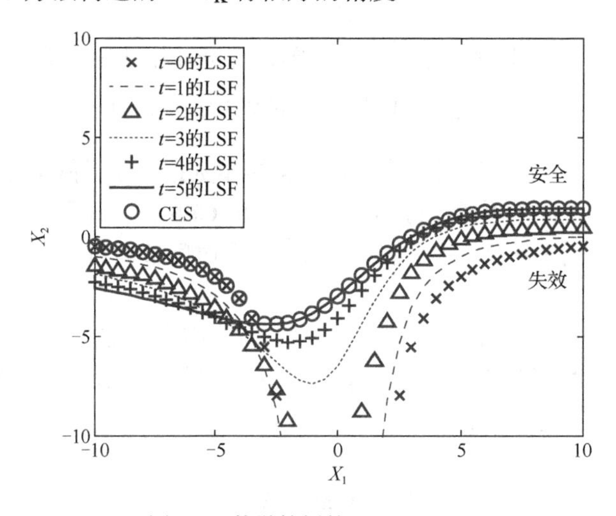

图 7-2 数学算例的 LSF 和 CLS

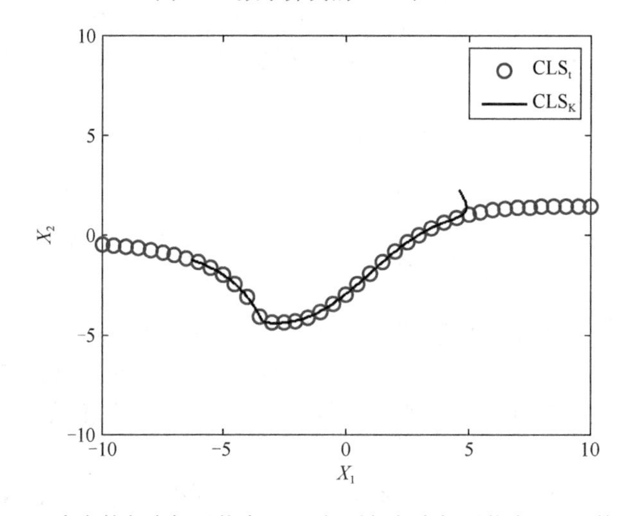

图 7-3 真实的复合极限状态 CLS_t 与近似复合极限状态 CLS_K 的对比

利用 MCS 方法求解可靠度时，首先产生 10^6 组 $\boldsymbol{X}$ 样本点，并计算各时间节点（$t=0,0.5,\cdots,5$）对应的真实功能函数值，然后再进行时变可靠度计算。因此，函数调用次数为 $N_{\text{call}}=10^6\times 11$。在 CLS 方法中，首先利用 LHS 产生 30 组 $\boldsymbol{X}$ 的初始样本点。然后计算这些样本点在各时间节点处的真实响应值，并求出时间区间[0, 5]上对应样本点的响应极值。再利用 30 组响应极值构造一个极值响应代理模型。随后，利用 194 个寻得的最优样本点更新代理模型。总的函数调用次数为 $N_{\text{call}}=30\times 11+194\times 11=2464$。两种方法求得的时变可靠度结果如表 7-2，对于不同的时间区间(0,t)，时变可靠度计算结果如图 7-4 所示。

表 7-2　时变可靠度计算结果

方法	N_{call}	$p_{\text{f}}(0, 5)$	误差/%
MCS	$10^6\times11$	0.2661	—
CLS	30×11+194×11=2464	0.2671	0.38

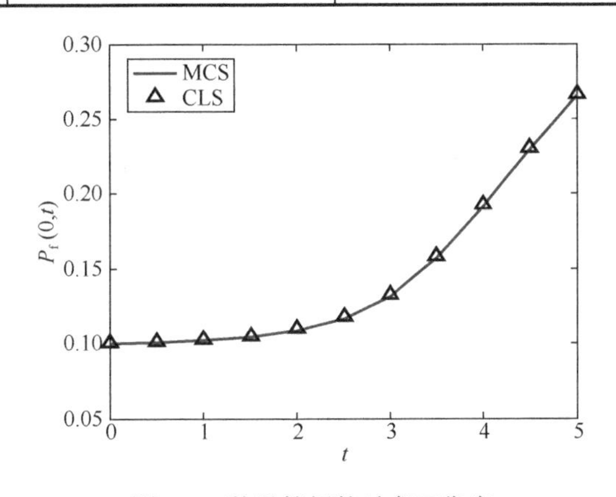

图 7-4　数学算例的时变可靠度

通过对比 MCS 方法的结果可知，CLS 方法具有很好的精度。相比于 MCS 方法，CLS 方法的计算效率得到大幅提升。

7.4.3　极值分布方法

极值分布方法有概率密度演化方法（probability density evolution method，PDEM）（Chen 和 Li，2005）和鞍点近似方法（saddlepoint approximation，SPA）（Du，2010；Hu 和 Du，2013）。前者是分析方法，后者是抽样方法，以下介绍 SPA 方法。

SPA 方法的中心思想是，由累积量生成函数求出鞍点，借助鞍点近似求解极值分布 $f_G(g)$（Daniels，1954）。极值随机变量 G 的矩母函数（moment generating function，MGF）与概率密度函数 $f_G(g)$ 的关系表示为

$$\phi(t)=\int_{-\infty}^{+\infty}\exp(tg)f_G(g)\mathrm{d}g \tag{7-34}$$

定义 G 的累积量生成函数（cumulant generating function，CGF）如下：

$$K(t)=\log\left[\phi(t)\right] \tag{7-35}$$

通过傅里叶逆变换，求出密度函数的表达式如下：

$$f_G(g)=\frac{1}{2\pi}\int_{-\infty}^{+\infty}\mathrm{e}^{-\mathrm{i}tg}\phi(\mathrm{i}t)\mathrm{d}t\overset{\mathrm{i}t\Rightarrow t}{=}\frac{1}{2\pi\mathrm{i}}\int_{-\mathrm{i}\infty}^{+\mathrm{i}\infty}\mathrm{e}^{[K(t)-tg]}\mathrm{d}t \tag{7-36}$$

式中，$\mathrm{i}=\sqrt{-1}$。将式（7-36）中的积分项求导并令结果等于零，可得

$$K'(t)=g \tag{7-37}$$

式（7-37）的解即为鞍点t_{s}，是对积分贡献最大的点。将式（7-36）中的积分项幂级数展开，经运算和简化，得到 G 的概率密度函数的近似结果如下：

$$f_G(g)=\left[\frac{1}{2\pi K''(t_{\mathrm{s}})}\right]^{\frac{1}{2}}\mathrm{e}^{[K(t_{\mathrm{s}})-t_{\mathrm{s}}g]} \tag{7-38}$$

而累积分布函数表示为（Lugannani 和 Rice，1980）

$$\begin{cases}F_G(g)=\Pr\{G\leqslant g\}=\Phi(z)+\phi(z)\left(\dfrac{1}{z}-\dfrac{1}{v}\right)\\ z=\operatorname{sign}(t_{\mathrm{s}})\left\{2\left[t_{\mathrm{s}}g-K(t_{\mathrm{s}})\right]\right\}^{1/2},\ v=t_{\mathrm{s}}\left[K''(t_{\mathrm{s}})\right]^{1/2}\end{cases} \tag{7-39}$$

式中，$\Phi(\cdot)$和$\phi(\cdot)$分别是标准正态分布的累积分布函数和概率密度函数。失效概率表示为

$$\begin{cases}p_{\mathrm{f}}(t_0,t_{\mathrm{s}})=F_G(0)=\Pr\{G\leqslant 0\}=\Phi(z)+\phi(z)\left(\dfrac{1}{z}-\dfrac{1}{v}\right)\\ K'(t_{\mathrm{s}})=0,\ z=\operatorname{sign}(t_{\mathrm{s}})\left\{-2K(t_{\mathrm{s}})\right\}^{1/2},\ v=t_{\mathrm{s}}\left[K''(t_{\mathrm{s}})\right]^{1/2}\end{cases} \tag{7-40}$$

根据样本数据确定累积量生成函数的方法如下。将 CGF 表示为如下级数形式（Kendall 和 Stuart，1958）：

$$K(t)=\sum_{j=1}^{\infty}\kappa_j\frac{t^j}{j!}=\kappa_1 t+\frac{\kappa_2 t^2}{2!}+\cdots+\frac{\kappa_r t^r}{r!}+\cdots \tag{7-41}$$

$$\kappa_r=\left.\frac{\mathrm{d}^r\left[K(t)\right]}{\mathrm{d}t^r}\right|_{t=0} \tag{7-42}$$

假定极值 G 的样本集为$G_k(k=1,2,\cdots,n)$，基于 G 的前四阶矩，得到近似的累积量生成函数为

$$K(t)=\sum_{j=1}^{4}\kappa_j\frac{t^j}{j!},\quad s_r=\sum_{k=1}^{n}G_k^r\quad(r=1,2,3,4) \tag{7-43a}$$

$$\begin{cases}\kappa_1=\dfrac{s_1}{n}\\ \kappa_2=\dfrac{ns_2-s_1^2}{n(n-1)}\\ \kappa_3=\dfrac{2s_1^3-3ns_1s_2+n^2s_3}{n(n-1)(n-2)}\\ \kappa_4=\dfrac{-6s_1^4+12ns_1^2s_2-3n(n-1)s_2^2}{n(n-1)(n-2)(n-3)}+\dfrac{-4n(n-1)s_1s_3+n^2(n+1)s_4}{n(n-1)(n-2)(n-3)}\end{cases} \tag{7-43b}$$

7.5　结合代理模型的改进极值方法

构建极值代理模型的方法分为双环过程和单环过程两类。在双环过程中，外环对应代理模型 $\hat{G}_e(\boldsymbol{X})$ 的创建及后续的更新，内环负责确定针对输入 $\boldsymbol{X}$ 的时间区间内的极值 $G_e(\boldsymbol{X})$。在单环过程中，极值的确定和代理模型的构建是在同一层次上进行的，一般具有更高的计算效率。

7.5.1　嵌套极值响应面方法

嵌套极值响应面方法（nested extreme response surface，NERS）是由 Wang 和 Wang 提出的（Wang 和 Wang，2013），它是一个双环过程，其关键步骤是构造一个极值时间预测模型（nested time prediction model，NTPM）$\hat{T}_e(\mathbf{X})$。极值时间的定义为

$$T_e(\boldsymbol{X}) = \{t \mid \min_t G(\boldsymbol{X},t), t \in [t_0,t_s]\} \tag{7-44}$$

在内环中，采用 EGO 方法对给定的随机输入进行极值时间的确定。关于 EGO 的详细内容见 4.4.2 节。基于极值时间预测模型，可以在极值响应的时间节点处进行可靠度分析，即

$$p_f(t_0,t_s) = \Pr(G_e < 0) = \Pr\left\{G(\boldsymbol{X},\hat{T}_e(\boldsymbol{X})) < 0\right\} \tag{7-45}$$

NERS 方法的流程如下。

步骤 1　产生初始样本点 $\boldsymbol{X}^s = [\boldsymbol{X}^{(1)},\boldsymbol{X}^{(2)},\cdots,\boldsymbol{X}^{(k)}]$。

步骤 2　通过 EGO 方法确定对应的极值时间 $\boldsymbol{T}_e^s = [T_e(\boldsymbol{X}^{(1)}),T_e(\boldsymbol{X}^{(2)}),\cdots,T_e(\boldsymbol{X}^{(k)})]$。

步骤 3　利用 $\{\boldsymbol{X}^s,\boldsymbol{T}_e^s\}$ 构建 NTPM，即 $\hat{T}_e(\boldsymbol{X})$。

步骤 4　确定最佳样本点 $\boldsymbol{X}^*$，并利用式（7-44）计算 $T_e(\boldsymbol{X}^*)$。

步骤 5　更新 $\boldsymbol{X}^s = [\boldsymbol{X}^s;\boldsymbol{X}^*]$ 及 $\boldsymbol{T}_e^s = [\boldsymbol{T}_e^s;T_e(\boldsymbol{X}^*)]$。

步骤 6　重复步骤 3～步骤 5，直至满足 EGO 的停止条件，即 $\max(E(I(\boldsymbol{X}))) \leqslant 0.001$。

步骤 7　利用 $G(\boldsymbol{X},\hat{T}_e(\boldsymbol{X}))$ 进行可靠度计算。

7.5.2　混合 EGO 方法

在 NERS 方法中，对于每个样本点 $\boldsymbol{X}$，需要采用独立 EGO 算法确定相应的极值时间。外环是对随机变量 $\boldsymbol{X}$ 的抽样，内环是确定样本点 $\boldsymbol{X}$ 处的极值时间，这样一种嵌套的双环计算过程存在计算效率不高的问题。混合 EGO（mixed efficient global optimization，m-EGO）方法同时对随机变量 $\boldsymbol{X}$ 和时间 t（视为均匀分布的随机变量）进行抽样，构建包含 $\boldsymbol{X}$ 和 t 的混合响应面 $\hat{G}(\boldsymbol{X},t)$，相比 NERS 方法，计算效率和精度得到改善（Hu 和 Du，2015b）。

m-EGO 方法的流程如下。

步骤 1　产生初始样本点 $\boldsymbol{X}^{\mathrm{s}}=[\boldsymbol{X}^{(1)},\boldsymbol{X}^{(2)},\cdots,\boldsymbol{X}^{(k)}]$，$\boldsymbol{t}^{\mathrm{s}}=[t^{(1)},t^{(2)},\cdots,t^{(k)}]$，并计算 $\boldsymbol{G}^{\mathrm{s}}=[G(\boldsymbol{X}^{(1)},t^{(1)}),G(\boldsymbol{X}^{(2)},t^{(2)}),\cdots,G(\boldsymbol{X}^{(k)},t^{(k)})]$。

步骤 2　利用 $\{\boldsymbol{X}^{\mathrm{s}},\boldsymbol{t}^{\mathrm{s}},\boldsymbol{G}^{\mathrm{s}}\}$ 构建一个时变代理模型 $\hat{G}(\boldsymbol{X},t)$。

步骤 3　利用代理模型 $\hat{G}(\boldsymbol{X},t)$ 得到 $\boldsymbol{X}^{\mathrm{s}}$ 对应的极值 $\boldsymbol{G}_{\mathrm{m}}^{\mathrm{s}}$。

步骤 4　利用 $\{\boldsymbol{X}^{\mathrm{s}},\boldsymbol{G}_{\mathrm{m}}^{\mathrm{s}}\}$ 建立一个极值响应面 $\hat{G}_{\mathrm{m}}(\boldsymbol{X})$。

步骤 5　利用主动学习方法确定最佳样本点 $\boldsymbol{X}^{*}$，并随机产生 t^{*}。

步骤 6　更新 $\boldsymbol{X}^{\mathrm{s}}=[\boldsymbol{X}^{\mathrm{s}};\boldsymbol{X}^{*}]$，$\boldsymbol{t}^{\mathrm{s}}=[\boldsymbol{t}^{\mathrm{s}};t^{*}]$ 及 $\boldsymbol{G}^{\mathrm{s}}=[\boldsymbol{G}^{\mathrm{s}};G(\boldsymbol{X}^{*},t^{*})]$。

步骤 7　重复步骤 2～步骤 6，直至满足停止条件。

步骤 8　基于 $\hat{G}_{\mathrm{m}}(\boldsymbol{X})$，采用 MCS 方法进行可靠度计算。

7.5.3　m-EGO+AK-SS 方法

EGO 方法或 m-EGO 方法中涉及 AK-MCS 的计算，对于失效概率很小的问题，计算效率仍需提高。与 AK-MCS 方法（Echard 等，2011）相比，AK-SS 方法（Huang 等，2016）的精度高、功能函数调用次数少，适用复杂隐式功能函数的小失效概率问题。黄晓旭将 AK-SS 方法（4.4.5 节）与 m-EGO 算法结合，提出了 m-EGO+AK-SS 方法（黄晓旭，2016），进一步提高了时变可靠度的计算效率。该方法在利用主动学习函数 $U(\boldsymbol{x})$ 完善 Kriging 极值响应面的同时，采用子集模拟方法计算结构的失效概率。

例 7-2　考虑一维非线性时变极限状态方程，其中随机变量 X 服从 $N(10,0.5^2)$ 的正态分布，时间 t 的变化范围为[1.0, 2.5]，分别用 NERS 方法、m-EGO 方法和 m-EGO+AK-SS 方法计算时间区间[1.0, 2.5]上的失效概率 $p_{\mathrm{f}}(1.0,2.5)$，并比较各类方法的精度和效率。时变功能函数 $G(X, t)$表示如下：

$$G(X,t)=0.014-\frac{1}{X^2+4}\sin(2.5X)\cos(t+0.4)^2$$

解　图 7-5 所示为 X 分别取 9.5, 10, 10.5 时的时变功能函数随时间的变化情况。将时变功能函数 $G(X, t)$对 t 求导，可以得出真实的极值响应模型，如图 7-6 所示。由图可知，该极值响应模型是非线性程度很高的一维函数。

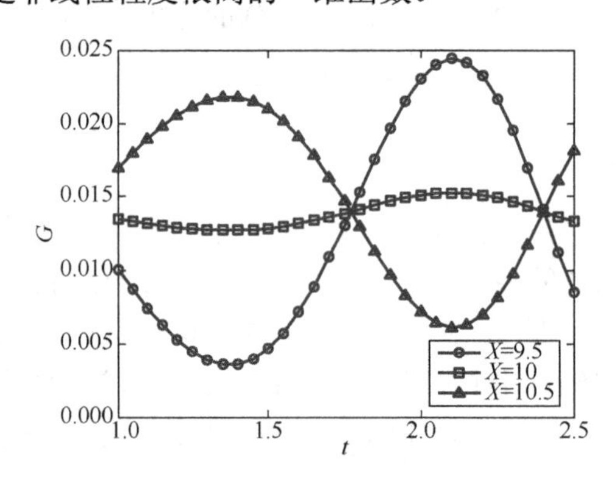

图 7-5　时变功能函数变化图

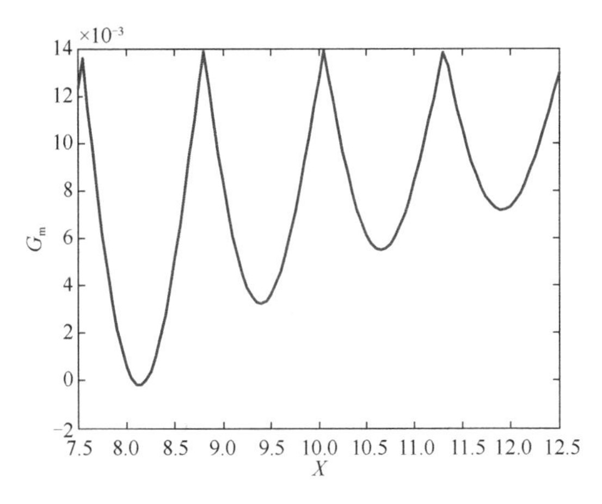

图 7-6　真实极值响应模型

为了进行对比，将样本数目为5×10^6的 MCS 的计算结果作为参考值，时间间隔取$\Delta t=0.1$，在时间区间[1.0, 2.5]上取 16 个时刻点，因此，总的功能函数的调用次数N_{call}为8×10^7。分别采用 NERS 方法、m-EGO 方法和 m-EGO+AK-SS 方法对该算例进行分析，通过 LHS 抽样方法，在设计空间内生成 12 个初始样本点。该算例的收敛条件设置为$\varepsilon=10^{-5}$，最终的时变可靠度分析结果如表 7-3 所示。

表 7-3　时变可靠度分析结果

方法	N_{call}	$p_f(1.0, 2.5)$ ($\times10^{-4}$)	误差/%
MCS	8×10^7	1.084	—
NERS	212	1.310	20.85
m-EGO	69	1.090	0.55
m-EGO+AK-SS	45	1.089	0.46

由于 m-EGO 算法对 $\boldsymbol{X}$ 和 t 同时抽样，构建 $\boldsymbol{X}$ 和 t 的混合代理模型，避免了大量的重复计算，所以计算效率（$N_{\text{call}}=69$）优于 NERS。该算例为小失效概率（10^{-4}），子集模拟方法在保证计算精度的同时，计算效率上也显示出一定优势（$N_{\text{call}}=45$）。

7.6　结合代理模型的其他方法

7.6.1　等效随机过程变换方法

等效随机过程变换方法（equivalent stochastic process transformation，eSPT）（Wang 和 Chen，2016a）是针对含随机过程的时变可靠度问题而提出的。在 eSPT 方法中，无须进行响应极值的计算，关注的是瞬时失效事件的确定（图 7-7）。为此，将随机过程等效为一个连续的随机变量 Y'，同时将时间等效为均匀分布的随机变量 t'，将时变问题转换为随机空间的问题。对随机过程和时间参数的转换，其基本思路是使转换后的失效域与原问题的失效域等价。

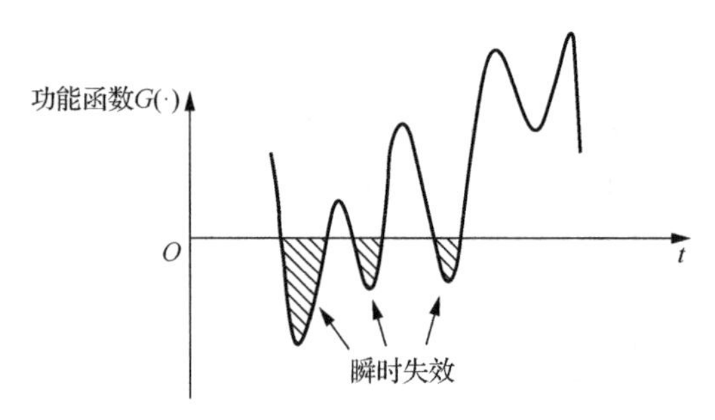

图 7-7 瞬时失效事件示意图

将 $\boldsymbol{Y}(t)$在区间$[t_0,t_s]$上的所有时间节点上的概率密度函数的平均值，作为转换后的随机变量 $\boldsymbol{Y}'$的概率密度函数，即

$$f_{\text{pdf}}(\boldsymbol{Y}')\approx\frac{1}{s+1}\sum_{i=0}^{s}f_{\text{pdf}}(\boldsymbol{Y}(t_i)) \tag{7-46}$$

式中，$f_{\text{pdf}}(\cdot)$表示概率密度函数；s 表示时间区间$[t_0,t_s]$上的离散数目。在随机转换空间中，瞬时失效事件表示为

$$G(\boldsymbol{X},\boldsymbol{Y}',t')<0 \tag{7-47}$$

等效的极限状态方程（瞬时失效面方程）为$G(\boldsymbol{X},\boldsymbol{Y}',t')=0$。基于此，可利用 MCS 方法计算时变可靠度。该方法的分析流程如下。

步骤 1 产生初始样本点 $\boldsymbol{X}^{s}=[\boldsymbol{X}^{(1)},\boldsymbol{X}^{(2)},\cdots,\boldsymbol{X}^{(k)}]$，$\boldsymbol{Y}'^{s}=[\boldsymbol{Y}'^{(1)},\boldsymbol{Y}'^{(2)},\cdots,\boldsymbol{Y}'^{(k)}]$，$\boldsymbol{t}'^{s}=[t'^{(1)},t'^{(2)},\cdots,t'^{(k)}]$，并计算$\boldsymbol{G}^{s}=[G(\boldsymbol{X}^{(1)},\boldsymbol{Y}'^{(1)},t'^{(1)}),G(\boldsymbol{X}^{(2)},\boldsymbol{Y}'^{(2)},t'^{(2)}),\cdots,G(\boldsymbol{X}^{(k)},\boldsymbol{Y}'^{(k)},t'^{(k)})]$。

步骤 2 利用$\{\boldsymbol{X}^{s},\boldsymbol{Y}'^{s},\boldsymbol{t}'^{s},\boldsymbol{G}^{s}\}$构建一个时变代理模型$\hat{G}(\boldsymbol{X},\boldsymbol{Y}',t')$。

步骤 3 利用主动学习方法确定最佳样本点$\{\boldsymbol{X}^{*},\boldsymbol{Y}'^{*},t'^{*}\}$，并计算$G^{*}=G(\boldsymbol{X}^{*},\boldsymbol{Y}'^{*},t'^{*})$。

步骤 4 更新$\boldsymbol{X}^{s}=[\boldsymbol{X}^{s};\boldsymbol{X}^{*}]$，$\boldsymbol{Y}'^{s}=[\boldsymbol{Y}'^{s},\boldsymbol{Y}'^{*}]$，$\boldsymbol{t}'^{s}=[\boldsymbol{t}'^{s};t'^{*}]$及$\boldsymbol{G}^{s}=[\boldsymbol{G}^{s};G^{*}]$。

步骤 5 重复步骤 2～步骤 4，直至满足停止条件。

步骤 6 利用$\hat{G}(\boldsymbol{X},\boldsymbol{Y}',t')$及 MCS 进行可靠度计算。

7.6.2 自适应极值响应面方法

自适应极值响应面（adaptive extreme response surface，AERS）方法由 Wang 和 Chen 提出（Wang 和 Chen，2016b）。该方法在每个离散后的时间节点上通过 K-L 展开法对随机过程重建，再在每个时间节点上分别构造代理模型来近似各时间点的响应面，最后利用 MCS 方法求可靠度。AERS 方法的具体步骤如下。

步骤 1 先将时间区间$[t_0,t_s]$用 Δt 离散为 s 个时间节点$t_i(i=1,2,\cdots,s)$，并利用 K-L 展开法对随机过程进行重建，将 $\boldsymbol{Y}(t)$转变为 $\boldsymbol{Z}$，于是$[\boldsymbol{X}, \boldsymbol{Y}(t)]$转变为$[\boldsymbol{X}, \boldsymbol{Z}]\equiv\boldsymbol{W}$。

步骤 2 产生 N 个 MCS 样本点 $\boldsymbol{W}=[\boldsymbol{X}, \boldsymbol{Z}]$。

步骤 3 利用 LHS 产生 n 个初始样本点 $\boldsymbol{w}=[\boldsymbol{x}, \boldsymbol{z}]$，用于构造初始代理模型。

步骤 4　计算各时间节点上初始样本点对应的响应值 $G(\boldsymbol{w},t_i)(i=1,2,\cdots,s)$，利用 $\{\boldsymbol{w},G(\boldsymbol{w},t_i)\}(i=1,2,\cdots,s)$ 分别构造 s 个初始代理模型 $M_i=\hat{G}(\boldsymbol{w},t_i)(i=1,2,\cdots,s)$。

步骤 5　针对代理模型 $M_k(k=1,2,\cdots,s)$ 进行更新时，需要在 N 个 MCS 样本点 $\boldsymbol{W}$ 中寻找最优样本点 $\boldsymbol{w}^*$，并计算 $G(\boldsymbol{w}^*,t_k)$，利用 $\{\boldsymbol{w}^*,G(\boldsymbol{w}^*,t_k)\}$ 更新 M_k，直至满足精度要求，即达到停止条件为止。

步骤 6　将更新后的 s 个代理模型 $M_i(i=1,2,\cdots,s)$ 用于时变可靠度计算，即

$$p_{\mathrm{f}}(t_0,t_s)=\frac{1}{N}\sum_{j=1}^{N}I(\boldsymbol{W}_j)\Big|_{[t_0,t_s]} \tag{7-48}$$

$$I(\boldsymbol{W}_j)\Big|_{[t_0,t_s]}=\begin{cases}1, & \min\limits_{1\leqslant i\leqslant s}\hat{G}(\boldsymbol{W}_j,t_i)<0\\ 0, & \text{其他}\end{cases} \tag{7-49}$$

式中，$1\leqslant i\leqslant s$，$1\leqslant j\leqslant N$，N 表示 MCS 样本点 $\boldsymbol{W}=\{\boldsymbol{W}_1,\boldsymbol{W}_2,\cdots,\boldsymbol{W}_N\}$ 的数目。

7.6.3　瞬时响应面方法 t-IRS

相比 AERS 方法，瞬时响应面（instantaneous response surface，t-IRS）方法无须在离散的各时间节点分别构建代理模型，只需要构建单一的瞬时响应代理模型并对其进行更新（Li 等，2019），计算效率得到进一步提高。在构建瞬时响应代理模型时，首先将随机过程重建为一组相互独立的标准正态随机变量及时间的确定性函数。在产生试验点时，将时间参量视为给定时间区间上的均匀分布随机变量。基于构建好的代理模型，在利用 MCS 进行可靠度计算时，则是将时间区间做离散化处理。其算法步骤如下。

步骤 1　将时间区间 $[t_0,t_{\mathrm{s}}]$ 用 Δt 离散为 s 个时间节点 $t_i(i=1,2,\cdots,s)$，利用 EOLE 方法对随机过程进行重建，将 $\boldsymbol{Y}(t)$ 转变为 $\boldsymbol{Z}$。

步骤 2　产生 N 组 MCS 样本点 $\boldsymbol{W}=[\boldsymbol{X}, \boldsymbol{Z}, T]$。

步骤 3　利用 LHS 产生 n 组初始样本点 $\boldsymbol{w}=[\boldsymbol{x}, \boldsymbol{z}, t]$，用于构造初始代理模型。

步骤 4　计算初始样本点对应的响应值 $G(\boldsymbol{w})$，利用 $\{\boldsymbol{w}, G(\boldsymbol{w})\}$ 构造瞬时响应代理模型。

步骤 5　在 N 组 MCS 样本点中，寻找最优样本点 $\boldsymbol{w}^*$，并计算 $G(\boldsymbol{w}^*)$，利用 $\{\boldsymbol{w}^*,G(\boldsymbol{w}^*)\}$ 更新瞬时响应代理模型，直至满足精度要求，即达到停止条件 $\min(U(\boldsymbol{W}))\geqslant 2$ 为止。

步骤 6　将更新后的瞬时响应代理模型用于时变可靠度计算。

利用 t-IRS 方法进行时变可靠度分析的流程图如图 7-8 所示。

为方便起见，用 $\boldsymbol{U}$ 表示随机输入向量 $[\boldsymbol{X}, \boldsymbol{Z}]$，即在 N 组 MCS 样本点 $\boldsymbol{W}$ 中删除时间维度。基于瞬时响应代理模型，区间 $[t_0,t_{\mathrm{s}}]$ 上的失效概率计算如下：

$$p_{\mathrm{f}}(t_0,t_{\mathrm{s}})=\frac{1}{N}\sum_{j=1}^{N}I_j\Big|_{[t_0,t_{\mathrm{s}}]} \tag{7-50}$$

$$I_j\Big|_{[t_0,t_{\mathrm{s}}]}=\begin{cases}1, & \min\limits_{1\leqslant i\leqslant s}\hat{G}(\boldsymbol{U}_j,t_i)<0\\ 0, & \text{其他}\end{cases} \tag{7-51}$$

式中，$I_j\big|_{[t_0,t_{\mathrm{s}}]}$ 为指示函数，$1\leqslant j\leqslant N$，N 表示 $\boldsymbol{U}=\{\boldsymbol{U}_1,\boldsymbol{U}_2,\cdots,\boldsymbol{U}_N\}$ 的样本点数目；$\hat{G}(\boldsymbol{U}_j,t_i)$

为 $\boldsymbol{U}_j$ 在时间节点 t_i 上的预测响应值。

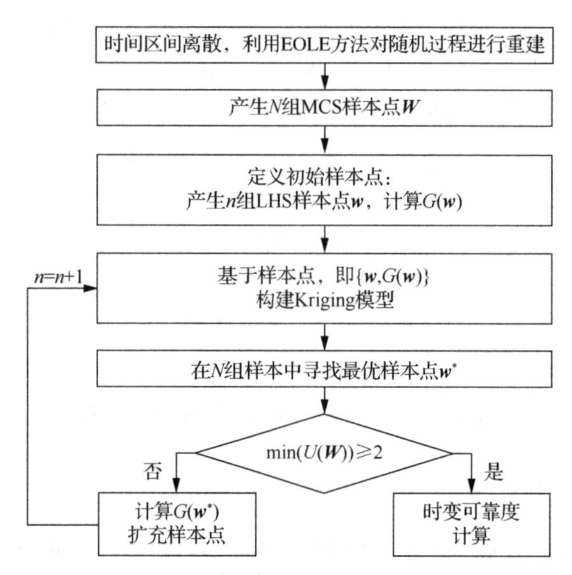

图 7-8 利用 t-IRS 方法进行时变可靠度分析的流程图

例 7-3 考虑一个不包含随机过程的数值算例，时变功能函数 $G(\boldsymbol{X}, t)$表示如下：

$$G(\boldsymbol{X},t) = -20 + X_1^2 X_2 - 5X_1 t + (X_2+1)t^2$$

式中，t 表示时间参数，变化范围为[0, 5]。随机变量 $\boldsymbol{X}=[X_1, X_2]$ 服从正态分布：$X_i \sim N(3.5,\ 0.3^2)$，$i=1,2$。分别利用 MCS 方法、PHI2+方法、极值方法（SPA 和 m-EGO）、结合代理模型的其他方法（eSPT、AERS 和 t-IRS），计算时间区间[0, 5]上的失效概率 $p_{\rm f}(0,5)$，并比较各类方法的精度和效率。

解 该问题在随机变量空间内的瞬时极限状态如图 7-9 所示。

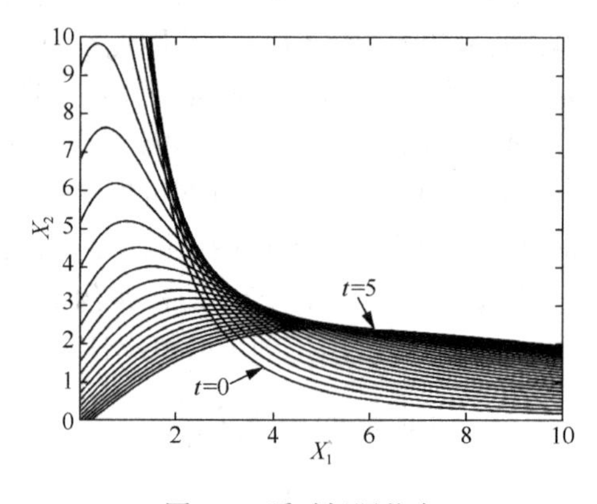

图 7-9 瞬时极限状态

利用样本数为 10^5 的 MCS 方法得到的参考失效概率为 0.1844。在 MCS 方法中，时间区间[0, 5]被等分为 100 份，时间节点的个数是 101。因此，总的功能函数的调用次数 $N_{\rm call}$ 为1.01×10^7。

在 PHI2+方法中，用 $\Delta t = 0.05$ 等分时间区间[0, 5]。将 $\boldsymbol{X}$ 转换到标准正态空间 $\boldsymbol{U}$，然后利用 FORM 方法计算各个瞬时时间节点上的可靠度指标。根据式（6-83），可以近似得到超越率，如图 7-10 所示。然后利用式（6-76）得到各种不同的时间区间(0,t)上的失效概率，如图 7-11 所示。求得区间(0,5)上的失效概率为 0.1583，N_{call} 为 859。

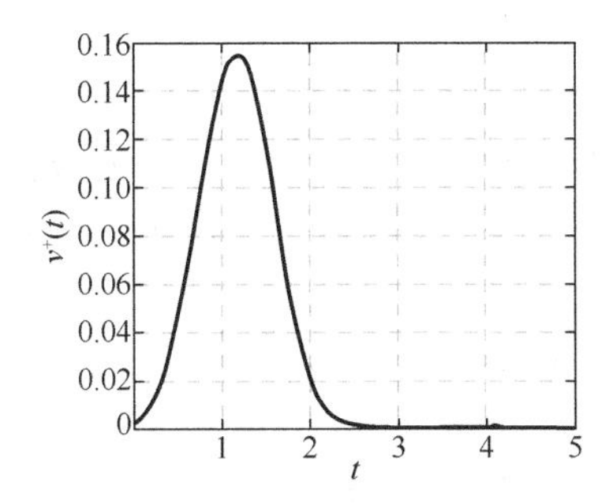

图 7-10　PHI2+方法的超越率

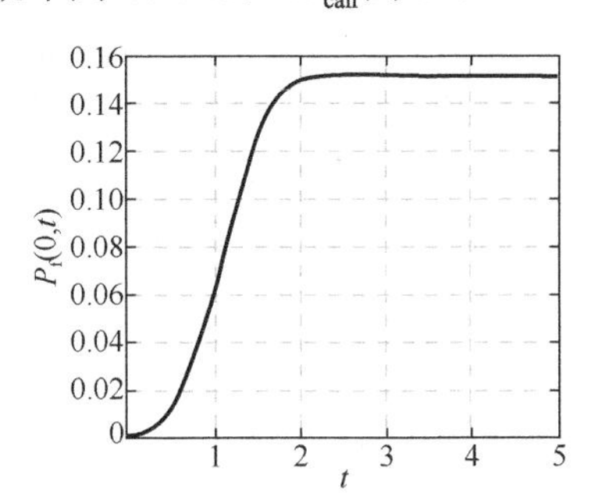

图 7-11　PHI2+方法的失效概率

在应用 SPA 方法时，首先在相应的随机空间中生成 2000 个样本，计算各个样本在所有瞬时时间节点上的功能函数值。基于 2000 个极值，利用 SPA 方法近似极值分布，如图 7-12 所示。虚线为 2000 个样本的模拟结果，实线为 SPA 方法近似的结果，二者差异很小，最终失效概率为 0.1807。精度可以接受，但 $N_{\text{call}}(=2.02\times10^{5})$ 太大，说明 SPA 方法的计算效率不高。

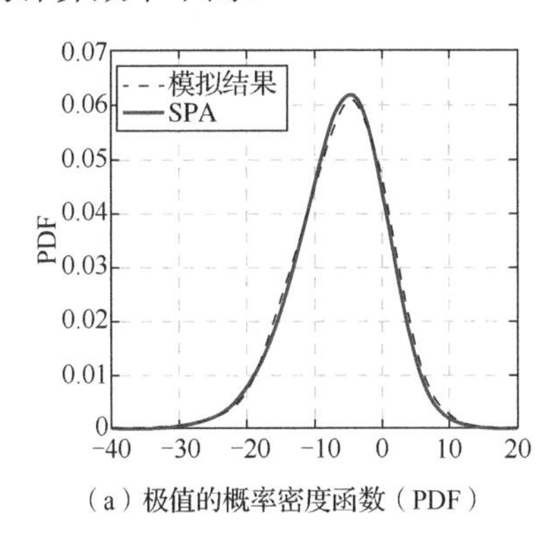

（a）极值的概率密度函数（PDF）

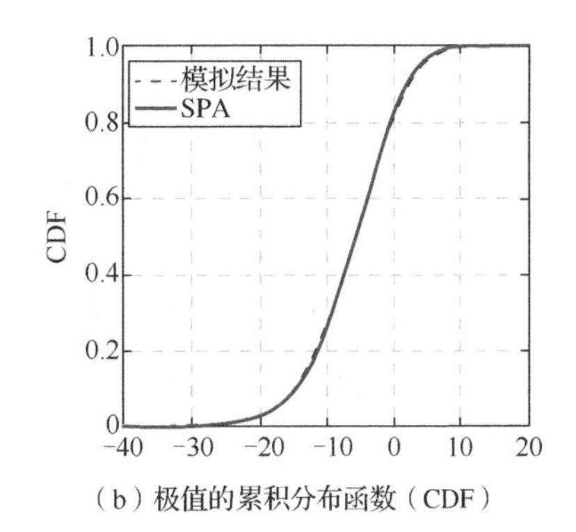

（b）极值的累积分布函数（CDF）

图 7-12　极值分布

在 m-EGO 方法中，首先利用 LHS 产生 10 个初始样本，构建一个瞬时代理模型 $\hat{G}(\boldsymbol{X},t)$，并利用 m-EGO 方法确定极值，之后构建极值代理模型，并利用主动学习方法对其进行更新，最后基于更新后的极值代理模型，采用 MCS 方法计算失效概率。由 m-EGO 方法得到的失效概率为 0.1840，N_{call} 为 48。

在 eSPT 方法中，时间参量 t 视为时间区间上均匀分布的随机变量。利用 LHS 产生 10 个初始样本，构建一个瞬时响应面 $\hat{G}(\boldsymbol{X},t)$，并利用主动学习方法对其进行更新。eSPT 方法得到的失效概率为 0.1841，N_{call} 为 30。

在 AERS 方法中，首先将时间区间[0, 5]用 $\Delta t = 0.05$ 离散为 $s = 101$ 个时间节点。利用

LHS 产生 10 个初始样本 $\boldsymbol{X}$，并计算各时间节点 $t_i(i=1,2,\cdots,101)$ 上初始样本所对应的响应值。在各时间节点上分别构造代理模型，得到 101 个初始代理模型，并利用主动学习方法对它们进行更新。基于式（7-48）和式（7-49）计算失效概率，其结果为 0.1848，N_{call} 为 1175。

在 t-IRS 方法中，将时间区间[0, 5]用 $\Delta t=0.05$ 离散为 $s=101$ 个时间节点。利用 LHS 产生 10 个初始随机样本[$\boldsymbol{X}$, t]，构建一个瞬时响应代理模型。利用主动学习方法对其进行更新。经过 15 次主动学习迭代后，得到稳定的瞬时响应代理模型。基于更新后的代理模型，利用式（7-50）和式（7-51）即可求出时变可靠度。计算得到的失效概率为 0.1856，N_{call} 为 25。

时变可靠度采用不同方法计算的结果比较如表 7-4 所示。可以看出：①首次超越方法 PHI2+方法计算结果误差很大（14.14%）；②极值分布方法 SPA 所需的 N_{call} 很大（2.02×10^5）；③m-EGO 方法、eSPT 方法、AERS 方法和 t-IRS 方法均能准确、高效地进行时变可靠度分析计算，其中，m-EGO、eSPT 和 t-IRS 方法都有很好的计算效率。

表 7-4　时变可靠度采用不同方法计算结果对比

方法	N_{call}	$p_{\text{f}}(0,5)$	相对误差%
MCS	1.01×10^7	0.1844	—
PHI2+	859	0.1583	14.14
SPA	2.02×10^5	0.1807	1.99
m-EGO	48	0.1840	0.21
eSPT	30	0.1841	0.18
AERS	1175	0.1848	0.18
t-IRS	25	0.1856	0.65

例 7-4　本例与例 7-3 的唯一区别在于，该算例包含一个随机过程 $Y(t)$。其他条件均与例 7-3 一致，计算[0, 5]上的失效概率 $p_{\text{f}}(0,5)$。时变功能函数 $G(\boldsymbol{X}, Y(t), t)$表示如下：

$$G(\boldsymbol{X},Y(t),t)=-20+X_1^2X_2-5X_1(1+Y(t))t+(X_2+1)t^2$$

式中，$Y(t)$是具有零均值和单位方差的高斯过程，对应的相关函数为

$$\rho_Y(t_1,t_2)=\exp(-(t_2-t_1)^2)$$

解　在本例中，首先将时间区间[0, 5]离散为 100 个时间段，然后利用 EOLE 方法将高斯过程 $Y(t)$重建为一系列标准正态分布随机变量的组合形式。为了确定主导特征函数的数目，文献给出了如下评估离散结果精度的误差公式：

$$\text{err}(t)=1-\sum_{i=1}^{p}\frac{1}{\sqrt{I_i}}[\varphi_i^{\text{T}}\rho_Y(t,t_i)]^2$$

在下述分析中，假定误差小于 5%，相应的主导特征函数的数目确定为 $p=7$。意味着在这个算例中，重建随机过程 $Y(t)$需要 7 个相互独立的标准正态随机变量，如图 7-13 所示。

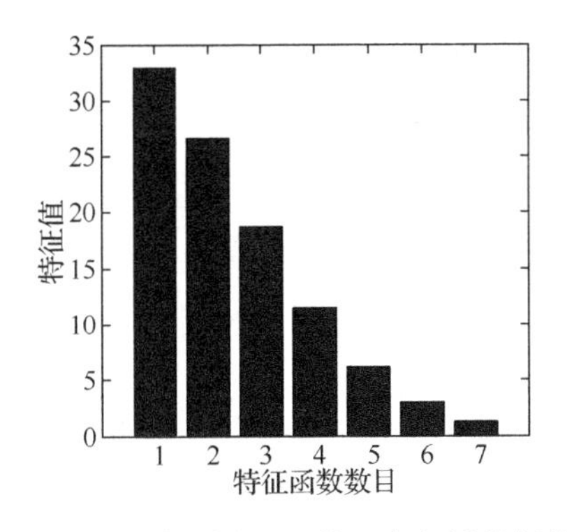

图 7-13　随机过程 $Y(t)$的 7 个主导特征值

在 MCS 中，用$\Delta t = 0.05$等分时间区间[0, 5]，产生 10^5 个随机样本$[X_1,X_2,Z_1,Z_2,\cdots,Z_7]$，并计算各时间节点的功能函数值。最终得到的参考失效概率为 0.8641，总的函数调用次数$N_{\text{call}} = 1.01\times 10^7$。

在 PHI2+方法中，首先将功能函数转换到标准正态空间 $\boldsymbol{U}$ 中，于是$G(\boldsymbol{X},\boldsymbol{Y}(t),t)\to G(\boldsymbol{U}_{\boldsymbol{X}},\boldsymbol{U}_{\boldsymbol{Y}}(t),t)$。然后利用 FORM 迭代搜索每个时间节点上的 MPPs。之后依次计算超越率，以及各种不同的时间区间(0,t)上的失效概率，结果如图 7-14 和图 7-15 所示。PHI2+方法得到的区间(0,5)上的失效概率为 0.6726，N_{call}为 2148。该方法求解精度较差，与 MCS 结果相差较大，原因在于 FORM 对功能函数的线性化处理。对于高度非线性功能函数，该方法会存在较大误差。

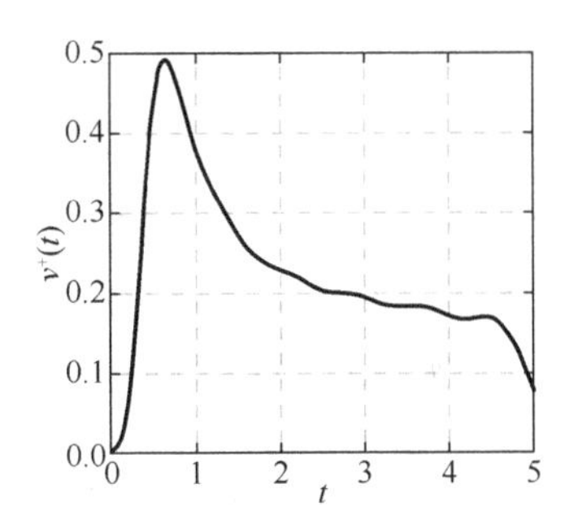

图 7-14　PHI2+方法的超越率

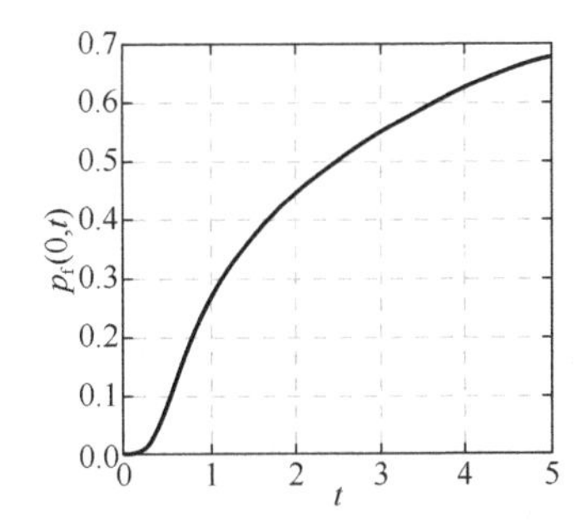

图 7-15　PHI2+方法的失效概率

在 SPA 方法中，执行 2000 次模拟来近似极值分布。结果如图 7-16 所示，失效概率和 N_{call} 分别为 0.8919 和2.02×10^5，相对误差为 3.22%。与例 7-3 相比，随机过程 $Y(t)$增加了问题的非线性和多峰特性，解的精度有所下降。

在 m-EGO 方法中，随机过程 $Y(t)$重建为 7 个标准正态随机变量$Z_i(i=1,2,\cdots,7)$的组合形式，瞬时代理模型的随机输入扩展为$[\boldsymbol{X},\boldsymbol{Z},t]=[X_1,X_2,Z_1,Z_2,\cdots,Z_7,t]$。首先，利用 LHS 产生 40 个初始随机样本[$\boldsymbol{X}$, $\boldsymbol{Z}$, t]。然后，构建一个瞬时代理模型$\hat{G}(\boldsymbol{X},\boldsymbol{Z},t)$，并利用 m-EGO 算法确定极值。之后，构建极值代理模型，并利用主动学习方法对其进行更新。经过 264 次主动学习迭代后，得到最终的极值响应面$\hat{G}_{\text{m}}(\boldsymbol{X},\boldsymbol{Z})$，如图 7-17 所示。最后，基于$\hat{G}_{\text{m}}(\boldsymbol{X},\boldsymbol{Z})$利用$10^5$个蒙特卡罗样本$[X_1,X_2,Z_1,Z_2,\cdots,Z_7]$计算，得到失效概率

为 0.8670，N_{call} 为 2536。对于此例，极值响应面包含 9 个随机变量，使得主动学习的收敛速度减慢，导致函数调用次数较多。

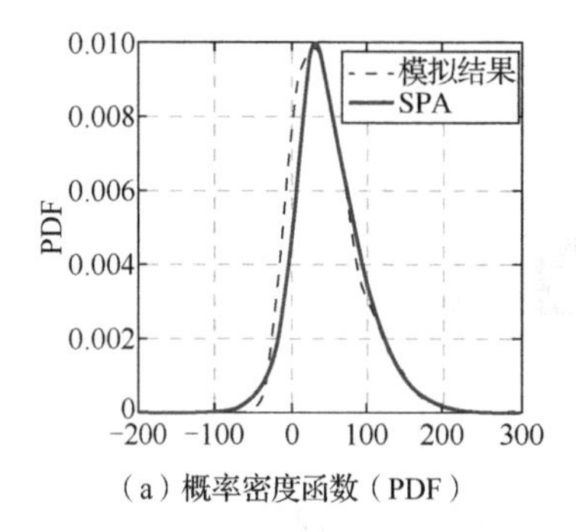

（a）概率密度函数（PDF）

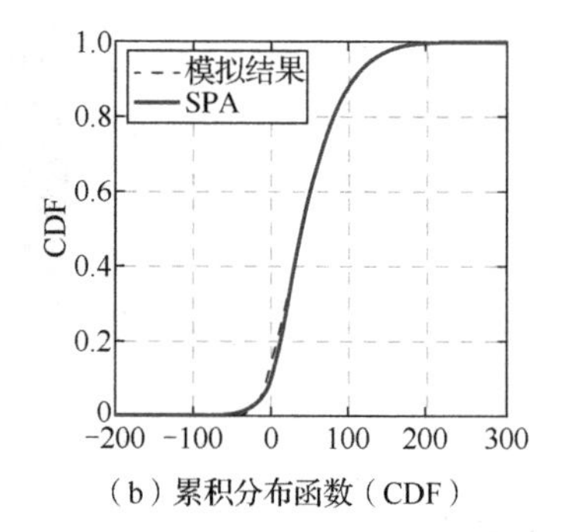

（b）累积分布函数（CDF）

图 7-16　极值分布方法结果

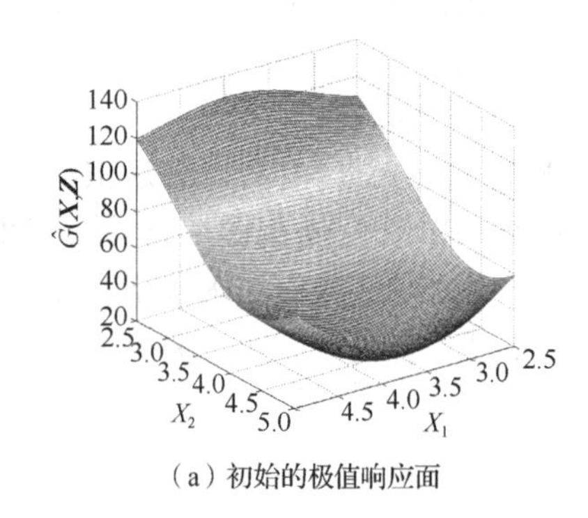

（a）初始的极值响应面

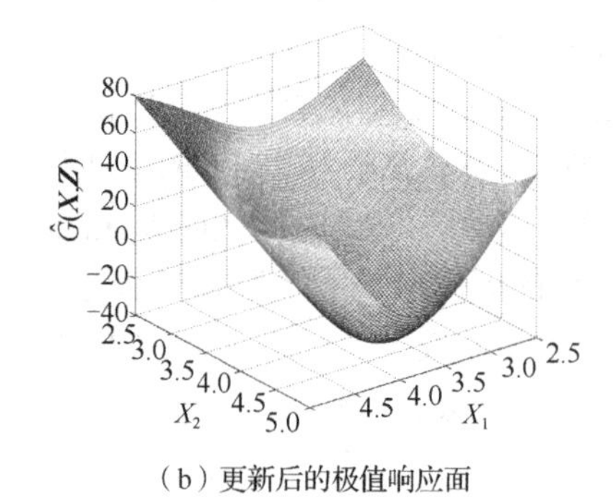

（b）更新后的极值响应面

图 7-17　极值响应面更新前后对比

在 eSPT 方法中，为了构建瞬时响应面，需要将随机过程 $Y(t)$转换为随机变量Y'。因为 $Y(t)$是零均值单位方差的随机过程，所以 Y'是一个标准正态随机变量。首先利用 LHS 产生 40 个初始随机样本$[X_1,X_2,Y',t']$，然后构建一个瞬时代理模型，并利用主动学习方法更新这个模型。eSPT 方法得到的失效概率为 0.8664，N_{call} 为 122。

在 AERS 方法中，首先将时间区间[0, 5]用 $\Delta t = 0.05$ 离散为 $s = 101$ 个时间节点，并利用 K-L 展开法对随机过程进行重建。利用 LHS 产生 40 个初始样本$[\boldsymbol{X}, \boldsymbol{Z}]$，并计算各时间节点 $t_i(i=1,2,\cdots,101)$ 上初始样本所对应的响应值。对于各时间节点，构造 101 个初始代理模型，并利用主动学习方法对它们进行更新。基于式（7-48）和式（7-49）求得的失效概率为 0.8657，N_{call} 为 5676。

在 t-IRS 方法中，首先将时间区间[0, 5]用 $\Delta t = 0.05$ 离散为 $s = 101$ 个时间节点。利用 EOLE 方法对随机过程进行重建，将 $Y(t)$转变为 $\boldsymbol{Z} = [Z_1, Z_2, \cdots, Z_7]$，于是代理模型的输入变量为$[\boldsymbol{X}, \boldsymbol{Z}, t] = [X_1, X_2, Z_1, Z_2, \cdots, Z_7, t]$。再利用 LHS 产生 40 个初始随机样本$[\boldsymbol{X}, \boldsymbol{Z}, t]$。然后构建一个瞬时响应代理模型，利用主动学习方法对其进行更新。经过 49 次主动学习迭代后，得到最终的瞬时响应代理模型。基于更新后的代理模型，利用式（7-50）和式（7-51）求得的失效概率为 0.8685，N_{call} 为 89，各种不同的时间区间$(0,t)$上的失效概率计算结果如图 7-18 所示。基于不同方法的时变可靠度计算结果如表 7-5 所示。

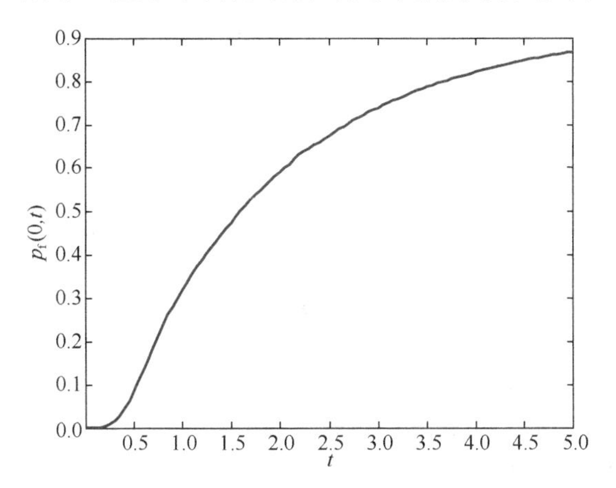

图 7-18　t-IRS 方法计算得到的失效概率

表 7-5　时变可靠度计算结果对比

方法	N_{call}	$p_f(0, 5)$	相对误差/%
MCS	1.01×10^7	0.8641	—
PHI2+	2148	0.6726	22.16
SPA	2.02×10^5	0.8919	3.22
m-EGO	2536	0.8670	0.34
eSPT	122	0.8664	0.27
AERS	5676	0.8658	0.20
t-IRS	89	0.8685	0.52

由表 7-5 的结果可以得出如下结论。

1）PHI2+方法所得结果的计算误差最大（22.16%）；同例 7-3 相比，泊松假设的近似程度变差（失效概率较大），因此计算结果的误差变大。

2）极值分布方法 SPA 计算效率不高（$N_{call}=2.02\times10^5$）。

3）m-EGO 方法、eSPT 方法、AERS 方法和 t-IRS 方法均能给出较精确的 $p_f(0,5)$，其中，eSPT 和 t-IRS 方法的计算效率明显优于其他方法。

当功能函数中包含随机过程时，构造极值响应面既困难又耗时。原因有两个方面：第一，随机过程增加了极值响应面的非线性和多峰特性；第二，对随机过程进行转换后，大大增加了问题的维度，减慢了构建极值响应面时的主动学习过程。

参 考 文 献

黄晓旭，2016．结构的时变可靠度分析方法及优化设计研究[D]．武汉：华中科技大学．

CHEN J B, LI J, 2005. The extreme value distribution and reliability of nonlinear stochastic structures[J]. Earthquake Engineering and Engineering Vibration, 4(2): 275-286.

DANIELS H E,1954. Saddlepoint approximations in statistics[J]. Annals of Mathematical Statistics, 25(4): 631-650.

DU X, 2010. System reliability analysis with saddlepoint approximation[J]. Structural & Multidisciplinary Optimization, 42(2):

193-208.

ECHARD B, GAYTON N, LEMAIRE M, 2011. AK-MCS: an active learning reliability method combining Kriging and Monte Carlo simulation[J]. Structural Safety, 33(2): 145-54.

HOHENBICHLER M, RACKWITZ R, 1982. First-order concepts in system reliability[J]. Structural Safety, 1(3): 177-188.

HU Z, DU X, 2013. A sampling approach to extreme value distribution for time-dependent reliability analysis[J]. Journal of Mechanical Design, 135(7): 071003.

HU Z, DU X, 2015a. First order reliability method for time-variant problems using series expansions[J]. Structural & Multidisciplinary Optimization, 51(1): 1-21.

HU Z, DU X, 2015b. Mixed efficient global optimization for time-dependent reliability analysis[J]. Journal of Mechanical Design, 137(5): 051401.

HUANG X, CHEN J, ZHU H, 2016. Assessing small failure probabilities by AK-SS: An active learning method combining Kriging and subset simulation[J]. Structural Safety, 59: 86-95.

JIANG C, HUANG X P, HAN X, et al., 2014. A time-variant reliability analysis method based on stochastic process discretization[J]. Journal of Mechanical Design, 136(9): 091009.

JIANG C, WEI X P, WU B, et al., 2018. An improved TRPD method for time-variant reliability analysis[J]. Structural and Multidisciplinary Optimization, 58(5): 1935-1946.

KENDALL M G, STUART A, 1958. The advanced theory of statistics volume 1: distribution theory[M]. London: Charles Griffin and Company Ltd.

LI C, KIUREGHIAN A D, 1993. Optimal discretization of random fields[J]. Journal of Engineering Mechanics, 119(6): 1136-1154.

LI J, CHEN J, 2019. Solving time-variant reliability-based design optimization by PSO-t-IRS: A methodology incorporating a particle swarm optimization algorithm and an enhanced instantaneous response surface[J]. Reliability Engineering & System Safety, 191: 106580.

LI J, CHEN J, WEI J, et al., 2019. Developing an instantaneous response surface method t-IRS for time-dependent reliability analysis[J]. Acta Mechanica Solida Sinica, 32(4): 446-462.

LIU P L, DER KIUREGHIAN A, 1986. Multivariate distribution models with prescribed marginals and covariances[J]. Probabilistic Engineering Mechanics, 1(2): 105-112.

LOÈVE M, 1977. Probability theory I[M]. New York: Springer.

LUGANNANI R, RICE S O, 1980. Saddlepoint approximation for the distribution of the sum of independent random variables[J]. Advances in Applied Probability, 12: 475-490.

SINGH A, MOURELATOS Z P, LI J, 2010. Design for lifecycle cost using time-dependent reliability[J]. Journal of Mechanical Design, 132(9): 1105-1119.

WANG Z, CHEN W, 2016a. Time-variant reliability assessment through equivalent stochastic process transformation[J]. Reliability Engineering & System Safety, 152: 166-175.

WANG Z, CHEN W, 2016b. Confidence-based adaptive extreme response surface for time-variant reliability analysis under random excitation[J]. Structural Safety, 64: 76-86.

WANG Z, WANG P, 2013. A new approach for reliability analysis with time-variant performance characteristics[J]. Reliability Engineering & System Safety, 115(7): 70-81.

ZHANG J, ELLINGWOOD B, 1994. Orthogonal Series Expansions of Random Fields in Reliability Analysis[J]. Journal of Engineering Mechanics, 120(12): 2660-2677.

习　　题

7.1 对于例 7-1 中的问题，利用 MCS 方法求解失效概率时，分别将时间离散为 5,10,20 等分，对 X 取不同的样本数（$10^3,10^4,10^5,10^6$），计算各种情形下的结果。

7.2 考虑如下一个小失效概率问题：

$$G(\boldsymbol{X},t)=-10+X_1^2X_2-5X_1t+(X_2+1)t^2,\ \ t\in[0,5]$$

式中，X_1,X_2 均服从正态分布 $N(3.5,0.3^2)$，分别将时间离散为 5,10,20 等分，且对 X 取不同的样本数（$10^4,10^5,10^6,10^7$），计算各种情形下的时变可靠度。

第8章 损伤累积模型与时变可靠性

结构的渐进损伤是引起结构破坏的重要原因。另一方面，地震或其他类别的冲击荷载可造成结构累积损伤的突然增加或直接导致破坏。常用的描述渐进损伤的模型是伽马过程，而复合泊松过程可用来描述冲击荷载的累积作用效果。本章介绍几种损伤累积模型，以及对应的时变可靠性分析计算方法。

8.1 正常使用极限状态

如 2.5 节所述，结构的极限状态分为承载能力极限状态和正常使用极限状态。前者对应结构的安全功能，后者对应结构的使用功能。结构或结构构件达到正常使用或耐久性能的某项规定限值，称为结构的正常使用极限状态。当结构或结构构件出现下列状态之一时，即认为超过了正常使用极限状态：

1）影响正常使用或过大的外观变形。

2）影响正常使用或耐久性能的局部损坏（包括裂缝）。

3）影响正常使用的振动。

4）影响正常使用的其他特定状态。

有时，两类极限状态的划分并不是唯一的。例如，当构件内的裂缝不断增大时，初期会影响结构的正常使用，后期则可能导致结构的破坏。

8.2 损伤累积模型

设结构的功能函数表示为 $Z(t)=R(t)-S(t)$ 。例如，针对正常使用极限状态，$R(t)$可取为允许最大裂缝尺寸（宽度/长度），$S(t)$为使用过程中造成的结构实际裂缝尺寸。裂缝超过“允许最大”状态时，结构功能只是部分丧失，称为“软失效”，结构仍然可以运行，但其工作状态已无法满足正常使用要求。

结构的渐进损伤是一个单调变化的过程。在工程实际中，存在许多结构性能单调退化的情形，如疲劳、腐蚀、裂纹扩展、磨损等，相关的损伤量适合用伽马过程来描述（Van Noortwijk 等，2007）。考虑 $R(t)$为一定值的情形，此时，记 $R(t)=H$ 。随时间变化的损伤累积量记为 $D(t)$，则功能函数表示为

$$Z(t)=H-D(t) \tag{8-1}$$

例 8-1 损伤遵从伽马过程，求相应的可靠度计算公式。

解　设 t 时刻的渐进损伤量 $X(t)$可以由形状函数为 $v(t)$、尺寸参数为 u 的伽马过程描述，其概率密度函数为

$$f_X(x)=Ga[x\,|\,v(t),u]=\frac{u^{v(t)}}{\Gamma\big(v(t)\big)}x^{v(t)-1}\exp(-ux)$$

设结构初始损伤 D_0 为定值，则 t 时刻结构的总损伤量为

$$D(t)=D_0+X(t)$$

失效时间 T 的分布函数推导如下：

$$\begin{aligned}F_T(t)&=\Pr(T<t)=\Pr[D(t)>H]\\&=\Pr[X(t)>H-D_0]=\int_{x=H-D_0}^{\infty}f_X(x)\mathrm{d}x\\&=\frac{\Gamma\{v(t),(H-D_0)u\}}{\Gamma\big(v(t)\big)}\end{aligned}$$

式中，$\Gamma(a,x)=\int_{z=x}^{\infty}z^{a-1}\mathrm{e}^{-z}\mathrm{d}z(x\geqslant 0,a>0)$ 为不完全伽马函数，$\Gamma(a)=\int_0^{\infty}z^{a-1}\mathrm{e}^{-z}\mathrm{d}z(a>0)$ 为伽马函数。结构的时变可靠度 $p_\mathrm{s}(0,t)(=1-p_\mathrm{f}(0,t))$ 表示为

$$p_\mathrm{s}(0,t)=\Pr[D(t)<H]=1-\frac{\Gamma\{v(t),(H-D_0)u\}}{\Gamma\big(v(t)\big)}$$

8.3　两类机制共同作用的损伤模型

8.3.1　线性渐进损伤模型

以下考虑渐进损伤和冲击损伤同时作用的情形。渐进损伤通常由时间作用引起，具有缓变性，如蠕变、裂纹扩展、腐蚀等。冲击损伤是由爆炸、地震、飓风等极值荷载的冲击作用造成的，具有突变性。假设渐进损伤由以下线性函数描述（Jiang 等，2011），即

$$X(t)=\varphi+\beta t \tag{8-2}$$

式中，φ 表示初始损伤；β 表示损伤率。φ 和 β 均视为随机变量。$\varphi=0$ 时 $X(t)$的示意图如图 8-1 所示。

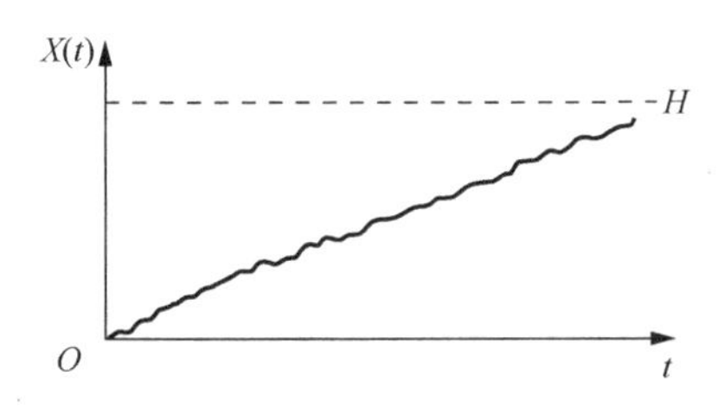

图 8-1　渐进损伤示意图

设荷载冲击过程为齐次泊松过程 $\{N(t),t\geqslant 0\}$，如图 8-2 所示。时间区间[0, t]上冲击

出现的次数服从以下分布：

$$\Pr[N(t)=n]=\frac{(\lambda t)^n}{n!}\exp(-\lambda t) \tag{8-3}$$

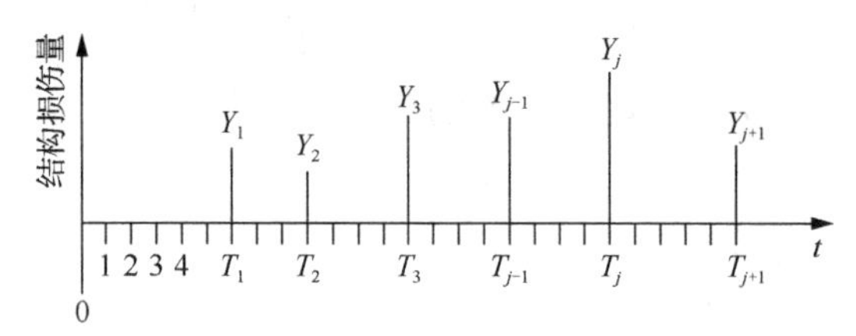

图 8-2 荷载冲击过程

令 Y_i 表示第 i 次冲击导致的结构损伤量，于是 t 时刻的累积冲击损伤（图 8-3）为

$$S(t)=\begin{cases}\sum_{i=1}^{N(t)} Y_i, & N(t)>0\\ 0, & N(t)=0\end{cases} \tag{8-4}$$

在渐进损伤和冲击损伤两种机制共同作用下，结构的总损伤量（图 8-4）为

$$D(t)=X(t)+S(t) \tag{8-5}$$

当总的损伤量 $D(t)$超过临界值 H 时，结构发生失效。于是结构在区间$[0, t]$的时变可靠度表达如下：

$$\begin{aligned}p_{\mathrm{s}}(0,t)&=\Pr[D(t)<H]=\Pr\left[X(t)+S(t)<H\right]\\&=\sum_{k=0}^{\infty}\Pr\left[X(t)+S(t)<H\mid N(t)=k\right]\cdot\Pr\left[N(t)=k\right]\end{aligned} \tag{8-6}$$

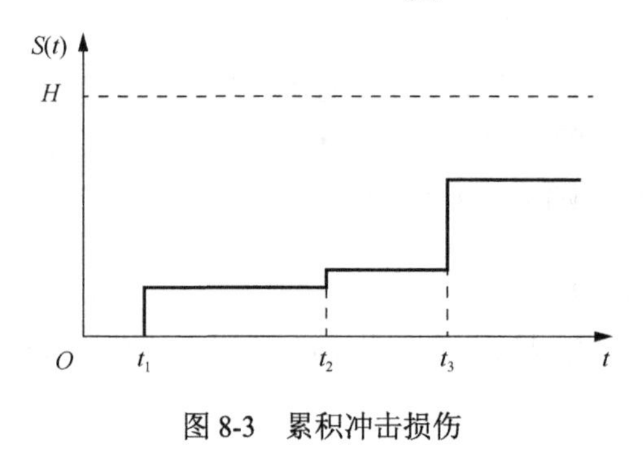

图 8-3 累积冲击损伤

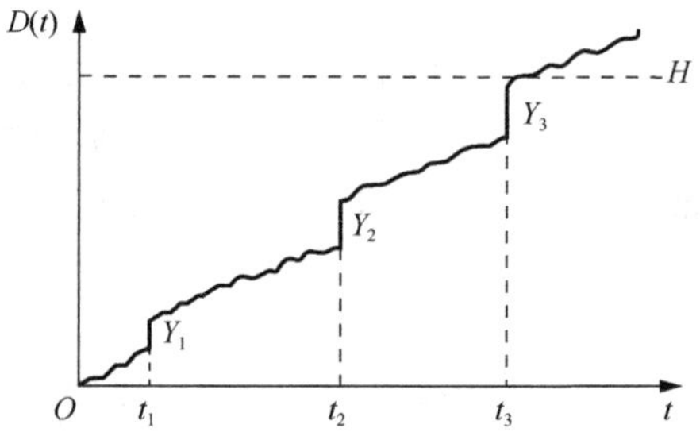

图 8-4 总的损伤过程

用 $F_X(x,t)$ 表示 $X(t)$在 t 时刻的累积分布函数，$f_Y(y)$ 表示 Y_i 的概率密度函数，$f_Y^{(k)}(y)$ 表示 k 个独立同分布随机变量和 $\sum Y_i$ 的概率密度函数。将上式变换为卷积积分，得到如下关系：

$$p_{\mathrm{s}}(0,t)=\sum_{k=0}^{\infty}\int_0^H F_X(H-u,t)f_Y^{(k)}(u)\mathrm{d}u\cdot\frac{(\lambda t)^k\exp(-\lambda t)}{k!} \tag{8-7}$$

若初始损伤φ、损伤率β均为正态分布随机变量，$\varphi \sim N(\mu_\varphi,\sigma_\varphi^2)$，$\beta \sim N(\mu_\beta,\sigma_\beta^2)$，冲击损伤量$Y_i$为独立同分布正态随机变量，$Y_i \sim N(\mu_Y,\sigma_Y^2)$，则在$N(t)=k$的条件下，有

$$\mu_X = \mu_\varphi + \mu_\beta t,\ \ \sigma_X^2 = \sigma_\varphi^2 + \sigma_\beta^2 t^2,\ \ \mu_S = k\mu_Y,\ \ \sigma_S^2 = k\sigma_Y^2 \tag{8-8a}$$

$$\Pr\left[X(t)+S(t)<H \middle| N(t)=k\right] = \Phi\left(\frac{H-\mu_X-\mu_S}{\sqrt{\sigma_X^2+\sigma_S^2}}\right) \tag{8-8b}$$

因此，结构在区间[0, t]上的时变可靠度为

$$p_s(0,t)=\sum_{k=0}^{\infty}\Phi\left(\frac{H-(\mu_\varphi+\mu_\beta t+k\mu_Y)}{\sqrt{\sigma_\varphi^2+\sigma_\beta^2 t^2+k\sigma_Y^2}}\right)\frac{(\lambda t)^k \exp(-\lambda t)}{k!} \tag{8-9}$$

例 8-2　仅考虑荷载冲击作用的情形。结构初始损伤$D_0=25$，失效门槛值$H=100$，荷载冲击服从参数$\lambda=0.5$的泊松过程，求结构在区间[0, 10]上的时变可靠度。考虑如下两种情况：

1）单次冲击造成的损伤量为定值$Y_i=6$；

2）单次冲击造成的损伤量服从指数分布$Y_i \sim E(\nu)$，其均值为$\mu=1/\nu=6$。

解　1）发生n次冲击时，令总的损伤量等于临界值$D=D_0+nY_i=H$，得到发生结构失效对应的冲击次数为

$$n=(H-D_0)/Y_i=75/6=12.5$$

于是区间[0, 10]上的时变可靠度为

$$\begin{aligned}p_s(0,10)&=\Pr\left[D(10)<H\right]=\Pr\left[N(10)<13\right]\\&=\sum_{i=0}^{12}\frac{(0.5\times 10)^i\exp(-0.5\times 10)}{i!}\approx 0.998\end{aligned}$$

2）由 6.5 节中的式（6-51）可知，n次冲击造成的总损伤量服从爱尔兰分布：

$$f_{S_n}(y)=\frac{\nu^n y^{n-1}}{(n-1)!}\mathrm{e}^{-\nu y}$$

于是区间[0, 10]上的时变可靠度为

$$\begin{aligned}p_s(0,10)&=\Pr\left[D(10)<H\right]=\Pr\left[D_0+S(10)<H\right]\\&=\Pr\left[S(10)<75\right]=\sum_{n=1}^{\infty}\Pr\left[S(10)<75 \mid N(10)=n\right]\Pr\left[N(10)=n\right]\\&=\sum_{n=1}^{\infty}\left[\int_0^{75}f_{S_n}(y)\mathrm{d}y\right]\Pr\left[N(10)=n\right]\\&=\sum_{n=1}^{\infty}\left[\int_0^{75}\frac{0.167^n y^{n-1}}{(n-1)!}\exp(-0.167y)\mathrm{d}y\right]\frac{(0.5\times 10)^n}{n!}\exp(-0.5\times 10)\approx 0.975\end{aligned}$$

基于第二种假设，当t取不同值时，分别计算不同时间区间[0, t]上的时变可靠度，其结果如图 8-5 所示。

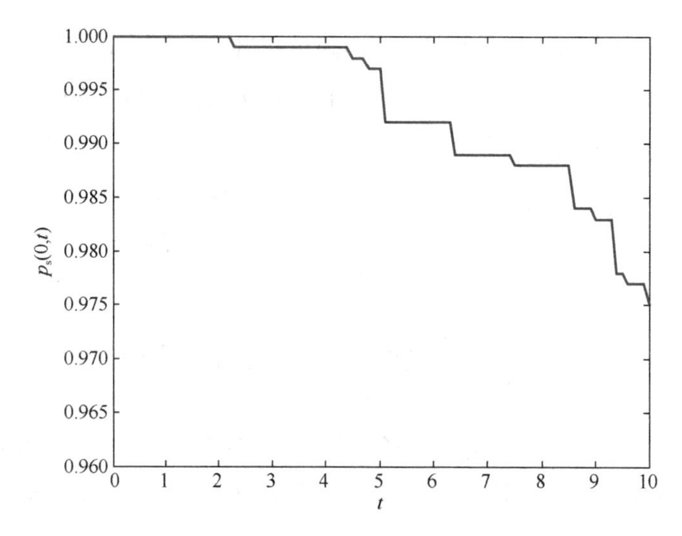

图 8-5 时变可靠度 $p_s(0, t)$的计算结果（例 8-2）

8.3.2 伽马过程渐进损伤模型

用伽马过程替代 8.3.1 节中的线性函数模型（Van Noortwijk，2009；Jiang 等，2015）。由式（8-4）可知，$N(t)=0$ 时，$S(t)=0$，利用例 8-1 的结果，有

$$\Pr\left[X(t)+S(t)<H \mid N(t)=0\right]=\Pr\left[X(t)<H\right]=1-\frac{\Gamma\{v(t),Hu\}}{\Gamma\left(v(t)\right)} \tag{8-10}$$

当 $N(t)=k$ 时，按下式计算条件概率 $\Pr[X(t)+S(t)<H \mid N(t)=k]$：

$$\begin{aligned}\Pr\left[X(t)+S(t)<H \mid N(t)=k\right]&=\Pr\left[\sum_{i=1}^{k}Y_i<H-X(t)\right]\\&=\int F_Y^{(k)}(H-x)f_X(x)\mathrm{d}x=E\left[F_Y^{(k)}(H-X(t))\right]\end{aligned} \tag{8-11}$$

式中，$F_Y^{(k)}(y)$ 表示 k 个独立同分布随机变量和 $\sum Y_i$ 的累积分布函数；$f_X(x)$ 表示 $X(t)$ 的概率密度函数。有如下的可靠度公式：

$$\begin{aligned}p_s(0,t)&=\Pr[X(t)+S(t)<H \mid N(t)=0]\cdot\Pr[N(t)=0]\\&\quad+\sum_{k=1}^{\infty}\Pr[X(t)+S(t)<H \mid N(t)=k]\cdot\Pr[N(t)=k]\\&=\left[1-\frac{\Gamma\{v(t),Hu\}}{\Gamma(v(t))}\right]\cdot\exp(-\lambda t)+\sum_{k=1}^{\infty}E\left[F_Y^{(k)}(H-X(t))\right]\cdot\frac{(\lambda t)^k}{k!}\exp(-\lambda t)\end{aligned} \tag{8-12}$$

假设 Y_i 服从指数分布 $Y_i \sim E(\nu)$，即

$$F_Y(y)=\Pr(Y<y)=1-\exp(-\nu y) \tag{8-13}$$

则 k 次冲击累积损伤的分布函数为

$$F_Y^{(K)}(y)=\Pr\left(\sum_{i=1}^{k}Y_i<y\right)=1-\sum_{i=0}^{k-1}\frac{(\nu y)^i}{i!}\exp(-\nu y) \tag{8-14}$$

式（8-12）中的期望项表示为

$$E\left[F_Y^{(k)}(H-X(t))\right]$$
$$=\lim_{s\to\infty}\int_0^{\infty}\cdots\int_0^{\infty}\left\{1-\sum_{i=0}^{k-1}\frac{[\nu(H-x_i)]^i}{i!}\exp[-\nu(H-x_i)]\right\}f_{X(t_1),\cdots,X(t_s)}(x_1,\cdots,x_s)\mathrm{d}x_1\cdots\mathrm{d}x_s \quad (8\text{-}15)$$

式中，$t_i=(i/s)t$，$i=0,1,\cdots,s$。可利用 MCS 方法计算上式，并结合式（8-12）求得时变可靠度。

例 8-3　同时考虑渐进损伤和冲击损伤，前者用伽马过程描述：$X(t)\sim Ga(v(t),u)$，$v(t)=0.4t,u=4$。荷载冲击服从参数 $\lambda=0.5$ 的泊松过程，单次冲击造成的损伤量服从指数分布 $Y_i\sim E(\nu)$，其均值为 $\mu=1/\nu=6$。结构初始损伤 $D_0=25$，失效门槛值 $H=100$，求结构在区间[0, 10]上的时变可靠度。

解　本例与例 8-2 的区别在于，同时考虑了冲击损伤和用伽马过程描述的渐进损伤。由式（8-12）及数值计算，得到结构在区间[0, 10]上的时变可靠度为

$$p_s(0,10)=\sum_{k=0}^{\infty}\Pr[D(10)<H\mid N(10)=k]\cdot\Pr[N(10)=k]=0.965$$

不同时间区间[0, t]上的时变可靠度计算结果如图 8-6 所示。与图 8-5 相比，渐进损伤的加入使得可靠度变化曲线要光滑一些，但随时间下降得更快一些。

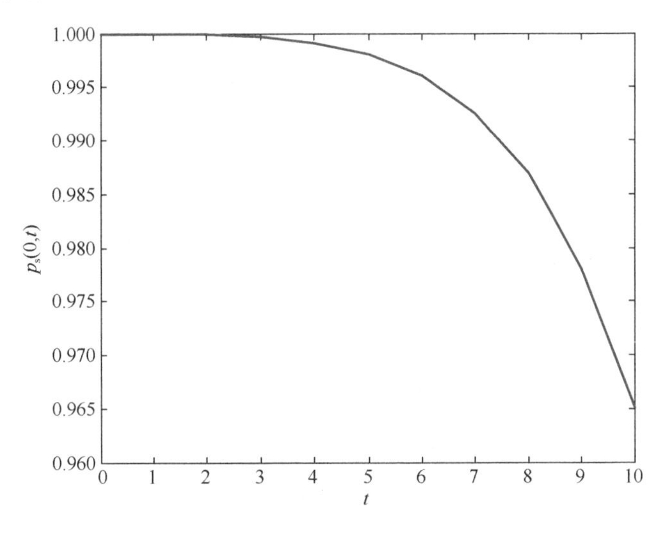

图 8-6　时变可靠度计算结果 $p_s(0, t)$（例 8-3）

8.4　三类机制共同作用的损伤模型

同时考虑渐进损伤、冲击损伤，以及持续荷载作用造成的损伤，构建如下可靠性分析模型（Li 等，2020）：

$$D(t)=X(t)+S(t)+A(t) \quad (8\text{-}16)$$

在该模型中，渐进损伤用伽马过程描述 $X(t)\sim Ga(v(t),u)$，$v(t)=at^b$。冲击损伤 Y_i 由瞬

时冲击的大小W_i所决定，即$Y_i = k_1 W_i$。累积冲击损伤为

$$S(t)=\begin{cases}\sum_{i=1}^{N_1(t)} Y_i = k_1 \times \sum_{i=1}^{N_1(t)} W_i, & N_1(t)>0 \\ 0, & N_1(t)=0\end{cases} \tag{8-17}$$

持续荷载导致的累积损伤$A(t)$用6.5节介绍的平稳二项随机过程（图8-7）描述。参照式（6-61），时间区间$[0, t]$上出现n次持续荷载的概率为

$$P(N_2(t)=n)=\mathrm{C}_N^n p^n (1-p)^{N-n} \quad (n=0,1,2,\cdots,N) \tag{8-18}$$

式中，$N=t/\Delta t$是区间$[0, t]$被划分的时段数；p表示持续荷载在时段内出现的概率。第j次持续荷载造成的附加损伤Z_j由荷载的大小U_j及作用时间Δt共同决定，即

$$Z_j = k_2 \Delta t U_j \tag{8-19}$$

于是t时刻的累积附加损伤的表达式如下式，示意图如图8-8所示。结构总的损伤过程如图8-9所示。

$$A(t)=\begin{cases}\sum_{j=1}^{N_2(t)} Z_j, & N_2(t)>0 \\ 0, & N_2(t)=0\end{cases} \tag{8-20}$$

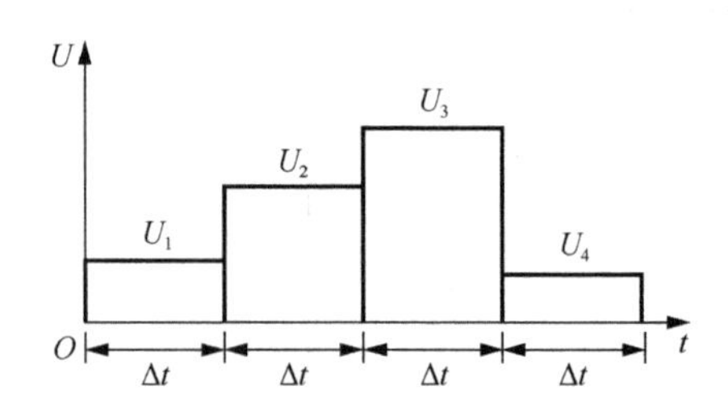

图8-7 持续荷载过程

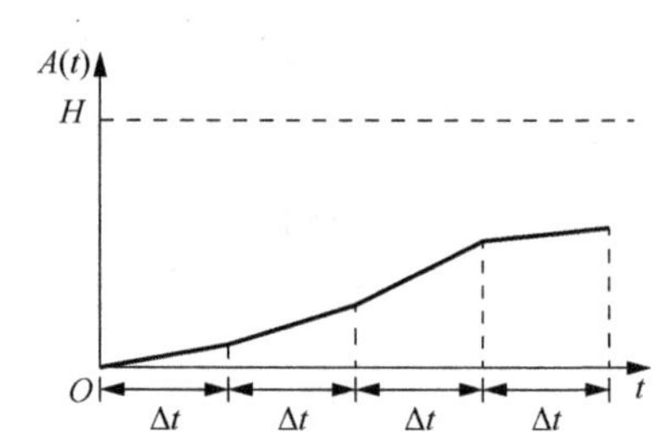

图8-8 累积附加损伤

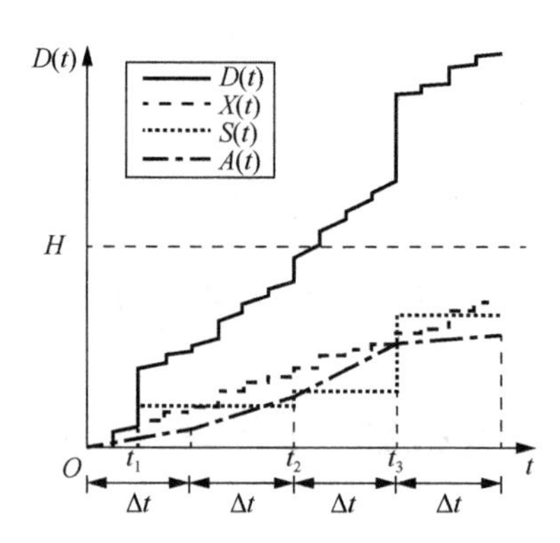

图8-9 总的损伤过程

结构在区间[0, t]上的时变可靠度计算公式推导如下：

$$\begin{aligned}
p_s(0,t) &= \Pr\left[D(t) < H\right] \\
&= \Pr\left[X(t)+S(t)+A(t) < H\right] \\
&= \sum_{m=0}^{\infty}\sum_{n=0}^{N}\Pr\left[X(t)+S(t)+A(t) < H \mid N_1(t)=m, N_2(t)=n\right]\cdot\Pr\left[N_1(t)=m\right]\cdot\Pr\left[N_2(t)=n\right] \\
&= \sum_{m=1}^{\infty}\Pr\left[X(t)+\sum_{i=1}^{m}Y_i < H\right]\cdot\Pr\left[N_1(t)=m\right]\cdot\Pr\left[N_2(t)=0\right] \\
&\quad+\sum_{m=1}^{\infty}\sum_{n=1}^{N}\Pr\left[X(t)+\sum_{i=1}^{m}Y_i+\sum_{j=1}^{n}Z_j < H\right]\cdot\Pr\left[N_1(t)=m\right]\cdot\Pr\left[N_2(t)=n\right]
\end{aligned} \tag{8-21}$$

用 $F_X(x,t)$ 表示 $X(t)$在 t 时刻的累积分布函数，$f_Y(y)$ 表示 Y_i 的概率密度函数，$f_{\Sigma Y}(u)$ 表示 m 个独立同分布 Y_i 随机变量和的概率密度函数，$f_Z(z)$ 表示 Z_j 的概率密度函数，$f_{\Sigma Z}(v)$ 表示 n 个独立同分布 Z_j 随机变量和的概率密度函数，$f_{\Sigma Y+\Sigma Z}(w)$ 表示 m 个独立同分布 Y_i 随机变量及 n 个独立同分布 Z_j 随机变量和（$\sum_{i=1}^{m}Y_i+\sum_{j=1}^{n}Z_j$）的概率密度函数。将式（8-21）变换为卷积积分，有

$$\begin{aligned}
p_s(0,t) &= F_X(H,t)\cdot\frac{(\lambda_1 t)^0 e^{-\lambda_1 t}}{0!}\cdot C_N^0 p^0(1-p)^{N-0} \\
&\quad+\sum_{m=1}^{\infty}\int_0^H F_X(H-u,t)f_{\Sigma Y}(u)\mathrm{d}u\cdot\frac{(\lambda_1 t)^m e^{-\lambda_1 t}}{m!}\cdot C_N^0 p^0(1-p)^{N-0} \\
&\quad+\sum_{n=1}^{N}\int_0^H F_X(H-v,t)f_{\Sigma Z}(v)\mathrm{d}v\cdot\frac{(\lambda_1 t)^0 e^{-\lambda_1 t}}{0!}\cdot C_N^n p^n(1-p)^{N-n} \\
&\quad+\sum_{m=1}^{\infty}\sum_{n=1}^{N}\int_0^H F_X(H-w,t)f_{\Sigma Y+\Sigma Z}(w)\mathrm{d}w\cdot\frac{(\lambda_1 t)^m e^{-\lambda_1 t}}{m!}\cdot C_N^n p^n(1-p)^{N-n}
\end{aligned} \tag{8-22}$$

当式（8-22）中各分布函数已知时，可利用半解析方法（利用截断近似和 MATLAB 数值积分）对时变可靠度进行求解。

例 8-4　渐进损伤用伽马过程描述为 $X(t)\sim Ga(v(t),u)$，$v(t)=at^b$。瞬时荷载冲击过程用泊松过程描述，冲击次数服从泊松分布 $N_1(t)\sim P(\lambda_1)$；冲击大小服从正态分布 $W\sim N(\mu_W,\sigma_W^2)$。持续荷载过程用平稳二项随机过程描述，持续荷载出现的次数服从二项分布 $N_2(t)\sim B(N,p)$，$N=t/\Delta t$；荷载的大小服从正态分布 $U\sim N(\mu_U,\sigma_U^2)$。算例参数如表 8-1 所示。分别利用 MCS 方法和半解析方法进行时变可靠度分析。

表 8-1 算例参数

参数	数值	参数	数值
a	0.4	p	0/0.5/1
b	1	k_2	1
u	4	μ_U	2
λ_1	0.5	σ_U	0.5
k_1	1	H	20
μ_W	2	$[0,t]$	[0,50]
σ_W	0.5	Δt	1

解 两种方法的结果对比如图 8-10，计算 $p_{\mathrm{f}}(0,50)$ 所需时间对比如表 8-2 所示。

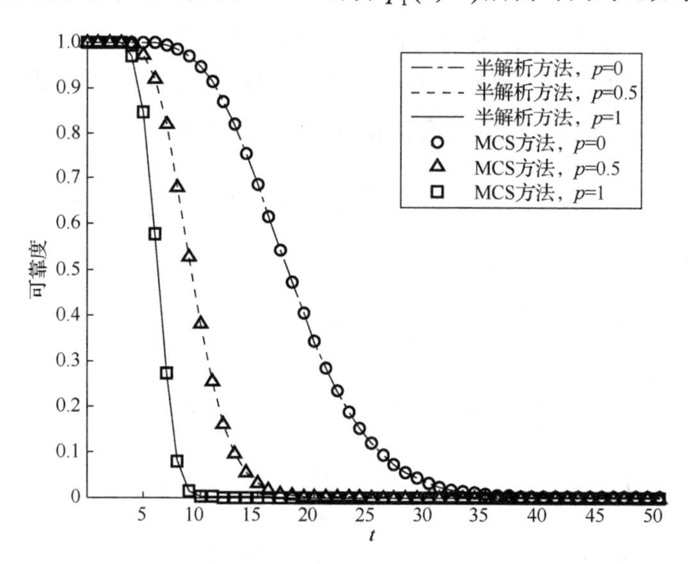

图 8-10 可靠度计算结果的对比（例 8-4）

表 8-2 计算时间的对比

不同的 p 值	半解析方法/s	MCS 方法/s
p=0	139.1	345.7
p=0.5	152.2	350.1
p=1	173.2	361.9

从图 8-10 可以看出，对比 MCS 结果，半解析方法具有很好的精度。随着 p 值的增加，持续荷载出现的次数也随之增加，造成结构可靠度下降得更快。若 p=0，则表示在时间区间[0, 50]上没有持续荷载作用，此时，该模型退化为两类机制共同作用下的损伤模型。由表 8-2 可知，半解析方法的计算效率为 MCS 方法的 2～3 倍。

8.5　竞争失效过程建模

结构在实际使用中，除性能退化导致结构“软失效”外，内部或外部冲击也可能导致结构的破坏。例如，桥梁在服役过程中，有可能因长期使用而导致裂缝过宽，从而达到正常使用极限状态（退化失效、软失效），也有可能因外界冲击（如地震）作用而直接发生倒塌（突发失效、硬失效）。如果结构同时有软失效和硬失效发生的可能，则需要考虑这两种失效模式的相互竞争及其后果（Peng 等，2010；An 和 Sun，2017）。

图 8-11 所示为退化与冲击相关的竞争失效示意图。图 8-11（a）表示退化失效过程，$D(t)$表示总退化量，H 为退化失效阈值，当总退化量 $D(t)$超过失效阈值 H 时，结构发生退化失效；图 8-11（b）表示突发失效过程，$W(t)$表示冲击过程，W_H 表示突发失效阈值，幅值大于失效阈值 W_H 的任意一个冲击均能使结构发生突发失效。

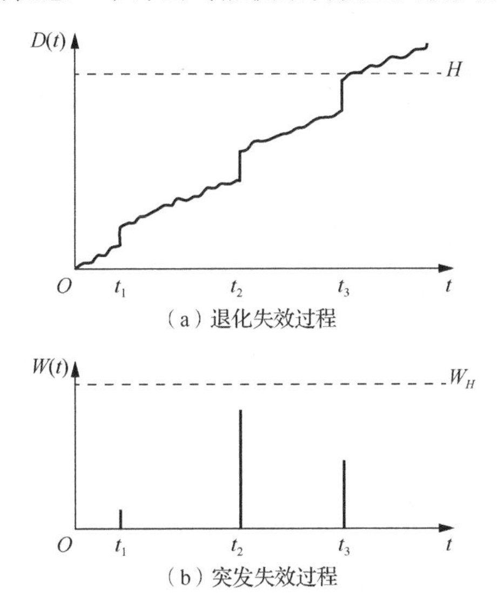

图 8-11　退化与冲击相关的竞争失效示意图

两种失效模式之间的相关性表现在：冲击作用既可能造成一定程度的冲击退化量，又可能直接导致结构的破坏。在建立竞争失效模型过程中做如下假设：

1）结构的退化失效模式和突发失效模式均只有一种形式，退化过程不可逆。

2）当结构退化过程的总退化量 $D(t)$达到退化失效阈值 H 时，即发生退化失效。退化失效过程包括渐进退化 $X(t)=\varphi+\beta t$ 及由冲击导致的冲击退化 $S(t)$，且 $\beta\sim N(\mu_\beta,\sigma_\beta^2)$。

3）一旦冲击的大小超过了突发失效阈值 W_H，就判定结构发生突发失效。冲击出现的次数用齐次泊松过程表示。第 i 次冲击荷载的大小 W_i 服从正态分布 $W_i\sim N(\mu_W,\sigma_W^2)$，冲击退化量 $Y_i=cW_i$，冲击荷载服从独立同分布。记

$$p = \Pr(W_i < W_H) = F_W(W_H) = \Phi\left(\frac{W_H - \mu_W}{\sigma_W}\right) \tag{8-23}$$

因此，结构发生突发失效的概率为$1-p$。根据泊松过程的分解法，造成冲击退化的荷载冲击过程服从强度为λp的齐次泊松过程$\{N_1(t), t \geqslant 0\}$；造成结构突发失效的荷载冲击过程服从强度为$\lambda(1-p)$的齐次泊松过程$\{N_2(t), t \geqslant 0\}$。

冲击退化造成总退化量突增，进而加快了软失效过程。冲击作用下的累积冲击退化量可表示为

$$S(t) = \begin{cases} \sum_{i=1}^{N_1(t)} Y_i, & N_1(t) > 0 \\ 0, & N_1(t) = 0 \end{cases} \tag{8-24}$$

式中，Y_i是由W_i引起的冲击损伤量。为保证结构安全可靠，要求不出现突发失效（$N_2(t)=0$），且总退化量$D(t)$要小于退化失效阈值H。参考8.3.1节的结果，结构在区间[0, t]上的时变可靠度计算公式推导如下：

$$\begin{aligned} p_s(0,t) &= \Pr\left[D(t) < H, N_2(t) = 0\right] \\ &= \Pr\left[X(t) < H, N_2(t) = 0 \mid N_1(t) = 0\right] \cdot \Pr\left[N_1(t) = 0\right] \\ &\quad + \sum_{k=1}^{\infty} \Pr\left[X(t) + \sum_{i=1}^{k} Y_i < H, N_2(t) = 0 \mid N_1(t) = k\right] \cdot \Pr\left[N_1(t) = k\right] \\ &= \Phi\left(\frac{H - (\varphi + \mu_\beta t)}{\sigma_\beta t}\right) \cdot \mathrm{e}^{-\lambda(1-p)t} \cdot \mathrm{e}^{-\lambda p t} \\ &\quad + \sum_{k=1}^{\infty} \Phi\left(\frac{H - (\varphi + \mu_\beta t + k\mu_Y)}{\sqrt{\sigma_\beta^2 t^2 + k\sigma_Y^2}}\right) \cdot \mathrm{e}^{-\lambda(1-p)t} \cdot \frac{\mathrm{e}^{-\lambda p t}(\lambda p t)^k}{k!} \\ &= \sum_{k=0}^{\infty} \Phi\left(\frac{H - (\varphi + \mu_\beta t + k\mu_Y)}{\sqrt{\sigma_\beta^2 t^2 + k\sigma_Y^2}}\right) \cdot \frac{\mathrm{e}^{-\lambda t}(\lambda p t)^k}{k!} \end{aligned} \tag{8-25}$$

在实际工程中，长寿命、高可靠度的结构具有抵抗微小冲击的能力，即只有当冲击超过冲击退化阈值W_L时才会引起结构的退化（图8-12）（Van Noortwijk等，2007；An和Sun，2017），即冲击幅值处于W_L和W_H之间的冲击会造成结构退化。

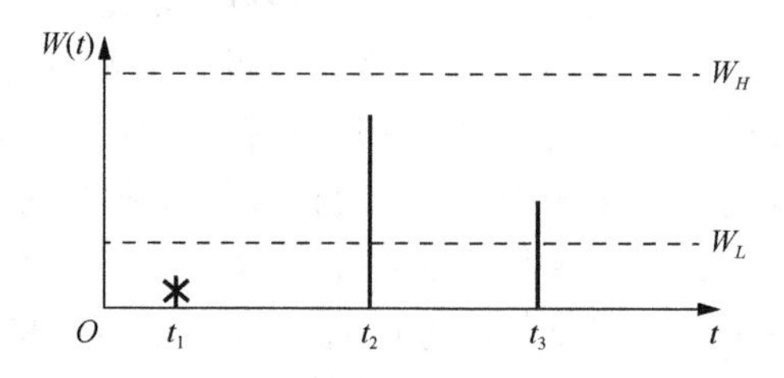

图8-12 冲击过程示意图

用$F_W(w)$表示第i次荷载冲击的大小W_i的累积分布函数，则造成结构退化的冲击概

率 p_1 和突发失效冲击概率 p_2 分别为

$$\begin{cases} p_1 = \Pr(W_L < W_i < W_H) = F_W(W_H) - F_W(W_L) \\ p_2 = \Pr(W_i > W_H) = 1 - F_W(W_H) \end{cases} \tag{8-26}$$

幅值小于退化阈值的冲击概率为 $p_0 = 1 - p_1 - p_2 = F_W(W_L)$。根据泊松过程的分解法，造成冲击退化的荷载冲击过程服从强度为 λp_1 的齐次泊松过程 $\{N_1(t), t \geqslant 0\}$；造成结构突发失效的荷载冲击过程服从强度为 λp_2 的齐次泊松过程 $\{N_2(t), t \geqslant 0\}$；幅值小于退化阈值的冲击过程服从强度为 $\lambda(1 - p_1 - p_2)$ 的齐次泊松过程。假定冲击造成结构的退化量为

$$Y_i = c(W_i - W_L), \quad W_L < W_i < W_H \tag{8-27}$$

为保证结构安全可靠，要求不出现突发失效，且总退化量 $D(t)$要小于退化失效阈值 H，结构在区间$[0, t]$上的时变可靠度为

$$\begin{aligned} p_s(0,t) &= \Pr\left[D(t) < H, N_2(t) = 0\right] \\ &= \Pr\left[X(t) < H\right] \cdot \Pr\left[N_2(t) = 0\right] \cdot \Pr\left[N_1(t) = 0\right] \\ &\quad + \sum_{k=1}^{\infty} \Pr\left[X(t) + \sum_{i=1}^{k} Y_i < H\right] \cdot \Pr\left[N_2(t) = 0\right] \cdot \Pr\left[N_1(t) = k\right] \\ &= \sum_{k=0}^{\infty} \varPhi\left(\frac{H - (\varphi + \mu_\beta t + k\mu_Y)}{\sqrt{\sigma_\beta^2 t^2 + k\sigma_Y^2}}\right) \cdot \frac{e^{-\lambda(p_1+p_2)t}(\lambda p_1 t)^k}{k!} \end{aligned} \tag{8-28}$$

8.6 可靠度分析的贝叶斯推理

在基于随机过程的损伤累积模型中，各模型参数设为一定值，而在实际工程中，由于信息不全或其他因素的影响，模型参数自身也含有不确定性。以下根据检测数据（或假设的数据）信息和贝叶斯推理方法，分析推导结构可靠度的计算表达式（Huang 和 Chen，2015）。

8.6.1 贝叶斯推理方法

假设随机变量 Θ 的先验分布为 $f(\theta)$，样本 x 的条件概率分布为 $f(x|\theta)$，根据贝叶斯公式，Θ 的后验分布可表示为

$$f(\theta|x) = \frac{f(x|\theta) \cdot f(\theta)}{\int f(x|\theta) \cdot f(\theta) \mathrm{d}\theta} \tag{8-29}$$

式中，$\int f(x|\theta) \cdot f(\theta) \mathrm{d}\theta$ 为归一化常数。基于已有的信息（先验分布）和当前的检测数据（样本分布），通过式（8-29）可求出随机变量的后验分布。

8.6.2 泊松冲击次数的后验分布

非齐次泊松过程（non-homogeneous Poisson process，NHPP）的到达率函数可表示

为$\mu m(t)$，其中μ为比例常数，$m(t)$为形状函数。若$m(t)$为常数，则退化为齐次泊松过程（homogeneous Poisson process，HPP）。在时间区间$(0, t]$上冲击次数服从如下概率分布：

$$\Pr\{N(t)=n\}=\frac{[\mu M(t)]^n}{n!}\exp\{-\mu M(t)\} \quad (n=0,1,2,\cdots) \tag{8-30}$$

式中，$M(t)=\int_0^t m(s)\mathrm{d}s$，冲击次数的期望值为$E\{N(t)=n\}=\mu M(t)$。

例如，一结构性能遵从伽马退化，同时受到泊松冲击荷载的作用。假设泊松过程中的比例常数μ具有不确定性，是一随机变量U，服从形状参数为u_1、尺寸参数为v_1的伽马分布（注意：在8.2节和8.3节中，描述渐进损伤伽马过程$X(t)$的形状参数为v，尺寸参数为u），即

$$f_U(\mu)=Ga(\mu|u_1,v_1) \tag{8-31}$$

式中，参数u_1,v_1表示为（Kuniewski等，2009）

$$u_1=\frac{\mu_{N(t)}^2}{\sigma_{N(t)}^2-\mu_{N(t)}},\quad v_1=\frac{\mu_{N(t)}M(t)}{\sigma_{N(t)}^2-\mu_{N(t)}} \tag{8-32}$$

计入比例常数μ的不确定性，则冲击次数的概率分布为

$$\begin{aligned}\Pr\{N(t)=n\}&=\int_0^\infty \Pr(N(t)=n|\mu)Ga(\mu|u_1,v_1)\mathrm{d}\mu\\&=\int_0^\infty\frac{[\mu M(t)]^n}{n!}\mathrm{e}^{-\mu M(t)}\cdot\frac{v_1^{u_1}}{\Gamma(u_1)}\mu^{u_1-1}\mathrm{e}^{-v_1\mu}\mathrm{d}\mu\\&=\frac{\Gamma(n+u_1)}{\Gamma(n+1)\Gamma(u_1)}\left(\frac{M(t)}{v_1+M(t)}\right)^n\left(\frac{v_1}{v_1+M(t)}\right)^{u_1}\end{aligned} \tag{8-33}$$

对比1.4.2节的离散分布模型可知，式（8-33）为负二项分布（见习题8.2）。

当存在检测数据时，U的后验分布可由贝叶斯推理方法得出。假设在时间区间$(0,t_1]$上发生k_1次冲击，则t_1时刻之后U的后验分布可表示为

$$f_U(\mu|N(t_1)=k_1)=\frac{f(N(t_1)=k_1|\mu)f_U(\mu)}{\int f(N(t_1)=k_1|\mu)f_U(\mu)\mathrm{d}\mu} \tag{8-34}$$

式中，$f(N(t_1)=k_1\,|\,\mu)=\Pr\{N(t_1)=k_1\,|\,\mu\}$。结合式（8-31）的先验分布，对式（8-34）右端的分母部分进行积分运算，经过整理后得到

$$f_U(\mu|N(t_1)=k_1)=Ga(\mu|u_1+k_1,v_1+M(t_1)) \tag{8-35}$$

即U的后验分布也服从伽马分布，其形状参数为(u_1+k_1)，尺寸参数为$(v_1+M(t_1))$。

假设在t_2时刻进行检测，且时间区间$(0,t_2]$上的冲击次数为k_2（$k_2\geqslant k_1$）。此时，式（8-35）视为时间区间$(t_1,t_2]$上的先验分布，t_2时刻之后U的后验分布可表示为

$$\begin{aligned}f_U(\mu|N(t_2)=k_2)&=\frac{f(N(t_2)-N(t_1)=k_2-k_1|\mu)f_U(\mu|N(t_1)=k_1)}{\int f(N(t_2)-N(t_1)=k_2-k_1|\mu)f_U(\mu|N(t_1)=k_1)\mathrm{d}\mu}\\&=Ga(\mu|u_1+k_2,v_1+M(t_2))\end{aligned} \tag{8-36}$$

同理，假设检测时刻（$t_1,t_2,\cdots,t_j$）对应的冲击次数分别为$k_1,k_2,\cdots,k_j$（$k_1\leqslant k_2\leqslant\cdots\leqslant k_{j-1}\leqslant k_j$），时间区间$[t_i,t_{i+1}]$上（$t_1\leqslant t_i\leqslant t_j$）$U$的后验分布为

$$f_U(\mu|N(t_i)=k_i)=Ga(\mu|u_1+k_i,v_1+M(t_i)) \tag{8-37}$$

将式（8-37）代入式（8-33），得到时刻 $t\in[t_i,t_{i+1}]$ 为止的冲击次数的概率分布为

$$\begin{aligned}\Pr\{N(t)=n\}&=\int_0^\infty \Pr(N(t)=n|\mu)Ga(\mu|u_1+k_i,v_1+M(t_i))\mathrm{d}\mu\\&=\frac{\Gamma(n+u_1+k_i)}{\Gamma(n+1)\Gamma(u_1+k_i)}\left(\frac{M(t)}{v_1+M(t_i)+M(t)}\right)^n\left(\frac{v_1+M(t_i)}{v_1+M(t_i)+M(t)}\right)^{u_1+k_i}\end{aligned} \tag{8-38}$$

8.6.3　可靠度计算公式

设泊松过程中比例常数 μ 为定值，退化结构在 t 时刻的总损伤量记为

$$D_{N(t)}(t)=X(t)+S_{N(t)} \tag{8-39}$$

式中，$X(t)$为时间作用引起的损伤，服从伽马分布 $f_X(x)=Ga[x\,|\,v(t),u]$；$S_{N(t)}$ 为时间区间$(0, t]$上泊松冲击引起的损伤。在泊松冲击荷载作用中，每次冲击造成的损伤记为 $Y_i(Y_i\geqslant 0,\ i=1,2,\cdots)$，设 Y_i 为独立同分布的指数分布随机变量（Finkelstein，2007），且冲击导致的损伤可以累加，则有

$$\begin{cases}\Pr\{Y_i\leqslant x\}=1-\mathrm{e}^{-\lambda x},\ x\geqslant 0\\F_{S_j}(x)=\Pr\{S_j\leqslant x\}=1-\sum\limits_{i=0}^{j-1}\dfrac{(\lambda x)^i}{i!}\mathrm{e}^{-\lambda x}\quad (j=1,2,\cdots)\\S_j=\sum\limits_{i=1}^{j}Y_i,\ Z(t)=S_{N(t)}=\sum\limits_{i=1}^{N(t)}Y_i\end{cases} \tag{8-40}$$

冲击累积损伤 $\{Z(t),t\geqslant 0\}$ 是一复合泊松过程（compound Poisson process，CPP）。当总损伤量 $D_{N(t)}(t)$ 超过临界值 D_{F} 时，结构失效。参考式（8-12），求出时间区间$(0, t]$上结构的可靠度为

$$\begin{aligned}p_{\mathrm{s}}(0,t)=&\,\mathrm{e}^{-\mu M(t)}\left[1-\frac{\Gamma(v(t),D_F u)}{\Gamma(v(t))}\right]\\&+\sum_{n=1}^{\infty}E[F_{S_n}(D_{\mathrm{F}}-X(t))]\frac{(\mu M(t))^n}{n!}\mathrm{e}^{-\mu M(t)}\end{aligned} \tag{8-41}$$

当比例常数 μ 服从 $Ga(\mu\,|\,u_1,v_1)$ 分布时，有如下结果：

$$\begin{aligned}p_{\mathrm{s}}(0,t)&=\Pr\{D_{N(t)}(t)\leqslant D_{\mathrm{F}}\}\\&=\Pr\{D_0(t)\leqslant D_{\mathrm{F}}\}\Pr\{N(t)=0\}+\sum_{n=1}^{\infty}\Pr\{D_n(t)\leqslant D_{\mathrm{F}}\}\Pr\{N(t)=n\}\\&=\left[1-\frac{\Gamma\big(v(t),D_F u\big)}{\Gamma\big(v(t)\big)}\right]\left(\frac{v_1}{v_1+M(t)}\right)^{u_1}\\&\quad+\sum_{n=1}^{\infty}E[F_{S_n}(D_{\mathrm{F}}-X(t))]\frac{\Gamma(n+u_1)}{\Gamma(n+1)\Gamma(u_1)}\left(\frac{M(t)}{v_1+M(t)}\right)^n\left(\frac{v_1}{v_1+M(t)}\right)^{u_1}\end{aligned} \tag{8-42}$$

对于有检测数据的情形，利用 U 的后验分布和式（8-38），区间$[0,t]$（$t\in[t_i,t_{i+1}]$）

上的时变可靠度为

$$p_s(0,t)=\Pr\{D_0(t)\leqslant D_F\}\Pr\{N(t)=0\}+\sum_{n=1}^{\infty}\Pr\{D_n(t)\leqslant D_F\}\Pr\{N(t)=n\}$$

$$=\left[1-\frac{\Gamma(v(t),D_F u)}{\Gamma(v(t))}\right]\left(\frac{v_1+M(t_i)}{v_1+M(t_i)+M(t)}\right)^{u_1+k_i}$$

$$+\sum_{n=1}^{\infty}E[F_{S_n}(D_F-X(t))]\frac{\Gamma(n+u_1+k_i)}{\Gamma(n+1)\Gamma(u_1+k_i)}\left(\frac{M(t)}{v_1+M(t_i)+M(t)}\right)^n\left(\frac{v_1+M(t_i)}{v_1+M(t_i)+M(t)}\right)^{u_1+k_i} \tag{8-43}$$

例 8-5 考虑不确定性比例常数 μ 的可靠度分析，模型参数如表 8-3 所示，样本信息如表 8-4 所示，且令 U 服从 $Ga(\mu|2,4)$ 分布，即 μ 的均值为 0.5。

表 8-3 模型参数

变量	伽马过程		泊松过程			失效门槛	设计年限
	a	u	μ	$m(t)$	λ	D_F	T/年
取值	0.4	4	0.5	1	0.5	20	50

表 8-4 样本信息

t_i	k_i	
	HPP: $m(t)=1$	NHPP: $m(t)=t/3$
10	6	9
20	9	37
30	15	80

解 冲击为 HPP（$m(t)=1$）时，其可靠度分析结果如图 8-13 所示。冲击为 NHPP（$m(t)=t/3$）时，其可靠度分析结果如图 8-14 所示。从图 8-13 中可以发现，当 $t\leqslant 15$ 年时，定值 $\mu(\mu=0.5)$ 对应的可靠概率大于 $U\sim Ga(\mu|2,4)$ 的可靠概率。意味着在服役的初始阶段，μ 的不确定性会降低结构的可靠概率。当 $t>15$ 年时，情况则相反。对于 NHPP 的情况也有大致类似的趋势。

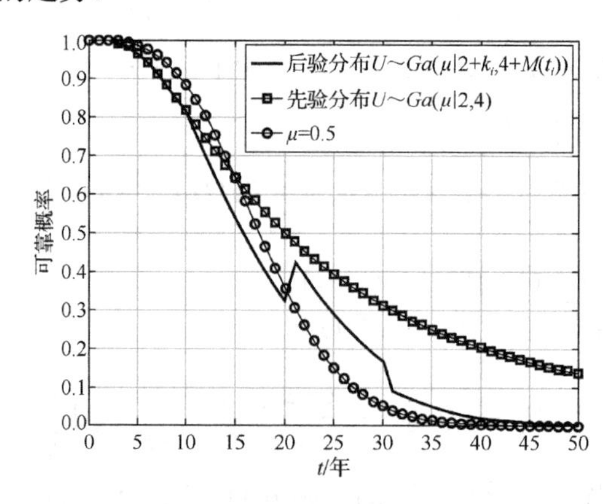

图 8-13 HPP 中含不确定 μ 的可靠度随时间变化的规律

图 8-13 和图 8-14 中的实线表示考虑检测数据（考虑 U 的后验分布）的可靠度分析结果，HPP 的实线在检测时刻有明显的变化。由于样本是根据 HPP($\mu=0.5$) 产生的，因此更新之后的可靠度趋近于定值 $\mu=0.5$ 对应的结果。以上结果表明，模型不确定对可靠度结果有显著影响，利用贝叶斯推理方法可以对此进行合理分析。另外，算例中采用的样本数据可以由实际检测数据代替。

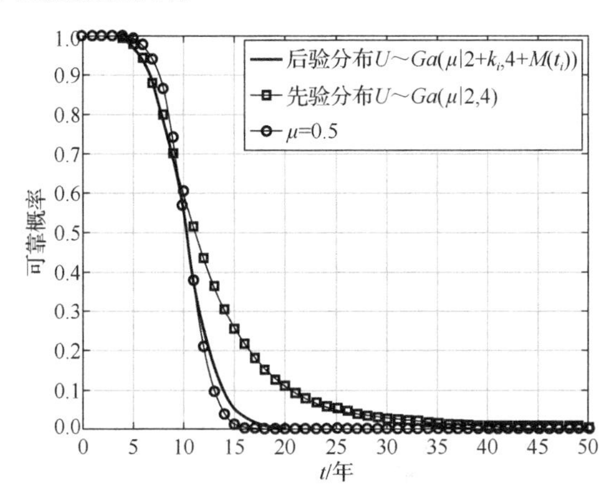

图 8-14　NHPP 含不确定 μ 的可靠度随时间变化的规律

8.6.4　热传输管道系统的可靠度分析

流体加速腐蚀（flow-accelerated corrosion，FAC）是核电站热传输管道系统（primary heat transport system，PHTS）中一种常见的退化现象。影响 FAC 过程的因素较多，包括流体流动速度、温度、水的化学性质（如 pH 值）、管道截面几何形状（如转弯的结构和角度）及冶金学变量（如钢中铬的含量）等，因此整个过程具有较强的不确定性。

在 FAC 可靠度分析中需要同时考虑时间因素及冲击因素，意外切断开关会对管道内壁造成冲击损伤，而管道内壁的腐蚀会加速管道的破坏。管道壁厚一旦超过规定的门槛值，管道就会发生失效。由时间作用引起的腐蚀可以用伽马过程描述，冲击作用可用泊松过程描述。以下基于加拿大某一核电站的数据（Pandey 等，2011）对管道进行可靠度分析计算。管道服役的计划年限 $T=50$ 年，其中，管道初始壁厚为 6.5mm，要求的最小厚度为 2.41mm。因此厚度的累积退化量临界值 $D_F=4.09\text{mm}$。参照已有的数据，由最大似然估计得出腐蚀过程近似为一伽马过程，其形状参数及尺寸参数分别为 $v=1.13$/年，$u=1/0.0882\text{mm}$。冲击过程由泊松过程模拟，其参数为 $\mu=0.5$，$m(t)=1$。

当仅考虑渐进损伤时，管道时变可靠度如图 8-15 所示。同时考虑腐蚀和冲击（参数 μ 为定值）的结果如图 8-16 所示。在管道系统中，可以测量每次冲击造成的损伤，从而确定参数 λ。由图 8-16 可知，当有冲击作用时，可靠概率在[0, 20]年急剧下降，λ 越小，每次冲击造成的损伤越大。

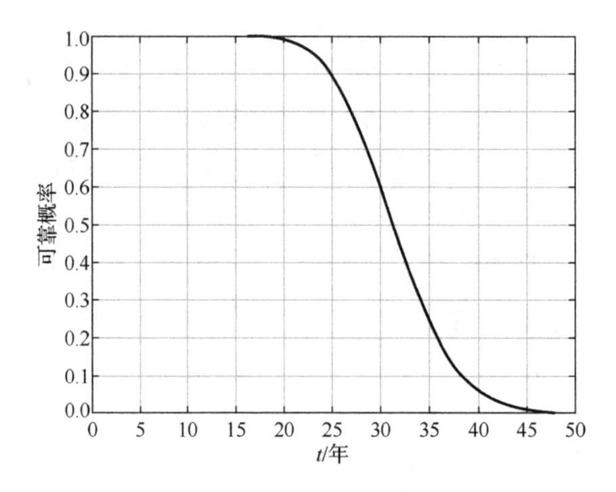

图 8-15 FAC 过程中考虑时间作用引起的时变可靠度

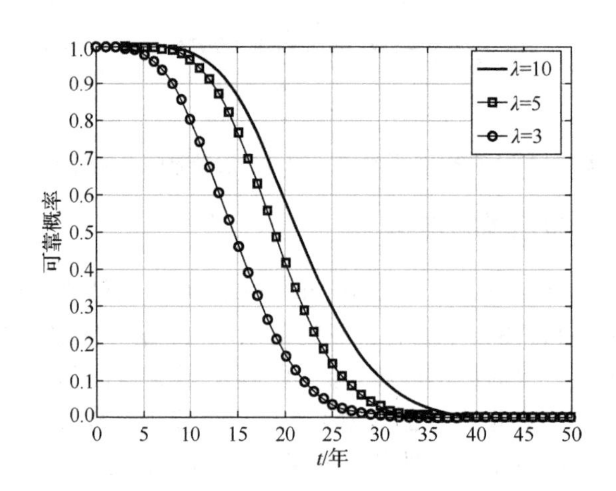

图 8-16 FAC 过程中 λ 对可靠度的影响规律

以下考虑参数 μ 具有不确定性的情形，U 的先验分布假定为 $U \sim Ga(\mu \mid 6.25, 12.5)$。根据参数 $\mu = 0.5$ 的泊松过程产生随机样本，将其作为假想的检测数据样本，如表 8-5 所示。参数 $\lambda = 10,3$ 对应的可靠度分析结果分别如图 8-17（a）、（b）所示，实线表示考虑 U 的后验分布的可靠度。

表 8-5 FAC 过程中的样本信息(HPP: $m(t)=1$)

t_i	5	10	15	20	25	30
k_i	2	5	6	10	19	21

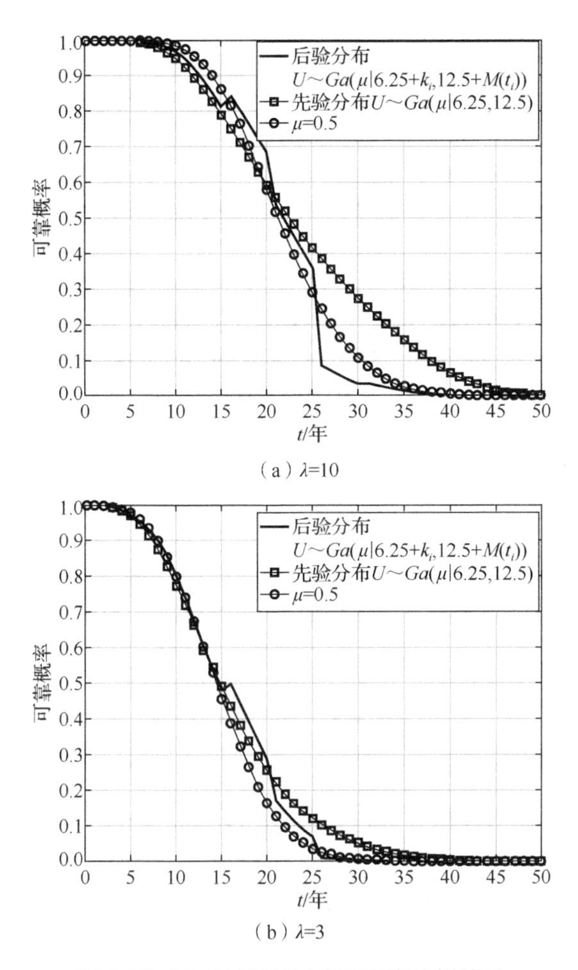

（a）λ=10

（b）λ=3

图 8-17　FAC 过程的时变可靠度分析结果

结果表明，由于检测数据的融入，导致 U 的后验分布和可靠度计算结果在检测时刻有明显的变化，如图 8-17 中实线所示。这里的检测数据样本是虚拟的，是由参数 $\mu=0.5$ 产生的样本，因此，更新后的可靠概率趋近于定值 $\mu=0.5$ 对应的可靠概率。当冲击损伤较小时（$\lambda=10$），其可靠概率较高。当 $t\geqslant15$ 年时，模型不确定及检测数据样本对可靠度有显著影响。

参 考 文 献

AN Z, SUN D, 2017. Reliability modeling for systems subject to multiple dependent competing failure processes with shock loads above a certain level[J]. Reliability Engineering & System Safety, 157: 129-138.

FINKELSTEIN M, 2007. Shocks in homogeneous and heterogeneous populations[J]. Reliability Engineering & System Safety, 92(5): 569-574.

HUANG X, CHEN J, 2015. Time-dependent reliability model of deteriorating structures based on stochastic processes and Bayesian inference methods[J]. Journal of Engineering Mechanics, 141(3): 04014123.

JIANG L, FENG Q, COIT D W, 2011. Reliability analysis for dependent failure processes and dependent failure threshold[C]//

IEEE, 2011 International Conference on Quality, Reliability, Risk, Maintenance, and Safety Engineering.New York:IEEE:30-34.

JIANG L, FENG Q, COIT D W, 2015. Modeling zoned shock effects on stochastic degradation in dependent failure processes[J]. IIE Transactions, 47(5): 460-470.

KUNIEWSKI S P, VAN DER WEIDE J A M, VAN NOORTWIJK J M, 2009. Sampling inspection for the evaluation of time-dependent reliability of deteriorating systems under imperfect defect detection[J]. Reliability Engineering & System Safety, 94(9): 1480-1490.

LI J, CHEN J, CHEN Z, 2020. A new cumulative damage model for time-dependent reliability analysis of deteriorating structures[J]. Proceedings of the Institution of Mechanical Engineers, Part O: Journal of Risk and Reliability, 234(2): 290-302.

PANDEY M D, LU D, KOMLJENOVIC D, 2011. The impact of probabilistic modeling in life-cycle management of nuclear piping systems[J]. Journal of Engineering for Gas Trubines and Power, 133(1): 012901.

PENG H, FENG Q, COIT D W, 2010. Reliability and maintenance modeling for systems subject to multiple dependent competing failure processes[J]. IIE Transactions, 43(1): 12-22.

VAN NOORTWIJK J M, 2009. A survey of the application of gamma processes in maintenance[J]. Reliability Engineering & System Safety, 94(1): 2-21.

VAN NOORTWIJK J, WEIDE J, KALLEN M J, et al., 2007. Gamma processes and peaks-over-threshold distributions for time-dependent reliability[J]. Reliability Engineering & System Safety, 92(12): 1651-1658.

习　题

8.1 当渐进损伤不存在，仅存在冲击损伤时，式（8-7）和式（8-9）分别退化为什么形式？

8.2 负二项分布的概率质量函数见式（1-44），即

$$\Pr\left\{X=k\middle|r,p\right\}=\mathrm{C}_{k+r-1}^{r-1}\cdot p^{r}\cdot(1-p)^{k}=\frac{\Gamma(k+r)}{\Gamma(k+1)\Gamma(r)}\cdot p^{r}\cdot(1-p)^{k}$$

证明：式（8-33）和式（8-38）为负二项分布。

8.3 说明式（8-28）与式（8-25）的差别及原因。

第 9 章 可靠性优化建模与求解方法

结构可靠性分析计算可计入各种不确定性因素的影响，使得关于结构未来状态的预测更加客观和全面，其结果可用来比较不同的结构设计方案或维修策略，帮助人们做出最合适的选择。本章首先介绍常规可靠度优化设计问题的建模及相关的求解方法，包括双环法、单环法及序列解耦法等。之后分别论述随机变量和区间变量共存情况下的可靠性分析和优化求解方法、时变问题的可靠性优化方法，以及结构维护方案的优化设计。

9.1 可靠性设计优化模型

结构优化设计的目的在于，保证结构在满足约束的情况下，使其尽可能地降低成本或使某种性能达到最优。传统工程问题的优化一般基于确定性的系统参数和优化模型，并借助确定性优化方法进行求解。在实际工程问题中，会存在诸多不确定因素的影响，如初始条件、边界条件、结构几何参数、测量误差、材料特性等。在设计、施工、使用和维护符合要求的前提下，这些不确定性是造成结构不安全的重要原因（贡金鑫等，2007）。在早期的结构设计规范中，通常利用加大安全系数的方式来改善产品或系统的可靠性。安全系数主要是凭经验来确定的，因而这类手段难以达到理想的效果。需要采用更加科学合理的基于可靠性的优化设计（reliability-based design optimization，RBDO）方法对产品或系统进行设计。

可靠性优化设计是将可靠性分析理论与优化分析结合起来的设计方法，是以概率论、数理统计为基础，并结合专业领域的设计方法发展形成的一种综合性设计技术。在可靠性优化设计中，将具有多值表现的设计参数或设计变量（如结构几何参数、荷载、应力、材料强度、寿命等）看成是服从某种分布规律的随机变量（random variables，RVs）。与确定性优化设计相比，可靠性优化设计增加了包含结构可靠度要求的约束或目标函数。采用结构可靠性优化设计，可以得到具有均匀合理的安全水平或可靠性水平的结构设计方案。

可靠性优化设计可以分为两类：一类是以可靠性（指标）作为优化目标的优化设计；另一类是以可靠性（指标）作为约束条件的优化设计问题（Bichon 等，2013）。以下重点考虑第二类优化模型，即以可靠度作为约束条件的优化设计问题，优化设计模型表示为

$$\begin{cases}\min\limits_{\boldsymbol{d}} \ f(\boldsymbol{d}) \\ \text{s.t. } R=\Pr\{G(\boldsymbol{d},\boldsymbol{X})\geqslant 0\}\geqslant R_0=\Phi(\beta_0) \\ \quad \boldsymbol{d}^{\mathrm{L}}\leqslant \boldsymbol{d}\leqslant \boldsymbol{d}^{\mathrm{U}}\end{cases} \tag{9-1}$$

式中，$\boldsymbol{d}$ 和 $\boldsymbol{X}$ 分别是设计变量和基本随机变量；$f(\boldsymbol{d})$是设计对象的费用或成本函数；R 是结构的可靠度；$G(\boldsymbol{d}, \boldsymbol{X})$是结构的功能函数；$R_0$ 和 β_0 分别是结构的目标可靠度和可靠度指标；$\boldsymbol{d}^{\mathrm{L}}$ 和 $\boldsymbol{d}^{\mathrm{U}}$ 分别是设计变量 $\boldsymbol{d}$ 的下限值和上限值。

9.2 RBDO 求解方法

求解 RBDO 问题的方法大致分为以下 3 类：双环法、单环法和序列解耦法。

9.2.1 双环法

求解 RBDO 问题最简单、最直接的方法是双环法，该方法实质上是嵌套优化，即二重耦合优化过程，如图 9-1 所示。

外环：设计优化环，即针对结构设计变量的优化。

内环：可靠度分析环，即结构可靠性（可靠度指标）的分析计算。

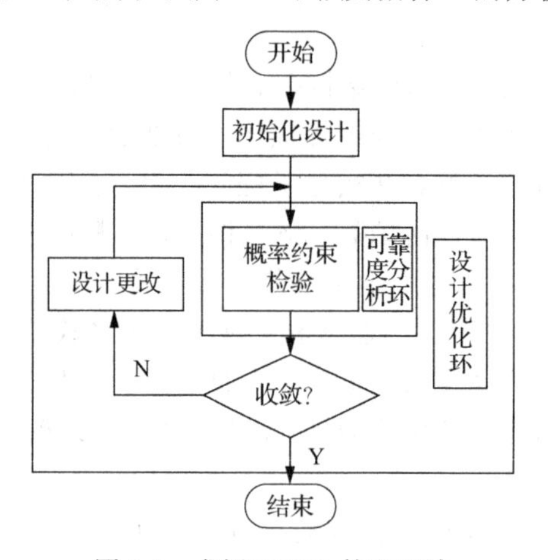

图 9-1 求解 RBDO 的双环法

双环法步骤简述如下：给定一组设计变量 $\boldsymbol{d}$，求解对应的可靠度指标 β 或结构可靠度 R，$R=\Phi(\beta)$。求可靠度指标本质上也是求解一个优化问题。若不满足概率约束条件，则舍去；若满足概率约束条件，则保留，作为候选设计。继续寻优，直至找到最优设计 $\boldsymbol{d}^*$。

对优化模型中概率约束函数的每次评估都需要执行完整的可靠性分析。概率约束条件为

$$R=\Pr\{G(\boldsymbol{d},\boldsymbol{X})\geqslant 0\}\geqslant R_0=\Phi(\beta_0) \tag{9-2}$$

即

$$\Pr\{G(\boldsymbol{d},\boldsymbol{X})\geqslant 0\}=1-F_G(0)=\int_{G(\boldsymbol{d},\boldsymbol{x})\geqslant 0} f_{\boldsymbol{X}}(\boldsymbol{x})\mathrm{d}\boldsymbol{x}\geqslant \Phi(\beta_0) \tag{9-3}$$

式中，$f_{\boldsymbol{X}}(\boldsymbol{x})$ 是所有随机变量的联合概率密度函数；$F_G(\cdot)$ 表示功能函数的累积分布函数。通常，极限状态方程是非线性方程，上述不规则区域内的多重积分难以理论求解，需要

利用近似求解方法来计算，如 FORM 方法、SORM 方法、MCS 方法等。

对于概率约束的处理方法有两种途径，即基于可靠度指标（reliability index approach，RIA）的分析方法和基于性能测度（performance measure approach，PMA）的分析方法，后者是一种逆向可靠度分析方法。

在 RIA 方法中，概率约束可等效为（唐远富，2012）

$$\beta_s = -\Phi^{-1}\left[F_G(0)\right] \geqslant \beta_0 \tag{9-4}$$

式中，β_s 表示结构的可靠度指标。其计算可以化为一优化问题，即在标准正态空间（$\boldsymbol{U}$ 空间）中，求解极限状态曲面上距离原点最近的距离，表示如下：

$$\begin{cases} \beta_s = \min \|\boldsymbol{u}\| \\ \text{s.t.}\ G(\boldsymbol{d}, \boldsymbol{u}) = 0 \end{cases} \tag{9-5}$$

利用一阶可靠度方法或者通用优化方法可求解上述问题。

在 PMA 方法（Nikolaidis 和 Burdisso，1988）中，对于给定的目标可靠度 R_0，计算对应的极限状态函数的值。性能测度的计算是一个可靠性逆分析过程，当使用 FORM 方法分析时，评价性能测度的步骤如下。

步骤 1　对于给定的目标可靠性水平 R_0，通过求解以下优化问题来确定 MPP，即最可能失效点 $\boldsymbol{u}_{\text{MPP}}^{R_0}$：

$$\begin{cases} \min\limits_{\boldsymbol{u}} G(\boldsymbol{d}, \boldsymbol{u}) \\ \text{s.t.}\ \|\boldsymbol{u}\| = \Phi^{-1}(R_0) \end{cases} \tag{9-6}$$

步骤 2　计算最可能失效点 MPP 处的性能测度为

$$z^{R_0} = G(\boldsymbol{d}, \boldsymbol{u}_{\text{MPP}}^{R_0}) \tag{9-7}$$

基于此结果，RBDO 模型可表述为

$$\begin{cases} \min\limits_{\boldsymbol{d}} f(\boldsymbol{d}) \\ \text{s.t.}\ z^{R_0} = G(\boldsymbol{d}, \boldsymbol{u}_{\text{MPP}}^{R_0}) \geqslant 0 \end{cases} \tag{9-8}$$

在 PMA 方法中，不需要评估结构的实际可靠性水平，而是在目标可靠度水平处分析计算性能函数，因此，利用 PMA 求解 RBDO 通常比利用 RIA 方法更有效。由于双环法涉及二重嵌套优化过程，分析计算需要较高的计算成本，限制了其在工程实际问题中的应用。

9.2.2　单环法

为了提高 RBDO 问题的计算效率，可采用单环法（single-loop deterministic method，SLDM）（Li 等，2013）。在单环法中，主要包括以下两个步骤：首先，将概率约束转换为近似确定性约束，即将概率优化问题转化为确定性优化问题；其次，求解确定性优化问题的最优解。近似确定性约束的实现方法说明如下。

在 SLDM 中，首先将概率可行域近似转换为确定性可行域，具体操作是将概率约束边界移动距离 β_0，使得可行域变小，如图 9-2 所示。

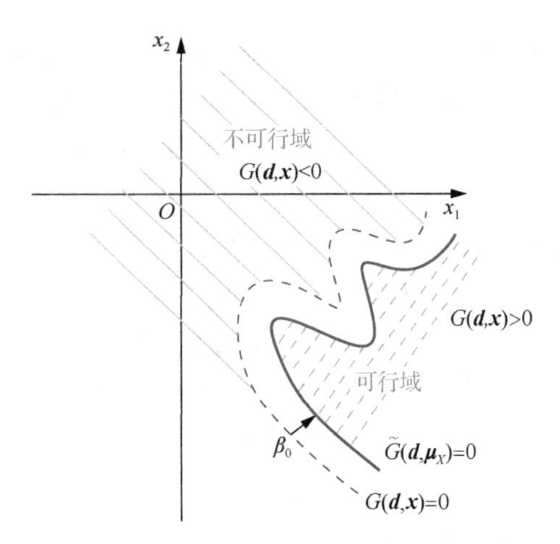

图 9-2 可行域的转换

在图 9-2 中，虚线表示极限状态方程$G(\boldsymbol{d},\boldsymbol{x})=0$，实线表示变换后的确定性约束$\tilde{G}(\boldsymbol{d},\boldsymbol{\mu}_X)=0$的边界，其中$\boldsymbol{\mu}_X$是$\boldsymbol{X}$的平均值向量，实线以下的区域是确定性的可行区域。该变换保证了虚线上的任意一点到实线的最小距离为β_0，因此，在实线以下区域内得到的解必然满足概率约束。

设$G(\boldsymbol{d},\boldsymbol{x})$和$\tilde{G}(\boldsymbol{d},\boldsymbol{\mu}_X)$分别为极限状态函数和确定性约束函数。假设$\boldsymbol{\mu}_X$是$\tilde{G}(\boldsymbol{d},\boldsymbol{\mu}_X)$上的任意一点，将点$\boldsymbol{\mu}_X$向$G(\boldsymbol{d},\boldsymbol{x})$方向移动距离$\beta_0$，得到与点$\boldsymbol{\mu}_X$对应的 MPP 点$\boldsymbol{x}_{\text{MPP}}$。确定 MPP 的具体步骤说明如下。在标准正态空间中，利用式（9-9）确定最可能失效点$\boldsymbol{u}_{\text{MPP}}$，即

$$u_{i,\text{MPP}}=\beta_0\frac{-(\partial G/\partial u_i)_*}{\sqrt{\sum_{j=1}^{n}(\partial G/\partial u_j)_*^2}}\quad(i=1,2,\cdots,n)\tag{9-9}$$

式中，导数$(\partial G/\partial u_i)_*$表示功能函数$G(\boldsymbol{d},\boldsymbol{x})$对$u_i$的导数在$\boldsymbol{u}_{\text{MPP}}$处的值。

随机变量在原始设计空间下与标准空间下的关系如下：

$$u_i=\frac{x_i-\mu_{x_i}}{\sigma_{x_i}}\tag{9-10}$$

由式（9-10）及导数的链式法则可知

$$\frac{\partial G}{\partial u_i}=\frac{\partial G}{\partial x_i}\cdot\frac{\partial x_i}{\partial u_i}=\frac{\partial G}{\partial x_i}\cdot\sigma_{x_i}\tag{9-11}$$

利用式（9-9）～式（9-11），得到原始设计空间的 MPP 点，即

$$x_{i,\text{MPP}}=\mu_{x_i}+\beta_0\sigma_{x_i}\frac{-\sigma_{x_i}(\partial G/\partial x_i)_*}{\sqrt{\sum_{j=1}^{n}\left[\sigma_{x_j}(\partial G/\partial x_j)_*\right]^2}}\tag{9-12}$$

式中，$(\partial G/\partial x_i)_*$表示功能函数$G(\boldsymbol{d},\boldsymbol{x})$对$x_i$的导数在$\boldsymbol{x}_{\text{MPP}}$处的值，可以近似为导数$(\partial G/\partial x_j)$在$\boldsymbol{\mu}_X$的值，因此，式（9-12）可表示为

$$x_{i,\mathrm{MPP}} = \mu_{x_i} + \beta_0 \cdot \sigma_{x_i} \cdot \frac{-\sigma_{x_i}(\partial G/\partial x_i)_{\#}}{\sqrt{\sum_{j=1}^{n}\left[\sigma_{x_j}(\partial G/\partial x_j)_{\#}\right]^2}} \tag{9-13}$$

式中，$(\partial G/\partial x_i)_{\#}$ 表示功能函数 $G(\boldsymbol{d},\boldsymbol{x})$ 对 x_i 的导数在 $\boldsymbol{\mu}_X$ 处的值。

一旦确定了最可能失效点 MPP，则得到如下的确定性可行域，即

$$\tilde{G}(\boldsymbol{d},\boldsymbol{\mu}_X) = G(\boldsymbol{d},\boldsymbol{\mu}_X + \beta_0\boldsymbol{\sigma}_X\boldsymbol{n}) \geqslant 0 \tag{9-14}$$

式中，$\boldsymbol{n} = -(\boldsymbol{\sigma}_X \nabla_X G(\boldsymbol{\mu}_X))/\|\boldsymbol{\sigma}_X \nabla_X G(\boldsymbol{\mu}_X)\|$ 表示近似归一化梯度向量在 $\boldsymbol{\mu}_X$ 处的值。自此，RBDO 模型转换为确定性优化模型，即

$$\begin{cases} \min f(\boldsymbol{d}) \\ \text{s.t.}\ G(\boldsymbol{d},\boldsymbol{\mu}_X + \beta_0\boldsymbol{\sigma}_X\boldsymbol{n}) \geqslant 0 \\ \quad \boldsymbol{d}^{\mathrm{L}} \leqslant \boldsymbol{d} \leqslant \boldsymbol{d}^{\mathrm{U}},\ \boldsymbol{\mu}_X^{\mathrm{L}} \leqslant \boldsymbol{\mu}_X \leqslant \boldsymbol{\mu}_X^{\mathrm{U}} \end{cases} \tag{9-15}$$

采用单环法求解典型的 RBDO 问题的流程图如图 9-3 所示。

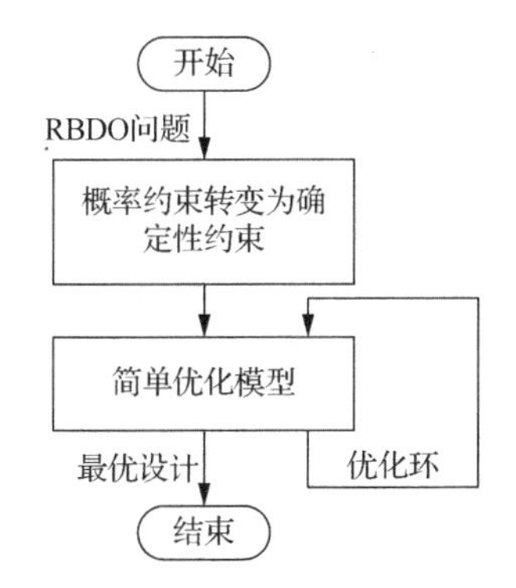

图 9-3　求解 RBDO 的单环法流程图

9.2.3　序列解耦法

采用序列优化环法（Wu 等，2001；Tang 等，2012；2013；Chen 和 Tang，2014），对 RBDO 的多重优化过程进行解耦，是提高可靠性优化设计求解效率的另一条途径。

序列解耦法的基本思想是，将可靠性优化设计中的优化设计与可靠度分析进行解耦，将原问题转换为序列求解环。每一个求解环包含一次确定性优化设计和一次可靠度分析，二者之间的信息是依次传递的关系，不存在相互耦合，如图 9-4 所示。

对那些违反约束条件的局部最优解，重新建立确定性优化模型，从而不断提高系统的可靠度，直至满足可靠度约束。在序列优化环方法中，可靠性分析的次数等于优化环的环数，相比双环法，序列优化环方法的解耦操作大大简化了原 RBDO 问题的求解，可以大幅降低可靠性分析的次数，提高计算效率。该方法的计算流程图如图 9-5 所示，具体步骤如下。

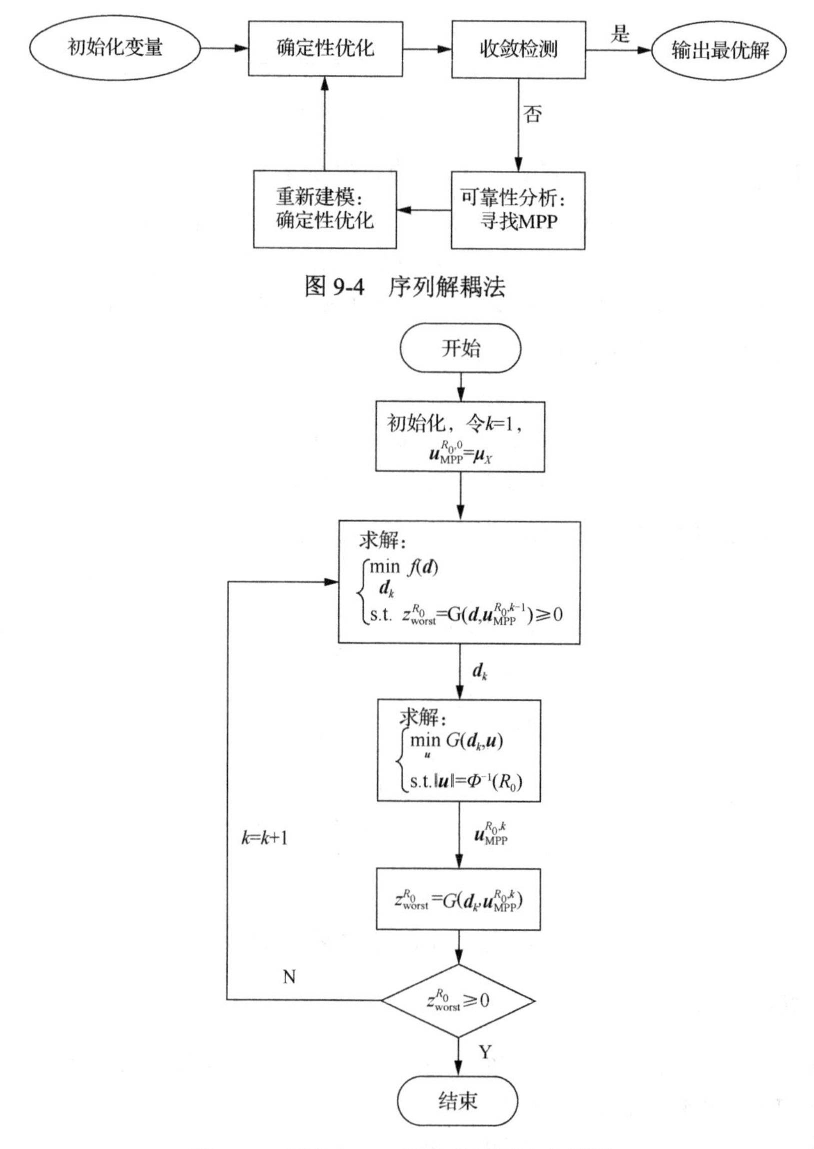

图 9-4 序列解耦法

图 9-5 求解 RBDO 的序列解耦法流程图

步骤 1 令 $k=1$，$\boldsymbol{u}_{\mathrm{MPP}}^{R_0,0}=\boldsymbol{\mu}_X$。

步骤 2 运行外层结构设计优化环（确定性优化环），求得优化解 $\boldsymbol{d}_k$，即式（9-8）。

步骤 3 执行可靠性逆分析，即式（9-6），得到最可能失效点 $\boldsymbol{u}_{\mathrm{MPP}}^{R_0,k}$。

步骤 4 将前面两步得到的 $\boldsymbol{d}_k$ 和 $\boldsymbol{u}_{\mathrm{MPP}}^{R_0,k}$ 代入式（9-7），求得 $z_{\mathrm{worst}}^{R_0}=G(\boldsymbol{d}_k,\boldsymbol{u}_{\mathrm{MPP}}^{R_0,k})$。若 $z_{\mathrm{worst}}^{R_0}\geqslant 0$，意味着当前设计 $\boldsymbol{d}_k$ 满足约束条件，输出全局最优解，结束；若 $z_{\mathrm{worst}}^{R_0}<0$，意味着在当前设计 $\boldsymbol{d}_k$ 下，最可能失效点（MPP）处不满足约束条件，因此需要继续寻找最佳设计，令 $k=k+1$，转步骤 2。

例 9-1 如图 9-6 所示，长度为 l=100in（1in=25.4mm）的悬臂梁末端承受作用力 X_1 和 X_2。梁的横截面宽度为 b，高度为 h，均为确定性优化设计变量。设计目标是使得悬臂梁的质量最小，即最小化 $f=b\times h$。考虑两种功能函数，一是材料的屈服强度 S 与悬臂梁固定端处最大应力的差，二是许用位移 D（=2.5in）与悬臂梁自由端处最大位移的差，要求的可靠度为 $R_0=0.9987$（相当于 $\beta_0=3.0$）。分别用双环法、单环法和序列解耦法求解。设计变量 $\boldsymbol{d}=[b,h]$，随机变量 $\boldsymbol{X}=[X_1,X_2,S,E]$，其中 E 为材料弹性模量。变量分布类型及取值如表 9-1 所示。

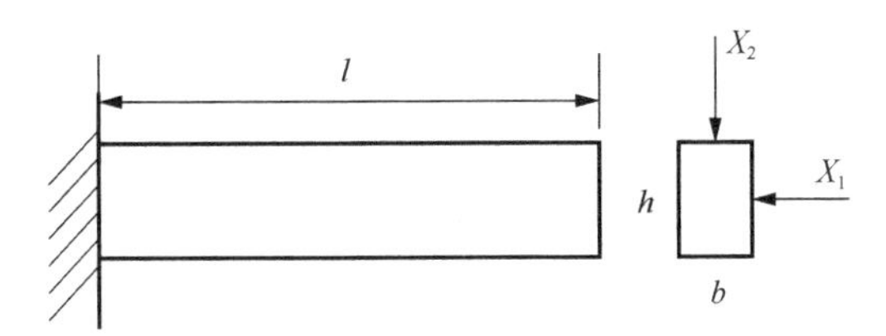

图 9-6　悬臂梁问题

表 9-1　悬臂梁问题随机变量的特征值及分布类型

变量	均值	标准差	分布
X_1/lb	500	100	正态
X_2/lb	1000	100	正态
S/psi	40000	2000	正态
E/psi	29×10^6	1.45×10^6	正态

注：1lb≈0.454kg，1psi≈6.895kPa。

解　将上述问题转化为如下的数学表达式：

$$\begin{cases}\min\limits_{b,h}\ f=b\times h\\ \text{s.t. } R_i=\Pr\{G_i(\boldsymbol{d},\boldsymbol{X})\geqslant 0\}\geqslant R_0=\Phi(\beta_0)\\ \quad i=1,2;\quad 0\leqslant b,h\leqslant 10\end{cases}$$

式中，

$$G_1(\boldsymbol{d},\boldsymbol{X})=S-\frac{6X_1l}{b^2h}-\frac{6X_2l}{bh^2},\quad G_2(\boldsymbol{d},\boldsymbol{X})=D-\frac{4l^3}{Ebh}\sqrt{\left(\frac{X_1}{b^2}\right)^2+\left(\frac{X_2}{h^2}\right)^2}$$

双环法、单环法和序列解耦法求得的最优设计值如表 9-2 所示。3 种方法的最优解几乎相同，目标函数值的结果均为 9.52in^2。单环法和序列解耦法的计算效率远高于双环法。其中，序列解耦法的迭代过程如表 9-3 所示。

表 9-2　不同方法对应的最优设计值

方法	b/in	h/in	f/in^2	N_{call}	β_1	β_2
双环法	2.4781	3.8421	9.5212	2490	3.0018	4.0257
单环法	2.4479	3.8892	9.5202	54	3.0015	3.8964
序列解耦法	2.4573	3.8743	9.5203	128	3.0000	3.9478

表 9-3 序列解耦法的迭代过程

迭代	b/in	h/in	f/in^2	β_1	β_2
1	2.0483	3.7437	7.6683	0.0000	0.0040
2	2.4020	4.1000	9.8484	3.5042	4.0963
3	2.4572	3.8741	9.5193	2.9983	3.9460
4	2.4573	3.8743	9.5203	3.0000	3.9478

9.3 混合不确定信息下的可靠度优化设计

对于不确定因素，若相关的统计信息缺乏，则无法利用概率理论对其进行描述。例如，对只有变量变动范围的信息，可以用区间变量对其进行描述。在同时存在随机变量和区间变量时，需要对传统的可靠性理论及 RBDO 方法进行扩展和延伸。

9.3.1 随机变量和区间变量共存下的可靠度分析

在随机变量和区间变量共存时，设 $\boldsymbol{d}$ 为结构设计变量，$\boldsymbol{X}$ 为基本随机变量，$\boldsymbol{Y}$ 为区间变量，按照结构可靠度的定义和概率论的基本原理，结构的功能函数可以表示为（Ge 等，2008）

$$Z = G(\boldsymbol{d}, \boldsymbol{X}, \boldsymbol{Y}) \tag{9-16}$$

结构的可靠度可表示为

$$R = \Pr\{Z = G(\boldsymbol{d}, \boldsymbol{X}, \boldsymbol{Y}) \geqslant 0\} \tag{9-17}$$

由于随机变量和区间变量同时存在，式（9-17）的求解不太容易实现。作为一种工程上的保守处理方法，以下将最差组合情况下的可靠度定义为结构可靠度，即在随机变量和区间变量共存时，针对区间变量求其最坏组合，对应的结构可靠度最低，此时的可靠度定义为结构可靠度。由此定义的可靠度计算需要求解以下二重优化问题，外环是通过优化方法寻求最差组合，内环是可靠度指标自身的计算求解。

外环——确定区间变量的最差组合 $\boldsymbol{y}_{\text{worst}}$，表示如下：

$$\begin{cases} \min\limits_{\boldsymbol{y}} \beta = \| \boldsymbol{u}_{\text{MPP}}(\boldsymbol{y}) \| \\ \text{s.t. } \boldsymbol{y}_{\text{L}} \leqslant \boldsymbol{y} \leqslant \boldsymbol{y}_{\text{U}} \end{cases} \tag{9-18}$$

式中，$\boldsymbol{y}_{\text{L}}$ 和 $\boldsymbol{y}_{\text{U}}$ 分别是区间变量的取值下限和上限。

内环——寻找最可能破坏点 $\boldsymbol{u}_{\text{MPP}}(\boldsymbol{y})$，表示如下：

$$\begin{cases} \| \boldsymbol{u}_{\text{MPP}}(\boldsymbol{y}) \| = \min\limits_{\boldsymbol{u}} \| \boldsymbol{u} \| \\ \text{s.t. } G(\boldsymbol{d}, \boldsymbol{u}, \boldsymbol{y}) = 0 \end{cases} \tag{9-19}$$

式中，内部优化环式（9-19）耦合在外部优化环式（9-18）中，因此该问题是一个二重优化问题。将内外优化环合为一体，得到如下等效的优化模型：

$$\begin{cases} \min\limits_{\boldsymbol{y}, \boldsymbol{u}} \beta = \| \boldsymbol{u}_{\text{MPP}}(\boldsymbol{y}) \| \\ \text{s.t. } G(\boldsymbol{d}, \boldsymbol{u}, \boldsymbol{y}) = 0 \\ \qquad \boldsymbol{y}_{\text{L}} \leqslant \boldsymbol{y} \leqslant \boldsymbol{y}_{\text{U}} \end{cases} \tag{9-20}$$

例 9-2　求解如下数学算例的可靠度。

考虑一个二维可靠性问题，其功能函数表达式为

$$G(\boldsymbol{X},\boldsymbol{Y}) = 0.6(Z-6)^4 - (Z-6)^3 - (Z-6)^2 - W - 0.7361$$

$$\begin{Bmatrix} Z \\ W \end{Bmatrix} = \begin{bmatrix} 0.5000 & 0.8660 \\ -0.8660 & 0.5000 \end{bmatrix} \begin{Bmatrix} X \\ Y \end{Bmatrix}$$

式中，随机变量 X 服从正态分布 N（2.5, 1.0^2），区间变量 Y 的下限和上限分别是 5.0 和 8.0。

解　根据式（9-20）对上述算例进行可靠度分析，得到最差组合值及相应的可靠度结果为 $y_{\text{worst}} = 8.0$；$\beta = \|\boldsymbol{u}_{\text{MPP}}\| = 0.7005$，$x_{\text{MPP}} = 2.5 + 1.0 \times \|\boldsymbol{u}_{\text{MPP}}\| = 3.2005$。若固定 x_{MPP}，当 $y^* = 7.15$ 时，性能函数取最小值，$G_{\min} = -4.318$。与 $y^* = 7.15$ 对应的可靠度指标为 1.9412。由最差组合得到的可靠度是保守估计。

9.3.2　随机变量和区间变量共存下的可靠性优化

在随机变量和区间变量共存时，针对区间变量求其最坏组合，得到保守的可靠性评价。基于此，可构造如下结构可靠性设计优化问题（Ge 等，2008）：

$$\begin{cases} \min\limits_{\boldsymbol{d}} f(\boldsymbol{d}, \boldsymbol{\mu}_X, \bar{\boldsymbol{y}}) \\ \text{s.t. } \Pr\left\{G(\boldsymbol{d}, \boldsymbol{U}, \boldsymbol{y}_{\text{worst}}) \geqslant 0\right\} = \Phi(\|\boldsymbol{u}_{\text{MPP}}\|) \geqslant R_0 \end{cases} \tag{9-21}$$

式中，$f(\cdot)$是目标函数；$\bar{\boldsymbol{y}}$ 是区间变量上下限的平均值，即

$$\bar{\boldsymbol{y}} = \frac{1}{2}(\boldsymbol{y}_{\text{L}} + \boldsymbol{y}_{\text{U}}) \tag{9-22}$$

$\boldsymbol{U}$ 是标准正态分布随机变量，由原始设计空间中的随机变量 $\boldsymbol{X}$ 转换得到。图 9-7 所示是该优化问题的迭代框图。

针对优化问题式(9-21)，可靠度约束采用 9.2.1 节中所述的可靠性逆分析方法（PMA 方法）进行处理，可以提高问题的求解效率。此时，可靠性逆分析方法的计算步骤如下。

外环——寻找区间变量的最差组合 $\boldsymbol{y}_{\text{worst}}$，表示如下：

$$\begin{cases} \min\limits_{\boldsymbol{y}} G(\boldsymbol{d}, \boldsymbol{u}_{\text{MPP}}, \boldsymbol{y}) \\ \text{s.t. } \boldsymbol{y}_{\text{L}} \leqslant \boldsymbol{y} \leqslant \boldsymbol{y}_{\text{U}} \end{cases} \tag{9-23}$$

内环——寻找最大可能失效点 $\boldsymbol{u}_{\text{MPP}}$，表示如下：

$$\begin{cases} \min\limits_{\boldsymbol{u}} G(\boldsymbol{d}, \boldsymbol{u}, \boldsymbol{y}) \\ \text{s.t. } \|\boldsymbol{u}\| = \Phi^{-1}(R_0) \end{cases} \tag{9-24}$$

将式（9-23）和式（9-24）进行合并，得到

$$\begin{cases} \min\limits_{\boldsymbol{u},\boldsymbol{y}} G(\boldsymbol{d}, \boldsymbol{u}, \boldsymbol{y}) \\ \text{s.t. } \|\boldsymbol{u}\| = \Phi^{-1}(R_0) \\ \qquad \boldsymbol{y}_{\text{L}} \leqslant \boldsymbol{y} \leqslant \boldsymbol{y}_{\text{U}} \end{cases} \tag{9-25}$$

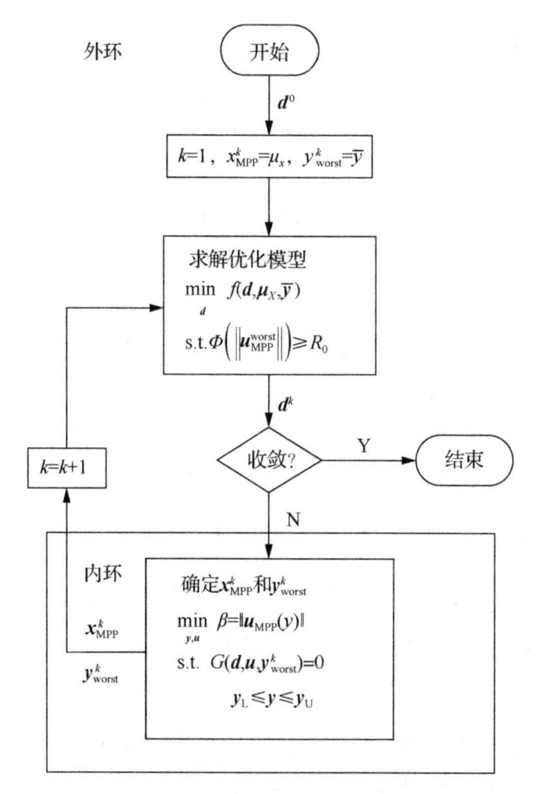

图 9-7　可靠性优化问题的迭代框图

通过求解式（9-25）得到结构最差组合下的最可能破坏点 $\boldsymbol{u}_{\mathrm{MPP}}^{\mathrm{worst}}$，以及最差组合情况下的结构功能函数的值为

$$z_{\mathrm{worst}}^{\alpha}=G(\boldsymbol{d},\boldsymbol{u}_{\mathrm{MPP}}^{\mathrm{worst}},\boldsymbol{y}_{\mathrm{worst}}) \tag{9-26}$$

优化问题式（9-21）最终可表述为

$$\begin{cases}\min\limits_{\boldsymbol{d}} f(\boldsymbol{d},\boldsymbol{\mu}_X,\bar{\boldsymbol{y}})\\ \mathrm{s.t.}\ z_{\mathrm{worst}}^{\alpha}=G(\boldsymbol{d},\boldsymbol{u}_{\mathrm{MPP}}^{\mathrm{worst}},\boldsymbol{y}_{\mathrm{worst}})\geqslant 0\end{cases} \tag{9-27}$$

可靠性逆分析方法直接在目标可靠度处进行功能函数的评估，比可靠度计算要简便，还可以避免正向可靠度分析中易发生的迭代奇异性。因此，求解问题式（9-27）将比求解问题式（9-21）更加快速和有效。

利用序列解耦法求解式（9-27）的步骤为：先取名义值得到第一步的确定性优化结果，计算相应的可靠度，在此阶段某些约束不一定满足；下一步优化基于前一步的可靠性分析结果，通过改进设计（调整可靠度水平），将不可行约束逐步变为可行约束，如此反复，直到收敛。计算框图如图 9-8 所示，具体步骤如下。

步骤 1　在目标及约束函数中，令 $k=1$， $\boldsymbol{x}_{\mathrm{MPP}}^k=\boldsymbol{\mu}_X$， $\boldsymbol{y}_{\mathrm{worst}}^k=\bar{\boldsymbol{y}}$。

步骤 2　根据式（9-27），求得 $\boldsymbol{d}_k$。

步骤 3　由式（9-25）求得 $\boldsymbol{u}_{\mathrm{MPP}}^{k+1}\left(\boldsymbol{x}_{\mathrm{MPP}}^{k+1}\right)$和 $\boldsymbol{y}_{\mathrm{worst}}^{k+1}$，从而求得 $z_{\mathrm{worst}}^{\alpha}=G(\boldsymbol{d}_k,\boldsymbol{u}_{\mathrm{MPP}}^{k+1},\boldsymbol{y}_{\mathrm{worst}}^{k+1})$，若 $z_{\mathrm{worst}}^{\alpha}\geqslant 0$，输出全局最优解；若 $z_{\mathrm{worst}}^{\alpha}<0$，令 $k=k+1$，转步骤 2。

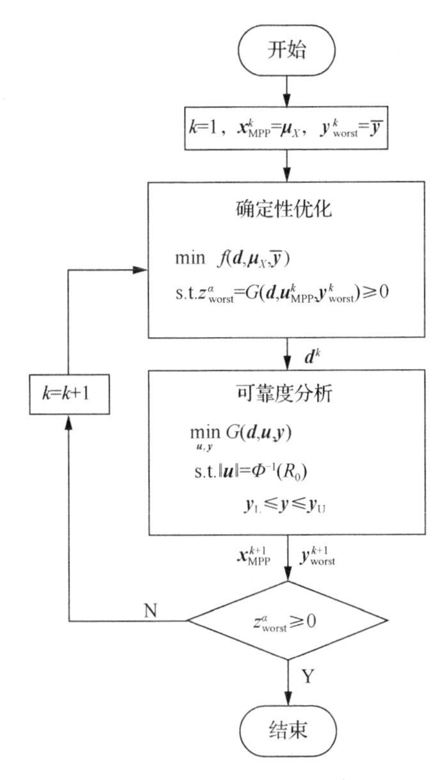

图 9-8 可靠性设计问题的序列解耦法

例 9-3 对曲柄滑块机构进行可靠度优化设计。图 9-9 所示为一个曲柄滑块机构，曲柄 O_1O_2 的长度为 A，连杆 O_2O_3 的长度为 B，且其杨氏模量为 E，屈服强度为 S。机构受到外力 P 的作用。空心连杆内、外径分别为 d_1,d_2，均为确定性优化设计变量。设计目标是使得连杆的质量最小，即最小化 $f=\pi(d_2^2-d_1^2)/4$。可靠度约束包括连杆的应力约束及屈曲约束。要求可靠度为 $R_0=0.9999$（相当于 $\beta_0=3.719$）。

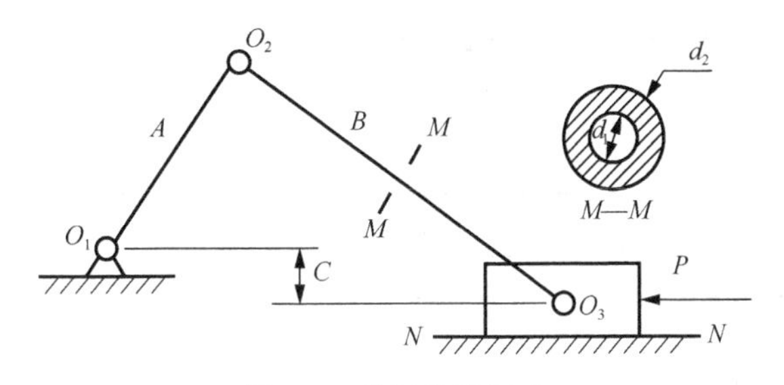

图 9-9 曲柄滑块机构

设计变量 $\boldsymbol{d}=[d_1,d_2]$，随机变量 $\boldsymbol{X}=[A,B,S,E]$，区间变量 $\boldsymbol{Y}=[C,F]$。其中 C 表示偏置距离，其下限和上限分别为 100mm 和 150mm。F 为滑块与地面 N—N 的摩擦系数，其下限和上限分别为 0.15 和 0.25。该机构中的随机变量特征参数如表 9-4 所示。

表 9-4　曲柄滑块机构中的随机变量特征参数

变量	均值	标准差	分布
A/mm	100	0.01	正态
B/mm	300	0.01	正态
S/MPa	290	29	对数正态
E/GPa	200	30	对数正态

解　该优化问题的数学表达式为

$$\begin{cases} \min\limits_{\boldsymbol{d}} \ f = \dfrac{\pi}{4}(d_2^2 - d_1^2) \\ \text{s.t.} \ R_i = \Pr\{G_i(\boldsymbol{d}, \boldsymbol{X}, \boldsymbol{Y}) \geqslant 0\} \geqslant R_0 = \Phi(\beta_0) \\ \quad 10 \leqslant d_1, d_2 \leqslant 100 \end{cases}$$

式中，

$$G_1(\boldsymbol{d}, \boldsymbol{X}, \boldsymbol{Y}) = S - \frac{4(A+B)}{\pi(\sqrt{(A+B)^2} - FC)(d_2^2 - d_1^2)}$$

$$G_2(\boldsymbol{d}, \boldsymbol{X}, \boldsymbol{Y}) = \frac{\pi^2 E(d_2^4 - d_1^4)}{64B^2} - \frac{4(A+B)}{\sqrt{(A+B)^2} - FC}$$

分别利用二重优化方法和序列优化环方法对上述随机变量和区间变量共存的算例进行可靠度优化设计，结果如表 9-5 所示。区间变量最差组合对应的各变量的取值如表 9-6 所示。序列优化环方法的迭代过程如表 9-7 所示。

表 9-5　不同方法对应的最优设计值

方法	d_1/mm	d_2/mm	f/mm^2	N_{call}	β_1	β_2
二重优化方法	28.5	57.0	1913.17	1038	3.719	3.825
序列优化环方法	28.5	57.0	1913.17	410	3.719	3.825

表 9-6　区间变量最差组合对应的各变量的取值

	β_1	β_2	G_1	G_2	d_1/mm	d_2/mm	C/mm	F
区间变量最差组合	3.719	3.825	0	4.1453	28.5	57.0	150	0.25

表 9-7　序列优化环方法的迭代过程

迭代	d_1/mm	d_2/mm	f/mm^2
1	20.3	40.61	971.44
2	28.5	56.99	1913.17
3	28.5	57.0	1913.17

结果显示，两种方法得到相同的最优设计解，但序列优化环方法的计算效率明显优于二重优化方法。

对于区间变量，下面比较不同假设条件下的结果，如表 9-8 所示。

1）假定区间变量服从正态分布，均值为区间上界和下界的平均值，标准差为上界与下界差值的 1/6。

2）假定区间变量服从均匀分布，均匀分布上下界与区间变量上下界相同。

表 9-8　3 类假设条件下的结果对比

	d_1/mm	d_2/mm	f/mm^2	N_{call}
区间变量最差组合	28.5	57.0	1913.17	410
$\boldsymbol{Y}$服从正态分布	27.64	55.27	1799.59	366
$\boldsymbol{Y}$服从均匀分布	27.75	55.5	1814.40	1228

结果显示，最差组合的结果最保守，假定 $\boldsymbol{Y}$ 服从均匀分布所得的结果次之，基于正态分布假设的设计偏于冒进。

9.4　时变问题的可靠性优化设计方法

与 RBDO 类似，结构的时变可靠性优化设计是，在设计寿命区间内，结构满足时变可靠性约束要求，并使得目标函数值达到最小。时变可靠性优化设计大致分为两类问题：其一是将时变可靠度计算与可靠度优化设计相结合；其二是将时变可靠度计算与全寿命费用模型相结合，寻找最优维修策略，进行结构的全寿命优化设计。

9.4.1　结构时变可靠性设计建模

对于第一类时变可靠性优化设计问题而言，其数学模型可表示如下：

$$\begin{cases}\min\limits_{\boldsymbol{d}}\ f(\boldsymbol{d})\\ \text{s.t. } R(0,T_{\mathrm{L}})=\Pr\{G(\boldsymbol{d},\boldsymbol{X},t)\geqslant 0,\ \ t\in[0,T_{\mathrm{L}}]\}\geqslant R_0=\Phi(\beta_0)\\ \quad\ \boldsymbol{d}^{\mathrm{L}}\leqslant\boldsymbol{d}\leqslant\boldsymbol{d}^{\mathrm{U}}\end{cases}\tag{9-28}$$

式中，$f(\boldsymbol{d})$表示目标函数，如初始费用、结构质量等；$R(0,T_{\mathrm{L}})$ 表示结构的时变可靠度；$G(\boldsymbol{d},\boldsymbol{X},t)$ 表示结构功能函数；$\boldsymbol{d}$ 表示设计变量矢量；$\boldsymbol{X}$ 表示随机变量矢量；t 表示时间参量；T_{L} 表示结构设计寿命；R_0 和 β_0 表示所要求的结构可靠度和可靠度指标。

各种经典的 RBDO 分析方法，如双环法、单环法及序列解耦法，同样可用于求解上述问题，不同之处在于，时变概率约束需要运用时变可靠性计算方法来评价。

利用双环法求解上述优化问题时，每个优化设计环均需要进行时变可靠度的计算，计算成本巨大。以下介绍两种求解策略，即结合极值方法、序贯优化与可靠性分析（sequential optimization and reliability assessment，SORA）方法的求解方法，以及基于 t-IRS 方法的时变可靠性优化设计。

9.4.2　基于极值方法的时变可靠性优化设计

式（9-28）的概率约束函数与时间相关，直接处理起来比较困难，因此可以将时变的概率约束函数转换为时不变的概率约束函数，即针对各个概率约束函数建立相应的极值响应模型。本节运用 m-EGO-SORA 方法（黄晓旭，2016）求解时变可靠度优化设计问题，其原理为：针对各个概率约束函数，采用 m-EGO 方法建立混合随机响应模型，确定样本点的极值响应，并建立初步的极值响应模型，将时变概率约束转换为时不变概率约束；结合 SORA 方法，将 RBDO 问题分解为确定性优化和可靠度分析序列环，在循环迭代过程中，加入上个迭代步的最优值，逐步更新极值响应模型，并确定最优设计值。具体步骤如下。

步骤 1　定义设计变量的初始值。

步骤 2　针对各个时变概率约束，通过 m-EGO 方法建立极值响应面，将第 $(k-1)$ 次迭代产生的设计点 $\boldsymbol{d}, \boldsymbol{x}$ 的 MPP 加入实验设计集，逐步改善极值响应面的精度。

步骤 3　求解确定性优化，得出第 k 次迭代中的最优设计变量。

步骤 4　进行可靠度逆分析，确定可靠度 R_0 水平对应的 MPP。

步骤 5　判断是否收敛。若优化目标值收敛，且所有的可靠度约束均在可行域内，则停止迭代，输出最优结果；否则，返回步骤 2，更新极值响应面。

上述步骤的流程图如图 9-10 所示。

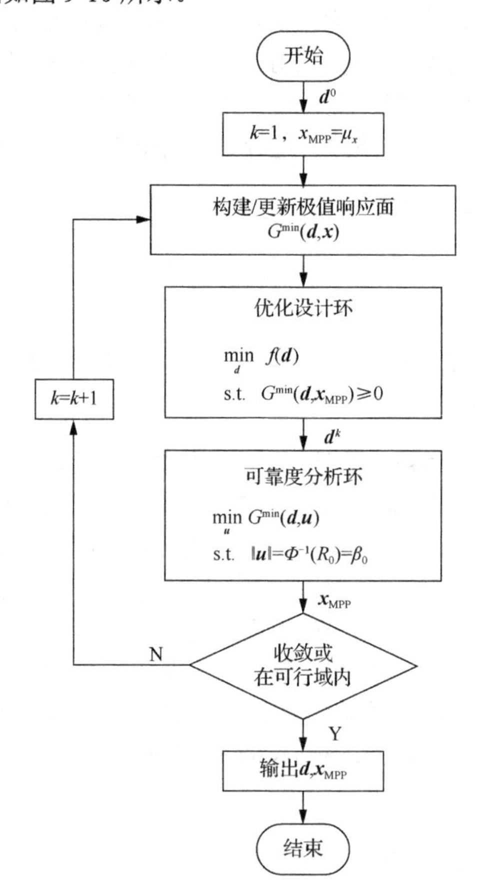

图 9-10　求解时变 RBDO 问题的 m-EGO-SORA 流程图

m-EGO-SORA 方法结合了 SORA 方法求解 RBDO 问题的优势及 m-EGO 方法能有

效处理时变概率约束的特点，适于解决包含复杂耗时的时变约束评价的结构优化设计问题。

例 9-4　对腐蚀悬臂梁进行时变可靠度优化设计。相关参数与例 9-1 相同，不同之处在于，此处考虑腐蚀对横截面的影响，其宽度、厚度以 κ（$\kappa = 0.03$mm/年）的速度逐渐减小，即

$$b(t) = b - 2\kappa t,\ \ h(t) = h - 2\kappa t$$

解　时变 RBDO 模型表示如下：

$$\begin{cases} \min\limits_{b,h}\ f = b \times h \\ \text{s.t.}\ R_i(0,20) = \Pr\{G_i(\boldsymbol{d}, \boldsymbol{X}, t) \geqslant 0,\ \ t \in [0,20]\text{年}\} \geqslant R_0 = \Phi(\beta_0) \\ \quad 0 \leqslant b, h \leqslant 10 \end{cases}$$

式中，

$$G_1(\boldsymbol{d}, \boldsymbol{X}, t) = S - \frac{6X_1 l}{b(t)^2 h(t)} - \frac{6X_2 l}{b(t)h(t)^2}$$

$$G_2(\boldsymbol{d}, \boldsymbol{X}, t) = D - \frac{4l^3}{Eb(t)h(t)}\sqrt{\left(\frac{X_1}{b(t)^2}\right)^2 + \left(\frac{X_2}{h(t)^2}\right)^2}$$

设计变量 $\boldsymbol{d} = [b, h]$，随机变量 $\boldsymbol{X} = [X_1, X_2, S, E]$，各变量的分布类型及取值与例 9-1 相同。通过 LHS 抽样方法，在设计空间产生 28 组样本点，并采用 m-EGO 算法求出相应的极值，同时建立初始极值响应面。初始迭代点取为 $\boldsymbol{d} = [5.0, 5.0]$，不断迭代直至满足收敛条件。最终的极值响应面如图 9-11 所示。

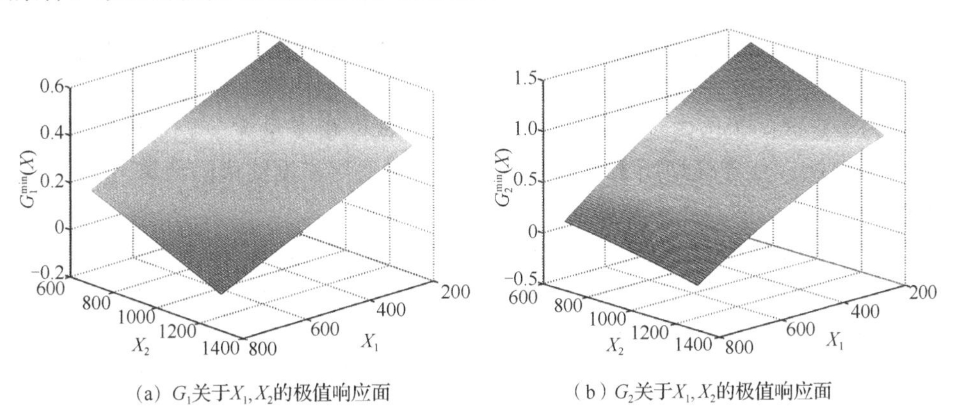

（a）G_1关于X_1, X_2的极值响应面　　（b）G_2关于X_1, X_2的极值响应面

图 9-11　极值响应面

经过 4 次迭代，优化解收敛于 $\boldsymbol{d}^* = [2.5139, 3.9063]$，相应的优化目标为 $f^* = 9.82$，如表 9-9 所示。优化过程中总的函数调用次数为 186。其中，168 次用于构建初始极值响应面，18 次用于迭代过程中更新极值响应面。基于改善的极值响应面，采用 FORM 方法计算优化值处的可靠度指标，其结果为$[\beta_1, \beta_2] = [3.0, 3.0654]$，均满足约束条件。

表 9-9 优化设计结果（m-EGO-SORA 方法）

迭代	b/in	h/in	f/in^2
1	2.4027	3.3688	8.0940
2	2.5042	3.9154	9.8051
3	2.5157	3.9035	9.8200
4	2.5139	3.9063	9.8200

采用MCS方法验证可靠性约束的准确程度。将时间区间[0, 20]年划分为100个时间段，根据优化值产生10^6个随机样本点，据此得到的计算结果为$[\beta_1,\beta_2]=[2.9867,3.0428]$。由此可知，对于第一个极限状态，可靠度约束要求稍有偏离，误差约为 0.4%。

对比研究了 4 种不同腐蚀速率下的时变 RBDO 问题，其结果如表 9-10 所示。例如，当腐蚀速率$\kappa=0$时，4 次迭代之后的优化结果为$\boldsymbol{d}^*=[2.4484,3.8884]$，与例 9-1 一致；当腐蚀速率$\kappa=0.1$时，相比$\kappa=0$，$b$ 的优化解增大 8.96%，目标函数值增大 10.71%。

表 9-10 不同腐蚀速率(κ)对应的最优设计值

κ	N_{ite}	b/in	h/in	f/in^2	N_{call}	β_1	β_2
0	4	2.4484	3.8884	9.5202	186	3.0	3.0
0.03	4	2.5139	3.9063	9.8200	186	3.0	3.0654
0.05	4	2.5588	3.9177	10.0247	186	3.0	3.1160
0.1	3	2.6677	3.9511	10.5402	180	3.0	3.2208

9.4.3 基于 t-IRS 方法的时变可靠性优化设计

Li 和 Chen 基于 7.6.3 节的 t-IRS 方法（Li 等，2019），提出一种结合粒子群优化算法（particle swarm optimization，PSO）和 t-IRS 的 PSO-t-IRS 方法（Li 和 Chen，2019）。该方法首先利用 t-IRS 方法构建瞬时响应代理模型，在抽样时，将设计变量 $\boldsymbol{d}$ 和时间参量 t 均视为给定区间范围内均匀分布的随机变量，同随机变量 $\boldsymbol{X}$ 一起抽样产生样本点。然后，将瞬时响应代理模型用于 PSO 寻优过程中时变可靠度约束的计算。

PSO-t-IRS 方法的具体步骤如下。

步骤 1　利用 t-IRS 方法建立、更新瞬时响应代理模型，即 7.6.3 节描述的方法。

步骤 2　初始化一个规模为 m 的粒子群，设定第 i 个粒子的初始位置（$\boldsymbol{x}_i$）和速度（$\boldsymbol{v}_i$）。其中，每个粒子表示设计变量（矢量）在设计空间中的可能取值。

步骤 3　基于瞬时响应代理模型，计算每个粒子的时变可靠度，并判断其是否满足可靠度约束条件。

步骤 4　计算每个粒子的适应度值，确定每个粒子的历史最优位置 $\boldsymbol{p}_i$ 及整个粒子群的全局最优位置 $\boldsymbol{g}$。

步骤 5　用式（9-29）对粒子的速度和位置进行更新。其中，上标表示迭代步，下标 i 表示粒子序号，下标 j 表示设计变量矢量的第 j 分量，r_1 和 r_2 为区间[0,1]上的随机数，c_1、c_2 和 ω 为常数。

$$\begin{cases} v_{ij}^{k+1}=\omega v_{ij}^{k}+\mathrm{c}_1 r_1(p_{ij}-x_{ij}^{k})+\mathrm{c}_2 r_2(g_j-x_{ij}^{k}) \\ x_{ij}^{k+1}=x_{ij}^{k}+v_{ij}^{k+1} \end{cases} \tag{9-29}$$

步骤 6　若满足结束条件（满足预设的运算精度或达到最大迭代次数），则停止迭代，输出最优解，否则返回到步骤 3。

PSO-t-IRS 方法的流程图如图 9-12 所示。其中，当时变可靠度约束条件不满足时，利用罚函数法，在目标函数中加入一个较大的惩罚值 M，即 $f(d)\leftarrow f(d)+\delta M$。

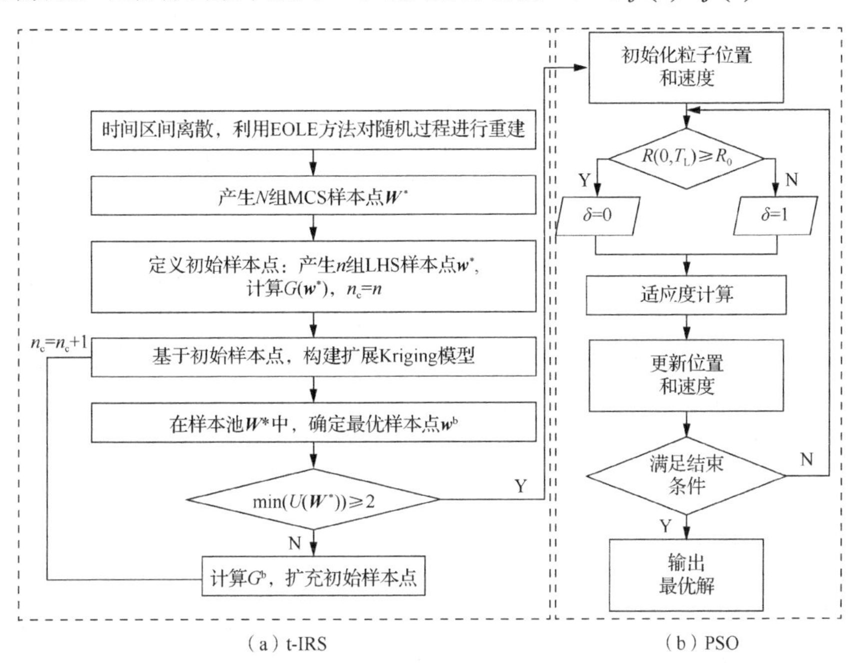

图 9-12　PSO-t-IRS 方法流程图

例 9-5　对图 9-13 所示简支梁进行可靠度设计。梁长 $l=15\text{m}$，横截面宽度为 a，高度为 b。梁受到均布荷载 $q(t)$及集中力 $F(t)$作用。同时，梁还受到均布荷载 $\rho_{\text{st}}ab$ 的作用，其中 $\rho_{\text{st}}=78.5\text{kN}/\text{m}^3$ 表示钢的密度。钢的极限强度为 S。时变 RBDO 模型为

$$\begin{cases}\min\limits_{a,b}\ f=a\times b\\ \text{s.t.}\quad R(0,30)=\Pr\{G(\boldsymbol{d},\boldsymbol{X},\boldsymbol{Y}(t),t)\geqslant 0,\ t\in[0,30]\text{年}\}\geqslant R_0=\Phi(\beta_0)\\ \qquad 0.04\text{m}\leqslant a\leqslant 0.15\text{m},\ 0.15\text{m}\leqslant b\leqslant 0.25\text{m},\ b\leqslant 4a\end{cases}$$

式中，$R_0=0.95$（相当于 $\beta_0=1.645$）。功能函数为

$$G(\boldsymbol{d},\boldsymbol{X},\boldsymbol{Y}(t),t)=1-4\left[F(t)l/4+q(t)l^2/8+\rho_{\text{st}}abl^2/8\right]\Big/(ab^2S)$$

设计变量 $\boldsymbol{d}=[a,b]$，随机变量 $\boldsymbol{X}=[S]$，随机过程 $\boldsymbol{Y}(t)=[F(t),q(t)]$。具体分布类型及取值如表 9-11 所示。

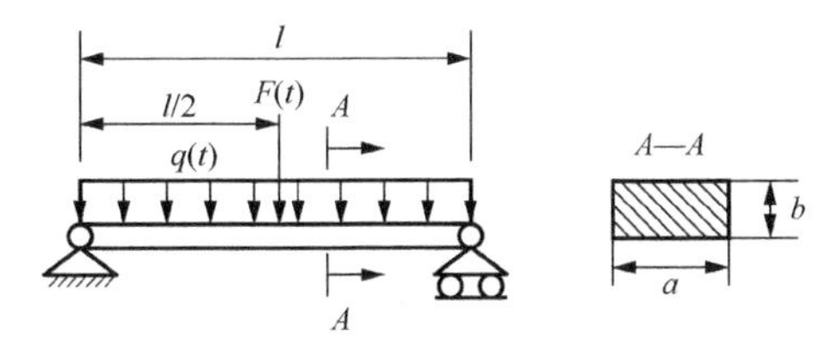

图 9-13　简支梁

表 9-11 简支梁随机参量分布类型及取值

参量	均值	标准差	分布	自相关函数
S	2.4×10^8 Pa	2.4×10^7 Pa	对数正态	
$F(t)$	6000 N	600 N	高斯过程	$\exp(-((t_2-t_1)/\lambda)^2)$
$q(t)$	900 N/m	90 N/m	高斯过程	$\cos(\pi(t_2-t_1))$

注：自相关函数中的 λ=0.8 年。

解 本例中含有随机过程，进行时变可靠度分析时，首先需要利用 7.2.1 节中的随机过程展开策略。将时间区间[0, 30]年用时间间隔 Δt=0.3 年离散为 100 个时间段，对应 101 个时间节点。利用 EOLE 分别离散并重建这两个随机过程［式（7-16)］。于是随机过程 $\boldsymbol{Y}(t)$转变为标准正态分布随机变量 $\boldsymbol{Z}$。

之后用 4 种方法求解该时变可靠性优化设计问题，分别为 t-SORA 方法（Hu 和 Du，2015)、TROSK 方法(Hawchar 等，2018)、PSO-MCS 方法和 PSO-t-IRS 方法。在 PSO-MCS 方法中，PSO 算法粒子群规模为 10 个，迭代次数为 200 次，每个粒子的时变可靠度通过 MCS 方法求解，需要计算 10^6 组样本点$[\boldsymbol{X}, \boldsymbol{Z}]$在 101 个时间节点处的响应值。PSO-t-IRS 方法首先利用 LHS 产生 100 组初始样本点$[\boldsymbol{d}, \boldsymbol{X}, \boldsymbol{Z}, t]$，计算其响应值，构建一个瞬时响应代理模型并更新，然后利用 PSO 寻优。不同方法的优化结果如表 9-12 所示。

表 9-12 简支梁优化结果

方法	t-SORA	TROSK	PSO-MCS	PSO-t-IRS
f/m^2	0.0085	0.0083	0.0085	0.0085
(μ_a, μ_b)/m	(0.0461,0.1842)	(0.0456,0.1825)	(0.0461,0.1843)	(0.0461,0.1843)
$R(0, 30)$ (t-IRS)	0.9499	0.9283	0.9500	0.9500
$R(0, 30)$ (MCS)	0.9499	0.9282	0.9502	0.9502
函数调用次数	156	112	$200\times10\times101\times10^6$	100+34

结果表明，TROSK 方法所得目标函数值最小且函数调用次数最少。然而，在最优解处进行可靠度验算发现，该方法求得的解并不满足时变可靠性约束条件。其他 3 种方法得到了几乎相同的优化结果。PSO-MCS 方法需要大量函数调用和计算。利用 PSO-t-IRS 求解时，只需调用函数 100 次用于初始瞬时代理模型的构造，计算 34 次用于更新，其计算效率稍好于 t-SORA。PSO-MCS 和 PSO-t-IRS 的迭代过程图如图 9-14 所示。

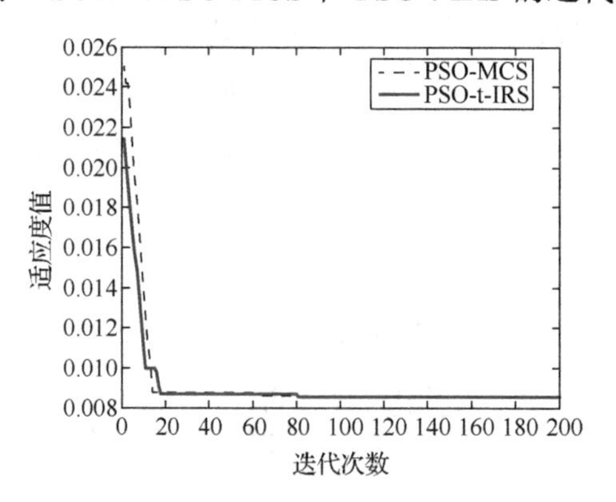

图 9-14 简支梁优化迭代过程图

9.5　结构的最优维护方案

在结构的整个服役期间，为确保其可用性和安全性，需要对结构进行多次维护干预。不同的维修策略（包括维修时间及维修方式）对总维修成本、可靠性及性能劣化过程都有显著影响。频繁的维护活动可以实现更好的功能，但需要较高的维护成本；而维护活动不足可能使结构不能满足其规定的功能要求。采用最佳的维护策略，可以在满足系统可靠性要求的条件下，使得维护成本最小。

9.5.1　维护费用最小化模型

假设结构设计寿命为 T_L，在整个设计寿命$[0, T_\mathrm{L}]$内经历 N 次维修，且维修时间间隔为$\Delta \boldsymbol{t}=[\Delta t_1, \Delta t_2, \cdots, \Delta t_N]$，或记为$\boldsymbol{x}=[x_1, x_2, \cdots, x_N]$。在每次维修时，可选的维修方式为 M 种，则最小化维修费用的模型表示为

$$\begin{cases}\min C_M(\boldsymbol{A})=\min\limits_{\boldsymbol{A}}\sum\limits_{i=1}^{N}C_M^i(r_i, A_i)\\ \text{s.t.}\quad r_i \geqslant R_0,\quad \forall t_i \in [0, T_\mathrm{L}]\\ \qquad \boldsymbol{A}=[A_1, A_2, \cdots, A_N]\\ \qquad A_i \in \boldsymbol{U}=[a_1, a_2, \cdots, a_M],\ i=1,2,\cdots,N\end{cases} \tag{9-30}$$

式中，$\boldsymbol{A}$ 表示维修方式矢量；r_i 表示结构在第 i 次维修时刻 t_i 的可靠度，与维修时刻以及之前的维修历史有关；$C_M^i(r_i, A_i)$ 表示结构的第 i 次维修费用，取决于维修时的系统可靠度及维修方式；$\boldsymbol{U}$ 表示可选维修方式矢量。

在维修费用最小化模型式（9-30）中，确定最佳维修方式矢量 $\boldsymbol{A}$ 的过程，实质上构成了一个数学规划问题。规划问题的最终目的是确定各决策变量的取值，以期使目标函数达到极大或极小。在传统的线性规划和非线性规划中，往往以集合的形式对决策变量做一次性处理。当决策变量需要分期、分批处理时，就构成了一个多阶段（或多级）决策问题。

多阶段决策问题的求解思路是，将其分解为多个单阶段决策过程。当其中一个阶段的决策确定之后，接着确定与之有联系的下一个阶段的决策，这样依次进行下去，最终形成一个完整的活动路线。将各个阶段的决策综合起来便构成一个决策序列，称为一个策略。当采取某个具体策略时，相应地可以得到一个确定的效果，称为值函数（或代价函数）。采取不同的策略，就会得到不同的效果（值函数）。多阶段决策问题的目标，就是要在所有可能采取的策略中选取一个最优策略，以达到整个决策过程的总体最优，使得值函数达到极大或极小。

针对多阶段决策问题，常用的解决方法有穷举法、分治法、贪心法、决策树法、启发式算法及动态规划法等。

9.5.2 动态规划法

动态规划（dynamic programming，DP）法是一种非线性规划方法，依据的是贝尔曼最优性原理，即“一个多级决策问题的最优决策具有这样的性质：当把其中任何一级及其状态作为初始级和初始状态时，不管初始状态是什么，达到这个初始状态的决策是什么，余下的决策对此初始状态必定构成最优策略”。动态规划方法首先将一个多阶段（步）决策问题转换成多个单阶段（步）决策问题，形成基本递推方程，然后从最后的阶段（步）状态开始逆向递推到初始状态，求解得到最优策略。

例如，考虑一个N级决策问题，其状态转移方程和代价函数分别表示为

$$\begin{cases} x(k+1)=f\{x(k),u(k)\} \quad (k=0,1,2,\cdots,N-1) \\ x(0)=x_0 \\ J[x(0),0]=L_1[x(N),N]+\sum_{k=0}^{N-1}L[x(k),u(k),k] \end{cases} \tag{9-31}$$

试求最优控制序列$\left\{u^*(k),k=0,1,2,\cdots,(N-1)\right\}$，使得$J$达到极小。经过转换，上述问题变为如下多个单级决策问题：

$$x(j+1)=f\left\{x(j),u(j)\right\} \quad (j=k,k+1,\cdots,N-1) \tag{9-32a}$$

$$\begin{aligned} J^*[x(k),k] &= \min_{u(k),u(k+1),\cdots,u(N-1)}\left\{L_1[x(N),N]+\sum_{j=k}^{N-1}L[x(j),u(j),j]\right\} \\ &= \min_{u(k)}\left\{L[x(k),u(k),k]+J^*[x(k+1),k+1]\right\} \end{aligned} \tag{9-32b}$$

当$k=N-1$时，式（9-32）变为

$$J^*[x(N-1),N-1]=\min_{u(N-1)}\left\{L[x(N-1),u(N-1),N-1]+L_1[x(N),N]\right\} \tag{9-33}$$

根据状态转移方程，式（9-33）右端第二项可以转换为$x(N-1)$的函数。对于所有可能的状态$x(N-1)$计算相应的$J^*[x(N-1),N-1]$，找出最优$u^*(N-1)$。依据代价函数的递推关系式逆向逐级递推，依次求得$J^*[x(N-2),N-2],\cdots,J^*[x(1),1],J^*[x(0),0]$及相应的决策$u^*(N-2),\cdots,u^*(1),u^*(0)$，则$\{u^*(0),u^*(1),\cdots,u^*(N-1)\}$便是所要求的最佳决策策略。对于维修决策问题，$\{u^*(0),u^*(1),\cdots,u^*(N-1)\}$表示最优的维修方式序列。

以总维修费用最小为例，将模型式（9-30）中的目标函数改写为如下递推形式，且将决策变量A_i记为u_i，有

$$\begin{cases} C_k^*=\min_{u_i}\sum_{i=k}^{N}C_M^i(s_i,u_i) \\ C_{N-1}^*=\min_{u_{N-1}}\left\{C_M^{N-1}(s_{N-1},u_{N-1})+C_N^*\right\} \end{cases} \tag{9-34}$$

式中，C_{N-1}^*表示从第$N-1$阶段到最终阶段所需的最小维修费用；$C_M^i(s_i,u_i)$表示在第i阶段状态s_i和决策u_i对应的即时维修费用。

例 9-6 已知离散系统状态方程为$x(k+1)=2x(k)+u(k), x(0)=1\ (k=0,1,2)$，代价函

数表示为$J = x^2(3) + \sum_{k=0}^{2}[x^2(k) + u^2(k)]$，试求最优控制序列$\{u^*(0), u^*(1), u^*(2)\}$，使得$J$达到极小。

解　本例为 3 级最优决策问题，其中，$L[x(k), u(k), k] = x^2(k) + u^2(k)$。

1）令$N = 3$，即$k = 2$时，有

$$J^*[x(2), 2] = \min_{u(2)}\left\{\left(x^2(2) + u^2(2)\right) + J^*[x(3), 3]\right\}$$

$$J^*[x(3), 3] = x^2(3) = [2x(2) + u(2)]^2 = 4x^2(2) + 4x(2)\cdot u(2) + u^2(2)$$

所以

$$J^*[x(2), 2] = \min_{u(2)}\left\{5x^2(2) + 4x(2)\cdot u(2) + 2u^2(2)\right\}$$

通过求导得到极值，即$u^*(2) = -x(2)$，因此有$J^*[x(2), 2] = 3x^2(2)$。

2）令$N = 2$，即$k = 1$时，有

$$\begin{aligned} J^*[x(1), 1] &= \min_{u(1)}\left\{x^2(1) + u^2(1) + J^*[x(2), 2]\right\} \\ &= \min_{u(1)}\left\{x^2(1) + u^2(1) + 3x^2(2)\right\} \\ &= \min_{u(1)}\left\{13x^2(1) + 4u^2(1) + 12x(1)\cdot u(1)\right\} \end{aligned}$$

解出$u^*(1) = -3x(1)/2,\ J^*[x(1), 1] = 4x^2(1)$。

3）令$N = 1$，即$k = 0$时，有

$$\begin{aligned} J^*[x(0), 0] &= \min_{u(0)}\left\{x^2(0) + u^2(0) + J^*[x(1), 1]\right\} \\ &= \min_{u(0)}\left\{x^2(0) + u^2(0) + 4[2x(0) + u(0)]^2\right\} \\ &= \min_{u(0)}\left\{17x^2(0) + 5u^2(0) + 16x(0)\cdot u(0)\right\} \end{aligned}$$

解出$u^*(0) = -8x(0)/5$，$J^*[x(0), 0] = 21x^2(0)/5$。

最后，根据边界条件$x(0) = 1$，依次代入，可得最优控制、最优路径（轨迹）和最优代价分别为

$$u^* = \left\{-\frac{8}{5}, -\frac{3}{5}, -\frac{1}{5}\right\}，\quad x^* = \left\{1, \frac{2}{5}, \frac{1}{5}, \frac{1}{5}\right\}，\quad J^* = J^*[x(0), 0] = \frac{21}{5}$$

9.5.3　协同粒子群-动态规划法

模型式（9-30）表达的含义是，在确定的维修次数和维修时刻条件下，寻求最优的维修方式。若将维修时刻（等同于N维时间间隔向量$\boldsymbol{x} = \{x_1, x_2, \cdots, x_N\}$）也作为优化变量，则需要对式（9-30）进行扩展。在优化模型中，既包含连续时间变量$x_i(i = 1, 2, \cdots, N)$，又包含离散变量$A_i(i = 1, 2, \cdots, N)$。针对此问题，Chen 等提出一种优化求解的协同粒子群-动态规划（cooperative-particle swarm optimization-dynamic programming，co-PSO-DP）方法（Chen 等，2018）。在该方法中，PSO 算法用于确定连续时间变量的最佳值，而最优控制理论中的 DP 方法用于确定最佳维修方式。在整个优化过程中，利用罚函数的思想排除不符合约束条件的维修方案。

在 co-PSO-DP 方法中，DP 方法嵌套于双环方法中，其外环利用 PSO 算法确定最佳维修时间矢量 $\boldsymbol{x}$，而内环利用 DP 方法确定最佳维修方式 $\boldsymbol{u}$。在 PSO 算法每次迭代过程中，对于群体中的每一个粒子（维修时间间隔矢量 $\boldsymbol{x}$）而言，各粒子的适应度函数对应其最佳维修方式 $\boldsymbol{u}$，而 $\boldsymbol{u}$ 的计算是通过 DP 方法来确定的。在获得粒子群中各粒子的适应度函数后，各粒子根据其当前个体最优位置和群体全局最优位置进行位置更新。

9.5.4 全寿命优化建模分析

对于结构经济性的评价，不单是使其维修成本达到最小，还要考虑结构的初始投资（建造）费用，即进行结构全寿命周期费用分析。

寿命周期是指结构从建造开始到退役为止所经历的全部时期，一般包括工程研制、建造、使用及退役等诸多阶段。全寿命周期费用分析的目的是，在满足特定的性能、可靠性、安全性、可用性、维修性及其他要求的同时，评估或优化结构的寿命周期费用，包括各个阶段所需支付的费用总和，相应的计算模型如下：

$$\mathrm{LCC} = C_{\mathrm{B}} + C_{\mathrm{M}} + C_{\mathrm{D}} \tag{9-35}$$

式中，LCC 为全寿命周期费用；C_{B} 为初始建造费用，包括材料的购置费用及建造时花费的运输、人工等费用；C_{M} 为运行维护费用，即为了保证结构正常运行而产生的各种费用，包括检测、维护、试验等所需要的材料费、人工费和交通费等维护费用；C_{D} 为退役处置费用，即结构退役后拆除、运输等费用。初始设计的可靠度 R 对 C_{B} 和 C_{M} 的影响呈两种相反的趋势。可靠度越大，建造费用越高，但后期运行维护费用越低。因此，LCC 与 R 的关系呈“浴盆”曲线的形式，如图 9-15 所示。

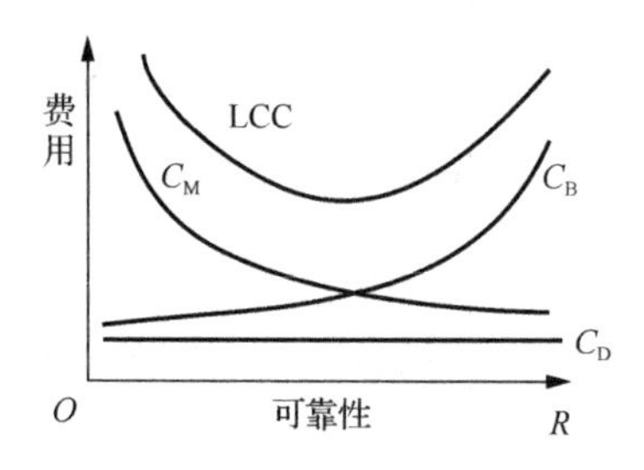

图 9-15 寿命周期费用 LCC 与初始可靠度 R 的关系曲线

结构可靠度影响结构的建造费用和运行维护费用（Zhang 等，2019），而初始设计可靠度又依赖于结构设计参数，如结构几何尺寸、材料类别及结构几何形状等。因此，在设计阶段从 LCC 角度对结构进行设计时，可以构建如下优化模型：

$$\begin{cases} \min \mathrm{LCC}(\boldsymbol{d}, \Delta\boldsymbol{t}, \boldsymbol{A}) = C_{\mathrm{B}}(\boldsymbol{d}) + C_{\mathrm{M}}(\Delta\boldsymbol{t}, \boldsymbol{A}) \\ \text{s.t. } R(t) \geqslant R_0 \\ \quad \boldsymbol{d}^{\mathrm{L}} \leqslant \boldsymbol{d} \leqslant \boldsymbol{d}^{\mathrm{U}} \\ \quad \Delta\boldsymbol{t}^{\mathrm{L}} \leqslant \Delta\boldsymbol{t} \leqslant \Delta\boldsymbol{t}^{\mathrm{U}} \end{cases} \tag{9-36}$$

式中，$\boldsymbol{A}$ 表示维护过程中，对应的维护方式矢量；$R(t)$表示结构的可靠度函数；$\boldsymbol{d}$ 表示结构设计参数；$\Delta\boldsymbol{t}$ 表示结构运行过程中，维护时间间隔矢量；$\Delta\boldsymbol{t}^{\mathrm{L}}$ 和 $\Delta\boldsymbol{t}^{\mathrm{U}}$ 分别表示维修时间间隔 $\Delta\boldsymbol{t}$ 的下限和上限，$C_{\mathrm{M}}(\Delta\boldsymbol{t}, \boldsymbol{A})$ 表示结构的运行维护费用。与建造费用和维护费用

相比，退役处置费用通常可忽略不计，因此在优化模型中未予考虑。

上述优化模型实质上是一个多重优化问题（图 9-16），包括结构设计参数的优化、维修策略的优化（维修时间及维修方式），其分析求解过程较传统的 RBDO 更全面，也更为复杂。利用 9.5.3 节中介绍的 co-PSO-DP 方法，可以求解这类问题。对于内层最佳维修方式的确定，利用 DP 方法进行求解；而对于中层维修时间、外层设计参数的优化，利用 PSO 算法或者遗传算法（genetic algorithm，GA）等启发式算法来进行。

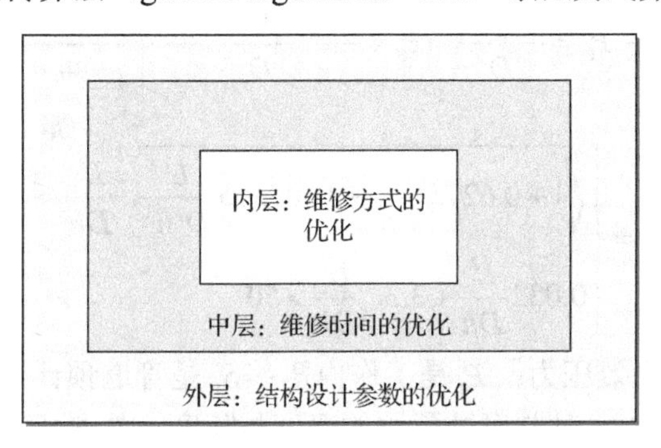

图 9-16　LCC 优化

例 9-7　考虑一根内径为 D（D=2R）、壁厚为 h 的输油管道，其表面沿轴向含有一条或多条长轴为 L（或用其半长轴 c 表示，即 L=2c）和半短轴为 a 的半椭圆形裂纹。假设输油管道的设计寿命 T_L=60 年。考虑两种管道失效模式，即屈服与断裂，建立相应的极限状态方程，并在此基础上对管道进行全寿命优化设计，即求解以下优化问题：

$$\begin{cases}\min\limits_{\boldsymbol{d},\boldsymbol{x},\boldsymbol{u}} \mathrm{LCC}(\boldsymbol{d},\boldsymbol{x},\boldsymbol{u}) = C_{\mathrm{B}}(\boldsymbol{d}) + C_{\mathrm{M}}(\boldsymbol{d},\boldsymbol{x},\boldsymbol{u}) \\ \text{s.t. } R(t) \geqslant 0.99,\ \forall t \in [0, T_L] \\ \quad \boldsymbol{d}^{\mathrm{L}} \leqslant \boldsymbol{d} \leqslant \boldsymbol{d}^{\mathrm{U}} \\ \quad x_i \in [x_{\mathrm{L}}, x_{\mathrm{U}}],\ \forall i \in [1,2,\cdots,N] \\ \quad u_i \in \boldsymbol{U} = [0,1,2,3],\ \forall i \in [1,2,\cdots,N] \end{cases}$$

式中，$\mathrm{LCC}(\boldsymbol{d},\boldsymbol{x},\boldsymbol{u})$ 表示输油管道在其整个生命周期内的全寿命费用，$\boldsymbol{x}$ 是维修间隔变量，结构参数 $\boldsymbol{d}$=[D, h]是设计变量的一部分，初始建造费用和后续维修费用分别表示为

$$C_{\mathrm{B}}(\boldsymbol{d}) = 1.5\pi h(D+h)$$

$$C_{\mathrm{M}}(\boldsymbol{x},\boldsymbol{u}) = \sum_{i=1}^{N}[C_{\mathrm{Ins}}^{i}(r_i,u_i) + C_{\mathrm{Rep}}^{i}(r_i,u_i)]$$

上式求和符号中的两项分别表示第 i 次检测费用和第 i 次维修费用；r_i 表示第 i 次维修之前的系统可靠度，依赖维修时间间隔 $\boldsymbol{x}^i = [x_1, x_2, \cdots, x_{i-1}, x_i]$ 及维修历史 $\boldsymbol{u}^{i-1} = [u_1, u_2, \cdots, u_{i-1}]$，$u_i$ 表示第 i 次维修。

假设存在 4 种不同的维修方式（即 3,2,1,0），分别表示替换、高质量维修、中等效果维修、不做任何处理。采用等效役龄后退模型（the proportional age setback，PAS）（Martorell 等，1999）来描述维修对结构性能的影响（Zhang 等，2019）。维修及检测所需费用（表示为 C_{B} 的倍数）如表 9-13 所示，时间单位以年计算，费用单位以元计算。

表 9-13　检测及维修费用

类型	3	2	1	0	C_{Ins}
费用	C_B	$C_B/2$	$C_B/5$	0	$C_B/10$

对于屈服，腐蚀管道的 LSF 写为（ASME B31G—2009）如下形式：

$$G(\boldsymbol{X})=Z=P_F-P_0=\frac{2S_F\cdot h}{D}-P_0=\frac{2(Y_S+68.95)h}{D}\cdot\left[\frac{1-\dfrac{a_0+R_a(t-T_0)}{h}}{1-\dfrac{a_0+R_a(t-T_0)}{Mh}}\right]-P_0$$

$$M=\begin{cases}\sqrt{1+0.6275\dfrac{L^2}{Dh}-0.003375\dfrac{L^4}{D^2h^2}}, & \dfrac{L^2}{Dh}\leqslant 50\\ 0.032\dfrac{L^2}{Dh}+3.3, & \dfrac{L^2}{Dh}>50\end{cases}$$

式中，P_F 是管道预计失效压力；P_0 是工作内压；S_F 是管道预计失效应力；Y_S 是管道屈服强度；a_0 和 L_0 分别是 T_0 时刻腐蚀裂纹的深度与长度；T_0 是管道投入使用的时间或进行检测的时间；R_a 和 R_L 是径向及轴向腐蚀速率；M 是膨胀应力放大系数。当环境不是特别恶劣时，裂纹扩展量 $(L-L_0)$ 与时间可近似为线性关系，即 $L=L_0+R_L(t-T_0)$，$a=a_0+R_a(t-T_0)$，$L_0=0$，$a_0=0$，$t_0=0$。时刻 t 的管道失效概率可以利用 FORM 计算得到。

表 9-14 给出了该问题中各随机变量的统计参数。结构参数变量的上下限是 $\boldsymbol{d}^L=[300,11.4]$ 和 $\boldsymbol{d}^U=[600,15.4]$（单位：mm）。

表 9-14　随机变量统计特性

变量	分布	均值	变异系数
Y_S/MPa	对数正态分布	385	0.07
R_a/(mm/年)	正态分布	0.3	0.20
R_L/(mm/年)	正态分布	18	0.20
P_0/MPa	正态分布	5.0	0.10

解　利用 co-PSO-DP 方法求得的优化解结果如表 9-15 所示。对于断裂失效，可列出相应的极限状态方程，以此进行可靠度分析和求解 LCC 优化问题，此处略去详情（Zhang 等，2019），仅列出其优化结果，如表 9-16 所示。

表 9-15　对应腐蚀失效的最优解（费用：$\times10^4$）

维修次数 N	最优解 $[D^*,h^*]$	建造费用 C_B	维修费用 C_M	全寿命费用 LCC	最佳间隔 $[x_1,x_2,\cdots,x_N]$	策略	可靠度 R
2	[300,13.10]	1.9328	1.1511	3.0839	[26.60,17.73]	[22]	0.9921
3	[300,11.94]	1.7552	1.2933	3.0484	[24.00,16.00,14.40]	[221]	0.9925
4	[300,11.95]	1.7567	1.3418	3.0985	[24.00,8.00,14.40,13.60]	[1220]	0.9910
5	[300,11.52]	1.6911	1.4294	3.1205	[23.00,7.67,6.00,12.57,6.00]	[11211]	0.9937
6	[300,11.52]	1.6911	1.4846	3.1757	[23.00,8.67,6.00, 6.00,6.00,6.00]	[111210]	0.9926

表 9-16　对应断裂失效的最优解（费用：$\times 10^4$）

维修次数 N	最优解 $[R^*,h^*]$	建造费用 C_B	维修费用 C_M	全寿命费用 LCC	最佳间隔$[x_1,x_2,x_3\cdots,x_N]$	策略	可靠度 R
2	[150,14.59]	2.1629	2.6339	4.7968	[20.20,20.20]	[33]	0.9942
3	[150,15.20]	2.2577	2.0593	4.3170	[21.20,14.13,12.72]	[222]	0.9917
4	[150,13.15]	1.9405	2.3869	4.3275	[17.80,11.87,10.68,10.17]	[2222]	0.9935
5	[150,12.43]	1.8301	2.5263	4.3564	[16.60,11.07,9.96,9.49,9.22]	[22221]	0.9921
6	[150,11.93]	1.7536	2.6992	4.4529	[14.70,6.00,9.49, 9.00,8.78,8.62]	[122221]	0.9918

两种极限状态函数（即屈服和断裂）对应的最优解具有相同的趋势，即最优内径 D（或内半径 R）取其下限值，而最佳壁厚 h 落在约束范围（11.4,15.4）内，其取值随 N 的不同而不同。根据材料力学理论，内压 p 引起的管道环向应力计算公式为 $\sigma = pD/2h$。由此可见，直径（D）越小，环向应力（σ）越小，管道越安全，选择较小的内径同时降低了维修费用和初期施工费用。壁厚（h）对初始建造费用和后续维修费用具有相反的影响，最佳厚度需要通过求解优化问题来确定。对于本例题，断裂准则比屈服准则更严格。前者倾向选择效果更好的干预方案，但是以更大的生命周期费用作为代价。当材料的断裂韧性较小时，应基于断裂失效准则进行结构优化设计。

参 考 文 献

贡金鑫，魏巍巍，赵国藩，2007. 工程结构可靠性设计原理[M]. 北京，机械工业出版社.

黄晓旭，2016. 结构的时变可靠度分析方法及优化设计研究[D]. 武汉：华中科技大学.

唐远富，2012. 复合材料结构可靠性鲁棒分析及优化算法研究[D]. 武汉：华中科技大学.

BICHON B, ELDRED M, MAHADEVAN S, et al., 2013. Efficient global surrogate modeling for reliability-based design optimization [J]. Journal of Mechanical Design, 135: 011009.

CHEN J, TANG Y, 2014. Sequential algorithms for structural design optimization under tolerance conditions[J]. Engineering Optimization, 46(9): 1183-1199.

CHEN J, ZHANG X, JING Z, 2018. A cooperative PSO-DP approach for the maintenance planning and RBDO of deteriorating structures[J]. Structural and Multidisciplinary Optimization, 58: 95-113.

GE R, CHEN J, WEI J, 2008. Reliability-based design of composites under the mixed uncertainties and the optimization algorithm[J]. Acta Mechanica Solida Sinica, 21: 19-27.

HAWCHAR L, EL SOUEIDY C-P, SCHOEFS F, 2018. Global kriging surrogate modeling for general time-variant reliability-based design optimization problems[J]. Structural and Multidisciplinary Optimization, 58(3): 955-968.

HU Z, DU X, 2015. Reliability-based design optimization under stationary stochastic process loads[J]. Engineering Optimization, 48(8): 1296-1312.

LI F, WU T, BADIRU A, et al., 2013. A single-loop deterministic method for reliability-based design optimization[J]. Engineering Optimization, 45(4): 435-458.

LI J, CHEN J, 2019. Solving time-variant reliability-based design optimization by PSO-t-IRS: A methodology incorporating a particle swarm optimization algorithm and an enhanced instantaneous response surface[J]. Reliability Engineering & System Safety, 191: 106580.

LI J, CHEN J, WEI J, et al., 2019. Developing an instantaneous response surface method t-IRS for time-dependent reliability analysis[J]. Acta Mechanica Solida Sinica, 32(4): 446-462.

MARTORELL S, SANCHEZ A, SERRADELL V, 1999. Age-dependent reliability model considering effects of maintenance and working conditions[J]. Reliability Engineering and System Safety, 64(1): 19-31.

NIKOLAIDIS E, BURDISSO R, 1988. Reliability-based optimization: a safety index approach[J]. Computers and Structures, 28: 781-788.

TANG Y, CHEN J, WEI J, 2012. A sequential algorithm for reliability-based robust design optimization under epistemic uncertainty[J]. Journal of Mechanical Design, 134: 014502-1-10.

TANG Y, CHEN J, WEI J, 2013. A surrogate-based particle swarm optimization algorithm for solving optimization problems with expensive black box functions[J]. Engineering Optimization, 45: 557-576.

WU Y T, SHIN Y, SUES R, et al., 2001. Safety-factor based approach for probability-based design optimization[C]// American Institute of Aeronautics and Astronautics. Proceedings of the 42nd AIAA/ASME/ASCE/AHS/ASC Structures, Structural Dynamics, and Materials Conference.，Reston, VA: AIAA, 1-9.

ZHANG X, CHEN J, WEI J, 2019. Condition-based scheduled maintenance optimization of structures based on reliability requirements under continuous degradation and random shocks[J]. Journal of Zhejiang University-Science A, 20(4):272-289.

习　题

对于例 9-2 的问题，通过计算验证其结果。

附录A　超越率公式的推导

式（6-83）推导如下，记

$$f_t(\Delta t)=\Pr\left\{\left[G(\boldsymbol{X},\boldsymbol{Y}(t),t)\geqslant 0\right]\cap\left[G(\boldsymbol{X},\boldsymbol{Y}(t+\Delta t),t+\Delta t)<0\right]\right\}$$

$$=\Phi_2[\beta(t),-\beta(t+\Delta t);\rho_G(t,t+\Delta t)] \tag{A-1}$$

因为 $f_t(0)=0$，所以有

$$v^+_{\mathrm{PHI2}}(t)=\lim_{\Delta t\to 0}\frac{f_t(\Delta t)-f_t(0)}{\Delta t}=f'_t(0) \tag{A-2}$$

根据二元正态分布的导数知识，有

$$\frac{\partial\Phi_2(x,y;\rho)}{\partial y}=\varphi(y)\Phi\left(\frac{x-\rho y}{\sqrt{1-\rho^2}}\right) \tag{A-3a}$$

$$\frac{\partial\Phi_2(x,y;\rho)}{\partial\rho}=\frac{\partial^2\Phi_2(x,y;\rho)}{\partial x\partial y}=\varphi_2(x,y;\rho) \tag{A-3b}$$

由式（A-1）和式（A-2）计算超越率，还需要分别计算 ρ_G 和 β 对时间增量的导数。由式（6-82）可知

$$\rho_G(t,t+\Delta t)=-\boldsymbol{\alpha}^{\mathrm{T}}(t)\cdot\boldsymbol{\alpha}(t+\Delta t) \tag{A-4}$$

当 $\Delta t\to 0$ 时，应用泰勒级数展开式，有

$$\begin{cases}\boldsymbol{\alpha}(t+\Delta t)=\boldsymbol{\alpha}(t)+\Delta t\boldsymbol{\alpha}'(t)+\dfrac{\Delta t^2}{2}\boldsymbol{\alpha}''(t)+o(\Delta t^2)\\ \boldsymbol{\alpha}'(t+\Delta t)=\boldsymbol{\alpha}'(t)+\Delta t\boldsymbol{\alpha}''(t)+o(\Delta t)\end{cases} \tag{A-5}$$

由于 $\boldsymbol{\alpha}(t)$ 为单位矢量，故有

$$\left\|\boldsymbol{\alpha}(t)\right\|^2=1,\ \frac{\mathrm{d}\left\{\left\|\boldsymbol{\alpha}(t)\right\|^2\right\}}{\mathrm{d}t}=2\boldsymbol{\alpha}^{\mathrm{T}}(t)\cdot\boldsymbol{\alpha}'(t)=0 \tag{A-6}$$

$$\frac{\mathrm{d}\left\{\boldsymbol{\alpha}^{\mathrm{T}}(t)\cdot\boldsymbol{\alpha}'(t)\right\}}{\mathrm{d}t}=\left\|\boldsymbol{\alpha}'(t)\right\|^2+\boldsymbol{\alpha}^{\mathrm{T}}(t)\cdot\boldsymbol{\alpha}''(t)=0 \tag{A-7}$$

由式（A-4）～式（A-7）可得

$$\frac{\partial\rho_G(t,t+\Delta t)}{\partial\Delta t}=-\boldsymbol{\alpha}^{\mathrm{T}}(t)\cdot\boldsymbol{\alpha}'(t+\Delta t)=-\Delta t\boldsymbol{\alpha}^{\mathrm{T}}(t)\cdot\boldsymbol{\alpha}''(t)+o(\Delta t)$$

$$=\Delta t\left\|\boldsymbol{\alpha}'(t)\right\|^2+o(\Delta t) \tag{A-8}$$

$$\rho_G(t,t+\Delta t)=-\boldsymbol{\alpha}^{\mathrm{T}}(t)\cdot\boldsymbol{\alpha}(t+\Delta t)=-1-\frac{\Delta t^2}{2}\boldsymbol{\alpha}^{\mathrm{T}}(t)\cdot\boldsymbol{\alpha}''(t)+o(\Delta t^2)$$

$$=-1+\frac{\Delta t^2}{2}\left\|\boldsymbol{\alpha}'(t)\right\|^2+o(\Delta t^2) \tag{A-9}$$

$$\sqrt{1-\rho_G^2(t,t+\Delta t)}=\sqrt{\left(1+\rho_G(t,t+\Delta t)\right)\left(1-\rho_G(t,t+\Delta t)\right)}$$
$$=\Delta t\left\|\boldsymbol{\alpha}'(t)\right\|+o(\Delta t) \tag{A-10}$$

对 $\beta(t+\Delta t)$做泰勒级数展开，有

$$\beta(t+\Delta t)=\beta(t)+\Delta t\beta'(t)+\frac{\Delta t^2}{2}\beta''(t)+o(\Delta t^2) \tag{A-11}$$

由式（A-9）和式（A-11）得到如下关系：

$$\beta(t)+\rho_G(t,t+\Delta t)\beta(t+\Delta t)$$
$$=-\Delta t\beta'(t)+\frac{\Delta t^2}{2}\left[\beta(t)\left\|\boldsymbol{\alpha}'(t)\right\|^2-\beta'(t)\right]+o(\Delta t^2)$$
$$=-\Delta t\beta'(t)+o(\Delta t) \tag{A-12}$$

根据式（A-1）和式（A-2）计算导数时分为两项，利用式（A-3）及上述结果，经过演算，分别有

$$A_1(t,\Delta t)=-\frac{\partial\Phi_2[\beta(t),-\beta(t+\Delta t);\rho_G(t,t+\Delta t)]}{\partial\beta(t+\Delta t)}\cdot\beta'(t+\Delta t)$$
$$=-\beta'(t+\Delta t)\varphi(\beta(t+\Delta t))\Phi\left(\frac{\beta(t)+\rho_G(t,t+\Delta t)\beta(t+\Delta t)}{\sqrt{1-\rho_G^2(t,t+\Delta t)}}\right) \tag{A-13}$$

$$A_1(t,0)=\lim_{\Delta t\to 0}A_1(t,\Delta t)=-\beta'(t)\varphi(\beta(t))\Phi\left(\frac{-\beta'(t)}{\left\|\boldsymbol{\alpha}'(t)\right\|}\right) \tag{A-14}$$

$$A_2(t,\Delta t)=\frac{\partial\Phi_2[\beta(t),-\beta(t+\Delta t);\rho_G(t,t+\Delta t)]}{\partial\rho_G}\cdot\frac{\partial\rho_G(t,t+\Delta t)}{\partial\Delta t}$$
$$=\varphi_2(\beta(t),-\beta(t+\Delta t);\rho_G(t,t+\Delta t))\cdot\frac{\partial\rho_G(t,t+\Delta t)}{\partial\Delta t} \tag{A-15}$$

式中，

$$\varphi_2(\beta(t),-\beta(t+\Delta t);\rho_G(t,t+\Delta t))$$
$$=\frac{1}{2\pi\sqrt{1-\rho_G^2(t,t+\Delta t)}}\exp\left[-\frac{1}{2}\frac{\beta^2(t)+2\rho_G(t,t+\Delta t)\beta(t)\beta(t+\Delta t)+\beta^2(t+\Delta t)}{1-\rho_G^2(t,t+\Delta t)}\right]$$
$$=\frac{1}{2\pi\Delta t\left\|\boldsymbol{\alpha}'(t)\right\|}\exp\left[-\frac{1}{2}\cdot\frac{2\beta(t)\left\{\beta(t)+\rho_G(t,t+\Delta t)\beta(t+\Delta t)\right\}+\beta^2(t+\Delta t)-\beta^2(t)}{\left\{\Delta t\left\|\boldsymbol{\alpha}'(t)\right\|\right\}^2}\right] \tag{A-16}$$

利用式（A-12），保留二阶小量，则式（A-16）化为

$$\varphi_2(\beta(t),-\beta(t+\Delta t);\rho_G(t,t+\Delta t))$$
$$\approx\frac{1}{2\pi\Delta t\left\|\boldsymbol{\alpha}'(t)\right\|}\exp\left[-\frac{1}{2}\left(\beta^2(t)+\frac{\beta'^2(t)}{\left\|\boldsymbol{\alpha}'(t)\right\|^2}\right)\right]$$
$$=\frac{1}{\Delta t\left\|\boldsymbol{\alpha}'(t)\right\|}\varphi\left(\beta(t)\right)\varphi\left(\frac{\beta'(t)}{\left\|\boldsymbol{\alpha}'(t)\right\|}\right) \tag{A-17}$$

因此有

$$A_2(t,0)=\lim_{\Delta t\to 0}A_2(t,\Delta t)=\left\|\boldsymbol{\alpha}'(t)\right\|\varphi\big(\beta(t)\big)\varphi\left(\frac{\beta'(t)}{\left\|\boldsymbol{\alpha}'(t)\right\|}\right) \tag{A-18}$$

最后得到如下结果：

$$\begin{aligned}
v_{\mathrm{PHI2}}^{+}(t)&=A_1(t,0)+A_2(t,0)\\
&=-\beta'(t)\varphi(\beta(t))\Phi\left(-\frac{\beta'(t)}{\left\|\boldsymbol{\alpha}'(t)\right\|}\right)+\left\|\boldsymbol{\alpha}'(t)\right\|\varphi\big(\beta(t)\big)\varphi\left(\frac{\beta'(t)}{\left\|\boldsymbol{\alpha}'(t)\right\|}\right)\\
&=\left\|\boldsymbol{\alpha}'(t)\right\|\varphi\big(\beta(t)\big)\left\{\varphi\left(\frac{\beta'(t)}{\left\|\boldsymbol{\alpha}'(t)\right\|}\right)-\frac{\beta'(t)}{\left\|\boldsymbol{\alpha}'(t)\right\|}\Phi\left(-\frac{\beta'(t)}{\left\|\boldsymbol{\alpha}'(t)\right\|}\right)\right\}\\
&=\left\|\boldsymbol{\alpha}'(t)\right\|\varphi\big(\beta(t)\big)\Psi\left(\frac{\beta'(t)}{\left\|\boldsymbol{\alpha}'(t)\right\|}\right)
\end{aligned} \tag{A-19}$$

式中，引入函数符号 $\Psi(x)=\varphi(x)-x\Phi(-x)$，推导完成。

附录B　习 题 答 案

第1章

1.1

$$R(t)=\mathrm{e}^{-\lambda t}\text{，}\quad 0.8=\mathrm{e}^{-\lambda\times 50}\text{，}\quad \lambda=4.463\times 10^{-3}(1/\mathrm{h})$$

$$A=\frac{1}{1+(\lambda/\mu)}\text{，}\quad \mu=\lambda\times\frac{A}{1-A}=0.2187(1/\mathrm{h})$$

1.2

$$\lambda=4/180\approx 0.0222(1/\mathrm{h})$$
$$A=180/(180+12)=0.9375$$
$$\mu=\lambda\times\frac{A}{1-A}\approx 0.3333(1/\mathrm{h})$$

1.3

$$\lambda(t)=-\frac{\mathrm{d}R(t)/\mathrm{d}t}{R(t)}=1-kt\quad (0<t<1/k)$$

$$f(t)=-\frac{\mathrm{d}R(t)}{\mathrm{d}t}=-(kt-1)\exp\left(\frac{k}{2}t^2-t\right)$$

1.4

$$\frac{1}{\lambda}=\frac{t}{\ln(1/R)}=\frac{20}{\ln(1/0.99999)}\approx 2\times 10^6(\text{年})$$

1.5

$$R(t)=\exp(-\lambda t)=0.9980$$

1.6

提出假设检验：$H_0:\sigma^2=5000$；$H_1:\sigma^2\neq 5000$。

选择检验统计量：$\chi^2=\dfrac{n-1}{\sigma_0^2}S^2\sim\chi^2(n-1)$。

对于给定的显著性水平$\alpha=0.02$，$n=26$，查χ^2分布表，得

$$\chi^2_{1-\alpha/2}(n-1)=\chi^2_{0.99}(25)=11.524\text{，}\quad \chi^2_{\alpha/2}(n-1)=\chi^2_{0.01}(25)=44.314$$

由此可得检验问题的拒绝域为

$$W=(0,11.524)\cup(44.314,+\infty)$$

将$\sigma_0^2=5000$，$s^2=9200$及n=26代入χ^2统计量中，得

$$\chi^2=\frac{n-1}{\sigma_0^2}s^2=\frac{26-1}{5000}\times 9200=46\in W$$

所以，在显著性水平$\alpha=0.02$下，应拒绝H_0，认为这批电池寿命的波动比以往有显著的变化。

1.7

图 1-9（b）中段、下段及系统的结构函数推导如下：

$$a_{\mathrm{M}}=\{1-(1-a_2)(1-a_3)\}\times a_4$$
$$a_{\mathrm{B}}=a_5\times a_6\times a_7$$
$$a=1-(1-a_1)(1-a_{\mathrm{M}})(1-a_{\mathrm{B}})$$

图 1-9（c）最小路集为

$$S_1=\{E_1,E_3\}，\quad S_2=\{E_1,E_4,E_5\}$$
$$S_3=\{E_2,E_4\}，\quad S_4=\{E_2,E_3,E_5\}$$

1.8

类比图 1-9（c），最小割集为

$$S_1=\{E_1,E_2\}，\quad S_2=\{E_1,E_3,E_4,E_6\}$$
$$S_3=\{E_2,E_3,E_4,E_5\}，\quad S_4=\{E_5,E_6\}$$

系统的结构函数为

$$a=\{1-(1-a_1)(1-a_2)\}\times\{1-(1-a_1)(1-a_3)(1-a_4)(1-a_6)\}$$
$$\times\{1-(1-a_2)(1-a_3)(1-a_4)(1-a_5)\}\times\{1-(1-a_5)(1-a_6)\}$$

子系统（E_3～E_4）可靠度为$R_7=1-(1-R_3)(1-R_4)=0.9975$，系统可靠度为

$$R_S=R_7\{1-(1-R_1)(1-R_2)\}\{1-(1-R_5)(1-R_6)\}+(1-R_7)\{1-(1-R_1R_5)(1-R_2R_6)\}$$
$$=0.9950$$

1.9

$$\lambda=1/2000(1/\mathrm{h})$$
$$R_i(t)=\exp\left(-\int_0^{50}\lambda\mathrm{d}t\right)\approx0.9753，\quad R_{\mathrm{S}}(t)=0.9753^{10}\approx0.7788$$

1.10

$$R_i(t)=\mathrm{e}^{-\lambda t}$$
$$R_{\mathrm{S}}(t)=1-(1-\mathrm{e}^{-\lambda t})^3=3\mathrm{e}^{-\lambda t}-3\mathrm{e}^{-2\lambda t}+\mathrm{e}^{-3\lambda t}$$
$$\text{平均寿命}=3/\lambda-\frac{3}{2}\lambda+\frac{1}{3}\lambda=\frac{11}{6}\lambda\approx1833.3(\mathrm{h})$$

1.11

有 3 个或 4 个引擎发生故障时，飞机不能正常飞行。

$$R_i(t)=\mathrm{e}^{-\lambda t}，\ R_i(10)=\mathrm{e}^{-0.005\times10}\approx0.9512$$
$$R_{\mathrm{S}}(t)=1-\mathrm{C}_4^3(1-\mathrm{e}^{-\lambda t})^3\mathrm{e}^{-\lambda t}-(1-\mathrm{e}^{-\lambda t})^4，\ R_{\mathrm{s}}(10)\approx0.9996$$

1.12

设子系统 1 和 2 中，所需元件个数分别为n_1,n_2，对于方案 a，有

$$n_1=\frac{\ln(1-0.85)}{\ln(1-0.6)}=2.1，\ n_2=\frac{\ln(1-0.95)}{\ln(1-0.8)}=1.8$$

系统费用：$C_S = n_1c_1 + n_2c_2 = 3\times5 + 2\times3 = 21$。

对于方案b，有

$$n_1 = \frac{\ln(1-0.95)}{\ln(1-0.6)} = 3.2,\quad n_2 = \frac{\ln(1-0.85)}{\ln(1-0.8)} = 1.1$$

系统费用：$C_S = n_1c_1 + n_2c_2 = 4\times5 + 2\times3 = 26$。

第2章

2.1

对应平均再归时间 n 年的风速记为 x_n，年度超越概率为 $1/n$，即

$$\Pr[X > x_n] = 1 - F_X(x_n) = 1/n$$

$$x_n = F_X^{-1}(1-1/n) = \log(-\log(1-1/n))/(-0.6) + 11.64$$

$$x_{10} = 15.39\text{m/s},\quad x_{100} = 19.31\text{m/s}$$

2.2

1）1年内，日最大降水量是100个样本数据中的最大值，$F_{100}(x) = [\Phi((x-4)/1)]^{100}$。

2）$p = 1 - F_{100}(8) = 1 - [\Phi(4)]^{100} = 0.00316$。

3）$p = 1 - F_{1000}(8) = 1 - [\Phi(4)]^{1000} = 0.03118$。

2.3

由归一化条件可得

$$f_{XY}(x,y) = \begin{cases} 1/\pi R^2, & -R \leqslant x \leqslant R,\ -\sqrt{R^2-x^2} \leqslant y \leqslant \sqrt{R^2-x^2} \\ 0, & \text{其他} \end{cases}$$

$$f_X(x) = \int_{-\infty}^{\infty} f_{XY}(x,y)\mathrm{d}y = 2\sqrt{R^2-x^2}\Big/\pi R^2$$

边缘概率密度函数 $f_X(x)$ 为非均匀分布。

2.4

1）年度失效概率记为 p_f，各年度事件相互独立，则20年间的失效概率计算式（第20次破坏，之前19次未发生破坏）为

$$\Pr(N \leqslant 20) = F_N(20) = \sum_{i=1}^{20}(1-p_\mathrm{f})^{i-1}p_\mathrm{f}$$

$$= 1-(1-p_\mathrm{f})^{20} = 0.2$$

求出 $p_\mathrm{f} = 0.0111$，因此再归时间 $T_R = 1/p_\mathrm{f} = 90.1$ 年。

2）$\Pr(N \leqslant 10) = 1-(1-p_\mathrm{f})^{10} = 1-(0.9889)^{10} \approx 0.106$。

3）在10年时间内，容许一次常规失效，可以对其修复，第二次极限风载就会导致破坏。利用二项分布 $\Pr(n=2) = \mathrm{C}_{10}^2 p_\mathrm{f}^{\,2}(1-p_\mathrm{f})^{10-2} \approx 0.0051$，可得存活概率为0.9949。

2.5

1）$SF_\mathrm{c} = 200/100 = 2.0$。

2）$p_\mathrm{f} = 1 - F_S(200) = 1 - \Phi\left(\dfrac{200-\mu_S}{\sigma_S}\right) = 4.2\times10^{-4}$。

3） $p_f = \Phi\left(-(200-100)/\sqrt{\sigma_R^2+\sigma_S^2}\right) = 2.8\times10^{-5}$。

4） $200 = \mu_R(1-k_{0.05}V_R) = \mu_R(1-1.645\times0.1)$， $\mu_R = 239.4$。
$100 = \mu_S(1+1.645\times0.3)$， $\mu_S = 66.96$。

第3章

3.1

M_A的均值和标准差为

$$\mu_{M_A} = 10\mu_{P_C} - 5\mu_{P_B} = 1.50(\text{kN}\cdot\text{m})$$

$$\sigma_{M_A} = \sqrt{10^2\sigma_{P_C}^2 + 5^2\sigma_{P_B}^2} \approx 0.2136(\text{kN}\cdot\text{m})$$

功能函数$Z = R_A - M_A$的均值和标准差为

$$\mu_Z = 2.5 - 1.5 = 1.0(\text{kN}\cdot\text{m})$$

$$\sigma_Z = \sqrt{0.25^2 + 0.2136^2} \approx 0.3288(\text{kN}\cdot\text{m})$$

$$\beta = \mu_Z/\sigma_Z \approx 3.041$$

3.2

在均值点处线性展开，有

$$M = g(Y,Z,M_A) = YZ - M_A$$

$$h(Y,Z,M_A) = \mu_Y\mu_Z - \mu_{M_A} + 0.5(Y-\mu_Y) + 500(Z-\mu_Z) - (M_A - \mu_{M_A})$$

$$\mu_M = 500\times0.5 - 150 = 100(\text{kN}\cdot\text{cm})$$

$$\sigma_M = \sqrt{\mu_Z^2\sigma_Y^2 + \mu_Y^2\sigma_Z^2 + (-1)^2\sigma_{M_A}^2} \approx 34.37(\text{kN}\cdot\text{cm})$$

$$\beta = \mu_M/\sigma_M \approx 2.910$$

3.3

$$U_1 = (Y-\mu_Y)/\sigma_Y，\ U_2 = (Z-\mu_Z)/\sigma_Z，\ U_3 = (M_A - \mu_{M_A})/\sigma_{M_A}$$

$$h(\boldsymbol{U}) = 25U_1 + 10U_2 - 21.36U_3 + U_1U_2 + 100$$

$$\frac{\partial h}{\partial U_1} = 25 + U_2,\ \frac{\partial h}{\partial U_2} = 10 + U_1,\ \frac{\partial h}{\partial U_3} = -21.36$$

$$\alpha_1^* = \frac{25+u_2^*}{k},\ \alpha_2^* = \frac{10+u_1^*}{k},\ \alpha_3^* = \frac{-21.36}{k},\ k = \sqrt{(25+u_2^*)^2 + (10+u_1^*)^2 + (-21.36)^2}$$

取初始点$(0,0,0)^{\mathrm{T}}$，通过迭代计算得到表B-1所示的结果。

表B-1 迭代计算结果

迭代次数	α_1^*	α_2^*	α_3^*	β	u_1^*	u_2^*	u_3^*
1	0.7274	0.2910	−0.6215	2.964	−2.156	−0.8625	1.842
2	0.7276	0.2365	−0.6439	2.959	−2.153	−0.6996	1.905
3	0.7299	0.2357	−0.6416	2.959	−2.160	−0.6974	1.898
4	0.7300	0.2355	−0.6416	2.959	−2.159	−0.6968	1.898
5	0.7300	0.2355	−0.6416	2.959	−2.159	−0.6968	1.898

即

$$u_1^* = -2.159, \ u_2^* = -0.6968, \ u_3^* = 1.898$$

$$\beta_{\text{HL}} = 2.959, \ p_{\text{f}} \approx \Phi(-2.959) = 1.543 \times 10^{-3}$$

$$Y = 392.1\text{kN/cm}^2, \ Z = 0.4861\text{cm}^3, \ M_A = 190.5\text{kN}\cdot\text{cm}$$

3.4

$\beta = \mu_G / \sigma_G = 12/\sqrt{5} \approx 5.37$ 或 $Y_1 = (X_1 - 20)/2$，$Y_2 = (X_2 - 10)/1$，$g(y) = -2y_1 + y_2 + 12 = 0$，最短距离为 5.37。

3.5

$$g(X) = X_1 X_2 - X_3 = 0$$

结果：$\beta = 3.0491$。

3.6

1）给定中心安全系数时，均值之间应满足如下关系：

$$\mu_S bh^2 \geqslant 6\mu_M \times 2\text{，}\ 2\mu_\tau bh \geqslant 3\mu_V \times 2$$

利用 $h = 2b$，分别解出

$$b \geqslant (109.54, 237.17)\text{mm}\text{，}\ g_S = S_y bh^2 - 6M\text{，}\ g_\tau = 2\tau_y bh - 3V$$

对于正应力和切应力强度条件，分别得到如下结果：

$$\beta_s = \frac{E[g_s(X)]}{\sqrt{\text{Var}[g_s(X)]}} = 4.09$$

$$\beta_\tau = \frac{E[g_\tau(X)]}{\sqrt{\text{Var}[g_\tau(X)]}} = 3.54$$

2）令 $X = \{S_y, M, V, \tau_y\}$，$g_S$ 的梯度向量为 $\{bh^2, -6, 0, 0\}$；g_τ 的梯度向量为 $\{0, 0, -3, 2bh\}$，协方差矩阵及可靠度指标计算结果为

$$\text{Cov} = \begin{bmatrix} \sigma_S^2 & 0 & 0 & 0 \\ 0 & \sigma_M^2 & 0.5\sigma_M\sigma_V & 0 \\ 0 & 0.5\sigma_M\sigma_V & \sigma_V^2 & 0 \\ 0 & 0 & 0 & \sigma_\tau^2 \end{bmatrix}$$

$$\beta_S = \frac{E[g_S(X)]}{\sqrt{\text{Var}[g_S(X)]}} = \frac{bh^2\mu_S - 6\mu_M}{\sqrt{\nabla_{g_S}^{\text{T}} \cdot \text{Cov} \cdot \nabla_{g_S}}} \approx 4.09$$

$$\beta_\tau = \frac{E[g_\tau(X)]}{\sqrt{\text{Var}[g_\tau(X)]}} = \frac{2bh\mu_\tau - 6\mu_V}{\sqrt{\nabla_{g_\tau}^{\text{T}} \cdot \text{Cov} \cdot \nabla_{g_\tau}}} \approx 3.54$$

M 和 V 的相关性不影响单独的可靠度指标结果，但会影响体系可靠度指标。

3.7

$$p_{\text{f}} = \Phi(-\beta_S) + \Phi(-\beta_\tau) - \Phi(-\beta_S)\Phi(-\beta_\tau) = 2.2494 \times 10^{-4}$$

$$\beta = -\Phi^{-1}(-p_{\text{f}}) = 3.51$$

3.8

$$f(x)=\frac{1}{\sqrt{2\pi}\sigma x}\exp\left[-\frac{1}{2}\frac{(\ln x-\mu)^2}{\sigma^2}\right]\quad(x>0)$$

$$\mu_X=\exp(\mu+\sigma^2/2),\sigma_X^2=\exp(2\mu+\sigma^2)\{\exp(\sigma^2)-1\}$$

$$V_X=\frac{\sigma_X}{\mu_X}=\{\exp(\sigma^2)-1\}^{1/2}\approx\sigma$$

令$U=\ln X$，有如下关系：

$$\mu_U=\mu=\ln\mu_X-\frac{\sigma^2}{2}\approx\ln\mu_X$$

$$\sigma_U^2=\sigma^2\approx V_X^2$$

3.9

1）在以下计算中省去单位

$$\mu_Z=\mu_R-\mu_{S_1}-\mu_{S_2}=8\text{，}\quad\sigma_Z=\sqrt{\sigma_R^2+\sigma_{S_1}^2+\sigma_{S_2}^2}=2.2913\text{，}\quad\beta=\frac{\mu_Z}{\sigma_Z}=3.4915$$

2）协方差矩阵为

$$\boldsymbol{C}=\begin{bmatrix}\sigma_R^2 & \rho_{RS_1}\sigma_R\sigma_{S_1} & \rho_{RS_2}\sigma_R\sigma_{S_2}\\ \rho_{RS_1}\sigma_R\sigma_{S_1} & \sigma_{S_1}^2 & \rho_{S_1S_2}\sigma_{S_1}\sigma_{S_2}\\ \rho_{RS_2}\sigma_R\sigma_{S_2} & \rho_{S_1S_2}\sigma_{S_1}\sigma_{S_2} & \sigma_{S_2}^2\end{bmatrix}=\begin{bmatrix}4 & 0 & 0\\ 0 & 1 & 0.25\\ 0 & 0.25 & 0.25\end{bmatrix}$$

$\boldsymbol{C}$的特征值：$\lambda_1=4$，$\lambda_2=1.0757$，$\lambda_3=0.1743$。

特征向量：$\boldsymbol{V}_1=[1,0,0]^{\mathrm{T}}$，$\boldsymbol{V}_2=[0,-0.9571,-0.2898]^{\mathrm{T}}$，$\boldsymbol{V}_3=[0,0.2898,-0.9571]^{\mathrm{T}}$

由此得到转换矩阵为

$$\boldsymbol{A}=\begin{bmatrix}1 & 0 & 0\\ 0 & -0.9571 & 0.2898\\ 0 & -0.2898 & -0.9571\end{bmatrix}$$

由式（3-45）～式（3-48），得到如下转换之后的极限状态方程，以及可靠度指标：

$$Z=R-S_1-S_2=R+1.2469Y_1+0.6673Y_2$$

$$\mu_{Y_1}=-10.1505\text{，}\quad\mu_{Y_2}=0.9837\text{；}\quad\sigma_{Y_1}=1.0372\text{，}\quad\sigma_{Y_2}=0.4175$$

$$\beta=\frac{\mu_Z}{\sigma_Z}=3.3360$$

3）解题步骤同2)，结果为$\beta=4.4374$。

4）解题步骤同2)，结果为$\beta=4.8246$。

第4章

4.1

假定对于R和S，各取样本10个。对于表中前面10个随机数$u_1=0.9311,\cdots,u_{10}$。$x_i=\Phi^{-1}(u_i)(i=1,2,\cdots,10)$，得到对应的$R$的样本值：$x_1=1.49=(r_1-\mu_R)/\sigma_R$，$r_1=13.0+1.49\times1.5\approx15.24,\cdots,r_{10}$。由另10个随机数$u_{11},\cdots,u_{20}$，得到$S$的10个样本值$s_1,\cdots,s_{10}$。结

果有一次$r_i < s_i$成立，由此估计的失效概率为$p_\mathrm{f} = 0.1$。理论值为$p_\mathrm{f} = 0.0618$。因为样本太少，所以结果的精度差，相对误差为53%。

4.2

对于习题4.1，对于u_1, x_1，得到$s_1 = 10.0 + 1.49 \times 1.25 \approx 11.86$，和归一化的$s_1 = (11.86 - 13.0)/1.5 = -0.76$。计算$F_R(s_1) = \Phi(-0.76) = 0.2237$。类似地，得到其他9个$F_R(s_i)(i = 2,3,\cdots,10)$。$p_\mathrm{f} = \{F_R(s_1) + F_R(s_2) + \cdots + F_R(s_{10})\}/10 = 0.0532$，该结果与理论值的误差约为14%。

4.3

对于随机数u_i，通过正态函数的反函数得到随机变量$x_i = \Phi^{-1}(u_i)$，得到抽样$v_i = 11.5 + 1.3x_i$，以及样本函数值$h_V(v_i) = \varphi(y_i)$，$y_i = (v_i - \mu_V)/\sigma_V$。类比习题4.2，在IS方法积分计算公式中，$I[]f_X / h_V$替换为$F_R f_S / h_V$，对于10个样本，得到结果$\left(\sum F_R f_S / h_V\right)/10 = 0.478/10 = 0.0478$，误差为23%。

4.4

原始MCS结果如表B-2所示。

表B-2 原始MCS结果

N	p_f	δp_f
10^3	2.0×10^{-3}	7.07×10^{-1}
10^4	1.60×10^{-3}	2.50×10^{-1}
10^5	1.730×10^{-3}	7.60×10^{-2}
10^6	1.598×10^{-3}	2.50×10^{-2}
10^7	1.588×10^{-3}	7.93×10^{-3}
10^8	1.591×10^{-3}	2.51×10^{-3}

在应用IS方法时，其抽样中心为$\boldsymbol{u}^* = (-2.159, -0.6968, 1.898)$，结果如表B-3所示。

表B-3 IS方法抽样结果

N	p_f	δp_f
10^1	2.068×10^{-3}	5.83×10^{-1}
10^2	1.295×10^{-3}	2.26×10^{-1}
10^3	1.609×10^{-3}	5.78×10^{-2}
10^4	1.583×10^{-3}	1.85×10^{-2}
10^5	1.573×10^{-3}	5.80×10^{-3}
10^6	1.575×10^{-3}	1.83×10^{-3}
10^7	1.575×10^{-3}	5.79×10^{-4}

在同等精度条件下（分散程度相当），重要抽样法的效率高于直接MCS方法两个量级。在$N = 10^5$时，认为IS方法的精度已满足要求。由FORM方法计算的结果与之相差约2%。

第5章

5.1

1） $\mu_X = 5000\Gamma(1/5+1) = 5000\times 0.918 = 4590(\text{N})$。

2） $\beta' = 50^{-1/5}\times 5000 \approx 2287(\text{N})$， $\mu_X = 2287\Gamma(1.2) \approx 2099(\text{N})$，

$\beta' = 100^{-1/5}\times 5000 \approx 1991(\text{N})$， $\mu_X = 1991\Gamma(1.2) \approx 1827(\text{N})$。

3） $0.01 = 1-\exp\{-(y/\beta')^{\alpha}\}$，

$y_{50} = \beta'[\ln(1/0.99)]^{1/\alpha} \approx 911.793(\text{N})$，

$y_{100} = \beta'[\ln(1/0.99)]^{1/\alpha} \approx 793.428(\text{N})$。

5.2

$M_i = R_i - L/3$，均值为 26.67，标准差为 13.02，可靠度指标及失效概率为

$$\beta=2.048,\ p_{\text{f}} = \Phi(-2.048) = 2.018\times 10^{-2}$$

5.3

各构件：$p_{\text{f}i} = 2.018\times 10^{-2}$，单纯上下界：$(2.018, 6.054)\times 10^{-2}$。由

$M_i = R_i - L/3$， $\text{Cov}[M_i, M_j] = (-1/3)(-1/3)(\sigma_L)^2 = 69.44$， $\rho_{ij} = 0.4099 \quad (i \neq j)$

$$p_{\text{f}12} = p_{\text{f}13} = p_{\text{f}23} = \Phi(-\beta_i, -\beta_j; \rho_{ij}) = 2.5503\times 10^{-3}$$

求得二阶上下界分别为

$$p_{\text{f}}^{\text{L}} = p_{\text{f}1} + \max[p_{\text{f}2} - p_{\text{f}12}, 0] + \max[p_{\text{f}3} - p_{\text{f}13} - p_{\text{f}23}, 0] = 5.289\times 10^{-2}$$

$$p_{\text{f}}^{\text{U}} = p_{\text{f}1} + p_{\text{f}2} + p_{\text{f}3} - p_{\text{f}12} - \max[p_{\text{f}13}, p_{\text{f}23}] = 5.544\times 10^{-2}$$

5.4

视为并联系统，有 $g = R_1 + R_2 + R_3 - L$。

均值和标准差分别为 80.00,30.41。

可靠度指标和失效概率分别为 $2.631, 4.269\times 10^{-3}$。

5.5

根据初始失效概率的定义可知，该系统可视为 3 杆件的串联系统，任何一个杆件失效，则该系统失效。功能函数为 $M_i = R_i - L/3 (i=1,2,3)$，随机变量 $\boldsymbol{X} = [R_1, R_2, R_3, L]$ 均为正态分布随机变量，首先产生 10^5 组 $\boldsymbol{X}$ 的样本，计算各样本对应的功能函数值，利用式（5-41）得到对应的指示函数值，进而计算串联系统的可靠度。运用 MCS 方法时共需要 3×10^5 次函数调用，计算得到的失效概率为 $p_{\text{fs}} = 5.364\times 10^{-2}$。

5.6

列出如下可能的失效模式（见图 5-15）：

$$G_1(\boldsymbol{X}) = 2M_{\text{D}} + M_{\text{B}} - 2Q_1 = 0$$

$$G_2(\boldsymbol{X}) = 2M_{\text{E}} + M_{\text{B}} - 2Q_2 = 0$$

$$G_3(\boldsymbol{X}) = 2M_{\text{D}} + 2M_{\text{B}} + 2M_{\text{E}} - 2Q_1 - 2Q_2 = 0$$

以上 3 个极限状态函数均为线性函数，因此三者均服从正态分布，可以直接按照

公式求解可靠度指标，即

$$\beta=\mu_G/\sigma_G=(2.31,1.82,2.85)，\quad p_{\mathrm{f}}=\Phi(-\beta)=(0.0105,0.0344,0.0022)$$

则结构失效概率的下限值为 0.0344，上限值（三项之和）为 0.0470。

5.7

1） $\Pr(F)=\Pr(A)+\Pr(B)-\Pr(AB)=\Pr(A)+\Pr(B)-\Pr(B\mid A)\Pr(A)$

$=0.1+0.1-0.7\times0.1=0.13$ 。

2）由对称性： $\Pr(F)=\Pr(AB')+\Pr(A'B)=2\Pr(A)\Pr(B'\mid A)$

$=2\Pr(A)[1-\Pr(B\mid A)]=2\times0.1\times(1-0.7)=0.06$ 。

3） $\Pr(F)=\Pr(AB)=0.7\times0.1=0.07$ 。

5.8

$$\Pr(T)=\Pr(A)\cup\Pr(B)\cup\Pr(C)=\Pr(A)+\Pr(B)+\Pr(C)-\Pr(AB)-\Pr(BC)-\Pr(AC)+\Pr(ABC)$$
$$=0.01+0.02+0.03-0.01\times0.02-0.02\times0.03-0.03\times0.01$$
$$+0.01\times0.02\times0.03=0.0589$$

或

$$\Pr(T)=1-\Pr(A'B'C')=1-0.99\times0.98\times0.97\approx0.0589$$

5.9

$$\Pr(BC)=\Pr(C\mid B)\Pr(B)=0.6\times0.02=0.012$$
$$\Pr(ABC)=\Pr(A)\Pr(BC)=0.01\times0.012=0.00012$$
$$\Pr(T)=0.01+0.02+0.03-0.01\times0.02-0.012-0.03\times0.01+0.00012$$
$$\approx0.0476$$

或

$$\Pr(T)=\Pr(A\cup B\cup C)=1-\Pr(\bar{A}\cap\bar{D}), D=B\cup C,$$
$$\Pr(\bar{D})=1-\Pr(B\cup C)=1-\left[\Pr(B)+\Pr(C)-\Pr(C|B)\Pr(B)\right]$$
$$=1-(0.02+0.03-0.012)=0.962$$
$$\Pr(T)=1-\Pr(\bar{A})\Pr(\bar{D})$$
$$=1-(1-0.01)\times0.962\approx0.0476$$

5.10

参考图 5-4，可以得到以下几何关系：

$$\cos\alpha_1=\cos\alpha_2=150/L_1，\cos\alpha_3=150/L_3$$
$$\sin\alpha_1=\sin\alpha_2=20/L_1，\sin\alpha_3=30/L_3$$

假定杆 3 不变形，加载点虚位移 $AA'=\delta$ ，竖直位移分量为 $\delta\cos\alpha_3$ ，外力虚功为 $P\delta\cos\alpha_3$ 。杆 2 缩短量为 $\delta\sin(\alpha_3-\alpha_2)$ ，杆 1 缩短量 $\delta\sin(\alpha_3-(2\pi-\alpha_1))=\delta\sin(\alpha_3+\alpha_1)$ 。根据外力虚功等于内力虚功，有

$$N_1\delta\sin(\alpha_3+\alpha_1)+N_2\delta\sin(\alpha_3-\alpha_2)=P\delta\cos\alpha_3$$

利用几何关系，代入相关数据，并将杆的内力替换为相应的强度，得到失效模式 1 的极限状态函数为

$$Z_1=R_1+0.2\times R_2-3.03\times P$$

同理，假定杆 2 不变形，由虚功原理得到（杆 1 受压，杆 3 受拉）

$$N_1\delta\sin(\alpha_2+\alpha_1)+N_3\delta\sin(\alpha_3-\alpha_2)=P\delta\cos\alpha_2$$

$$Z_2=R_1+0.25\times R_3-3.78\times P$$

假定杆 1 不变形，由虚功原理得到（杆 2 和杆 3 受拉）

$$N_2\delta\sin(\alpha_2+\alpha_1)+N_3\delta\sin(\alpha_3+\alpha_1)=P\delta\cos\alpha_1$$

$$Z_3=R_2+1.24R_3-3.78\times P$$

第 6 章

6.1

1）年度超越概率为

$$\Phi((1.8-5.2)/0.64)=\Phi(-5.3)=5.8\times10^{-6}$$

$$\Phi((2.5-5.2)/0.64)=\Phi(-4.22)=1.3\times10^{-3}$$

$$\Phi((4.3-5.2)/0.64)=\Phi(-1.406)=0.08$$

2）100 年内的超越概率为

$$p_\mathrm{f}(t_\mathrm{L}=100)=1-\exp\{-[1-F_Y(a)]vt_\mathrm{L}\}=1-\exp\{-0.08\times0.071\times100\}\approx0.433$$

3）年度超越概率为

$$\Phi((4.3-6)/0.64)=\Phi(-2.656)=0.0039$$

50 年内的超越概率为

$$p_\mathrm{f}(t_\mathrm{L}=50)=1-\exp\{-[1-F_Y(a)]vt_\mathrm{L}\}=1-\exp\{-0.0039\times0.071\times50\}\approx0.014$$

6.2

1）$100\times(0.0608+0.0150+0.0037)=7.95$。

2）地震发生服从泊松分布，$\Pr[N=n]=\{(vt)^n/n!\}\mathrm{e}^{-vt}$，$vt=0.0037\times100$；$1-\Pr[N=0]\approx0.3093$；同样，对 v_1 和 v_2，分别有 $1-\Pr[N=0]\approx0.9977$； 0.7769。

3）$p_\mathrm{f}=0.0680\Phi((4-10)/2)+0.0150\Phi((6-10)/2)+0.0037\Phi((8-10)/2)\approx0.0010$。

4）$p_\mathrm{f}=0.9977\Phi((4-10)/2)+0.7769\Phi((6-10)/2)+0.3093\Phi((8-10)/2)\approx0.0681$。

6.3

可变荷载 Q 任意时点的概率分布服从极值 I 型分布，根据式（1-35）和式（1-36），有

$$F_Q(x)=\exp\left[-\exp\left(-\frac{x-\mu}{\sigma}\right)\right],\ \mu_Q(t)=\mu+0.5772\sigma,\ \sigma_Q(t)=\sqrt{1.645}\sigma\approx1.2826\sigma$$

根据式（6-91），有

$$F_{Q,T}(x)\approx F_Q^m(x)=\exp\left[-m\exp\left(-\frac{x-\mu}{\sigma}\right)\right]=\exp\left[-\exp\left(-\frac{x-\mu-\sigma\ln m}{\sigma}\right)\right]$$

$$\mu_{Q,T}(t)=\mu+\sigma\ln m+0.5772\sigma=\mu_Q(t)+\frac{\sigma_Q(t)}{1.2826}\ln m$$

$$\sigma_{Q,T}(t)=1.2826\sigma=\sigma_Q(t)$$

式（6-92）得证。

6.4

随机变量之和的分布函数等于各个分布函数的卷积，有

$$S_{12} = \max_{t\in T} S_1(t) + \max_{t\in\tau_1} S_2(t),\quad F_{S_{12}}(x) = \left[F_{S_1}(x)\right]^{r_1} * \left[F_{S_2}(x)\right]^{r_2/r_1}$$

$$F_{c1}(x) = \left[F_{S_1}(x)\right]^{r_1} * \left[F_{S_2}(x)\right]^{r_2/r_1} * \cdots * \left[F_{S_n}(x)\right]^{r_n/r_{n-1}}$$

$$F_{c2}(x) = \left[F_{S_1}(x)\right] * \left[F_{S_2}(x)\right]^{r_2} * \left[F_{S_3}(x)\right]^{r_3/r_2} * \cdots * \left[F_{S_n}(x)\right]^{r_n/r_{n-1}}$$

$$\vdots$$

$$F_{cn}(x) = \left[F_{S_1}(x)\right] * \left[F_{S_2}(x)\right] * \cdots * \left[F_{S_{n-1}}(x)\right] * \left[F_{S_n}(x)\right]^{r_n}$$

6.5

略

第 7 章

7.1

不同情形下的失效概率计算结果如表 B-4 所示。

表 B-4 不同情形下的失效概率计算结果

5 等分		10 等分		20 等分	
N_{call}	$p_f(0, 5)$	N_{call}	$p_f(0, 5)$	N_{call}	$p_f(0, 5)$
$10^3\times6$	0.2645	$10^3\times11$	0.2645	$10^3\times21$	0.2645
$10^4\times6$	0.2659	$10^4\times11$	0.2659	$10^4\times21$	0.2659
$10^5\times6$	0.2663	$10^5\times11$	0.2663	$10^5\times21$	0.2663
$10^6\times6$	0.2661	$10^6\times11$	0.2661	$10^6\times21$	0.2661

该算例的失效概率较大，用 MCS 方法计算效率较高，将时间区间 5 等分，每个节点对应的样本数取 10^5，即得到较准确的结果。

7.2

不同情形下的时变可靠度计算结果如表 B-5 所示。

表 B-5 不同情形下的时变可靠度计算结果

5 等分		10 等分		20 等分	
N_{call}	$p_f(0, 5)$	N_{call}	$p_f(0, 5)$	N_{call}	$p_f(0, 5)$
$10^4\times6$	1.8300×10^{-3}	$10^4\times11$	2.0500×10^{-3}	$10^4\times21$	2.1100×10^{-3}
$10^5\times6$	1.8650×10^{-3}	$10^5\times11$	2.0760×10^{-3}	$10^5\times21$	2.1620×10^{-3}
$10^6\times6$	1.8535×10^{-3}	$10^6\times11$	2.0718×10^{-3}	$10^6\times21$	2.1580×10^{-3}
$10^7\times6$	1.8540×10^{-3}	$10^7\times11$	2.0721×10^{-3}	$10^7\times21$	2.1585×10^{-3}

对于该问题，时间区间等分方式不同，结果差别大。当分为 20 等分，每个时间节点上的样本数为 10^6 时，可以得到较满意的结果。

第8章

8.1

$$p_{\mathrm{s}}(0,t)=\sum_{k=0}^{\infty}\int_{0}^{H}f_{Y}^{(k)}(u)\mathrm{d}u\cdot\frac{(\lambda t)^{k}\exp(-\lambda t)}{k!}$$

$$p_{\mathrm{s}}(0,t)=\sum_{k=0}^{\infty}\varPhi\left(\frac{H-k\mu_{Y}}{\sqrt{k\sigma_{Y}^{2}}}\right)\cdot\frac{(\lambda t)^{k}\exp(-\lambda t)}{k!}$$

8.2

当 m 为整数时，有$\Gamma(m+1)=m!$，由式（1-44）可知，负二项分布的概率质量函数为

$$\Pr\left\{X=k\middle|r,p\right\}=\mathrm{C}_{k+r-1}^{r-1}\cdot p^{r}\cdot(1-p)^{k}=\frac{\Gamma(k+r)}{\Gamma(k+1)\Gamma(r)}\cdot p^{r}\cdot(1-p)^{k}$$

在式（8-33）中，记$u_1=r$，$v_1/[v_1+M(t)]=p$，则有

$$\begin{aligned}\Pr\{N(t)=n\}&=\frac{\Gamma(n+u_{1})}{\Gamma(n+1)\Gamma(u_{1})}\left(\frac{M(t)}{v_{1}+M(t)}\right)^{n}\left(\frac{v_{1}}{v_{1}+M(t)}\right)^{u_{1}}\\&=\frac{\Gamma(n+r)}{\Gamma(n+1)\Gamma(r)}p^{r}(1-p)^{n}\end{aligned}$$

即式（8-33）为负二项分布。

类似地，在式（8-38）中，记$u_1+k_i=r$，$[v_1+M(t_i)]/[(v_1+M(t_i)+M(t)]=p$，则式（8-38）也服从负二项分布。

8.3

略

第9章

略